Learn
PYTHON 3
the HARD WAY

――書いて覚えるPython入門――

ZED A. SHAW
堂阪真司 訳

丸善出版

LEARN PYTHON 3 THE HARD WAY

A Very Simple Introduction to the Terrifyingly Beautiful World of
Computers and Code

by

Zed A. Shaw

Authorized translation from the English language edition, entitled LEARN PYTHON 3 THE HARD WAY: A VERY SIMPLE INTRODUCTION TO THE TERRIFYINGLY BEAUTIFUL WORLD OF COMPUTERS AND CODE, 1st Edition, by SHAW, ZED A., published by Pearson Education, Inc, publishing as Addison-Wesley Professional, Copyright © 2017 Zed A. Shaw.

All rights reserved. No part of this book may be reproduced or transmitted in any form or by any means, electronic or mechanical, including photocopying, recording or by any information storage retrieval system, without permission from Pearson Education, Inc.

JAPANESE language edition published by MARUZEN PUBLISHING CO., LTD., Copyright © 2019.

JAPANESE translation rights arranged with PEARSON EDUCATION, INC. through JAPAN UNI AGENCY, INC., TOKYO JAPAN

目次

まえがき		v
エクササイズ 0	準備	1
エクササイズ 1	はじめてのプログラム	11
エクササイズ 2	コメントとハッシュ (#)	17
エクササイズ 3	数と計算	19
エクササイズ 4	変数	23
エクササイズ 5	さらに変数と出力	27
エクササイズ 6	文字列とテキスト	31
エクササイズ 7	さらに出力	35
エクササイズ 8	出力、出力	39
エクササイズ 9	出力、出力、出力	41
エクササイズ 10	エスケープシーケンス	43
エクササイズ 11	ユーザーに質問する	47
エクササイズ 12	ユーザーにプロンプトを表示する	49
エクササイズ 13	引数、アンパック、変数	51
エクササイズ 14	プロンプトに変数を使う	55
エクササイズ 15	ファイルを読む	59
エクササイズ 16	ファイルの読み書き	65
エクササイズ 17	さらにファイルを扱う	69
エクササイズ 18	名前、変数、コード、関数	73
エクササイズ 19	関数と変数	77
エクササイズ 20	関数とファイル	81
エクササイズ 21	関数の返り値	85
エクササイズ 22	これまでに何を学んできたか?	89
エクササイズ 23	文字列、バイト、エンコーディング	91
エクササイズ 24	もっと練習を	105

エクササイズ 25	さらにもっと練習を	109
エクササイズ 26	おめでとう、中間テストだ！	115
エクササイズ 27	論理式を暗記する	117
エクササイズ 28	ブール式の特訓	121
エクササイズ 29	if 文とは何か？	125
エクササイズ 30	if と else	127
エクササイズ 31	判定を行う	131
エクササイズ 32	ループとリスト	135
エクササイズ 33	while ループ	139
エクササイズ 34	リストの要素にアクセスする	143
エクササイズ 35	分岐と関数	147
エクササイズ 36	コード設計とデバッグ	151
エクササイズ 37	Python の用語を復習する	155
エクササイズ 38	リストを使う	163
エクササイズ 39	辞書、なんて便利な辞書	171
エクササイズ 40	モジュール、クラス、オブジェクト	179
エクササイズ 41	オブジェクト指向の用語を学ぶ	187
エクササイズ 42	is-a、has-a、オブジェクト、クラス	195
エクササイズ 43	オブジェクト指向分析設計の基礎	201
エクササイズ 44	継承とコンポジション	219
エクササイズ 45	君自身のゲームを作ろう	231
エクササイズ 46	プロジェクトの雛形	237
エクササイズ 47	自動テスト	249
エクササイズ 48	高度な入力	255
エクササイズ 49	文を組み立てる	263
エクササイズ 50	はじめての Web アプリケーション	271
エクササイズ 51	ブラウザから入力を取得する	281
エクササイズ 52	Web 版ゲームアプリケーションを始めよう	295
次のステップ		307
熟練プログラマからのアドバイス		311

付　録　コマンドライン速習コース 313
　　イントロダクション：とにかくシェルを始めよう 313
　　エクササイズ A1：準備 315
　　エクササイズ A2：パス、フォルダ、ディレクトリ (pwd) 319
　　エクササイズ A3：もし迷子になったら 321
　　エクササイズ A4：ディレクトリを作成する (mkdir) 322
　　エクササイズ A5：ディレクトリに移動する (cd) 325
　　エクササイズ A6：ディレクトリの中身を一覧表示する (ls) 330
　　エクササイズ A7：ディレクトリを削除する (rmdir) 334
　　エクササイズ A8：ディレクトリをあちこち移動する (pushd, popd) 338
　　エクササイズ A9：空のファイルを作成する (touch/New-Item) 341
　　エクササイズ A10：ファイルをコピーする (cp) 342
　　エクササイズ A11：ファイルを移動する (mv) 346
　　エクササイズ A12：ファイルの中身を見る (less/more) 349
　　エクササイズ A13：ファイルの内容を表示する (cat) 351
　　エクササイズ A14：ファイルを削除する (rm) 352
　　エクササイズ A15：ターミナルを終了する (exit) 355
　　次のステップ 356
訳者あとがき 359
索　引 361

まえがき

　プログラミングをこれから始めようと思っている人のために私はこの本を書いた。本のタイトルから、コードの書き方を学ぶことは「ハード（難しい）」だと思うかもしれないが、そうではない。指示に従ってこの本のエクササイズを「ハード（懸命）」に行うということだ。一連のエクササイズは、反復することで徐々にスキルを身につけられるように注意深く設計されている。何も知らない初心者が、複雑なことを理解するのに必要となる基礎的なスキルを身につけるのに効果的な方法だ。武術や音楽といった幅広い分野で使われているし、基礎的な数学や読書のスキルを習得するのにも有効だ。

　この本の目的は君に Python を教えることだ。実践や暗記を通して徐々にスキルを構築し、より難しい問題にそのスキルを適用する。この本を読み終えれば、より複雑なプログラミングの話題を学ぶのに必要な基礎知識が得られるだろう。この本は「プログラミングの黒帯」を君に与えるものだ。これはプログラミングの学習を本格的に始めるのに十分な知識が身についたことを示す。時間をかけて熱心にこれらのスキルを構築してコードの書き方を学ぼう。

旧版からの変更点

　この本の新版で使う Python のバージョンは 3.6 以上だ。（訳注：旧版は Python のバージョン 2 に対応したもので、邦訳は出版されていない。）このバージョンを選んだのは、使いやすい文字列フォーマット機能が提供されているからだ。初心者にとっては、このバージョンにも多少の問題はあるが、この本でサポートするので心配しないでほしい。たとえば、いくつかの重要な領域で Python 3 が表示する貧弱なエラーメッセージについても理解できるように説明する。

　この新版では Microsoft Windows も完全にサポートしている。旧版では主に macOS や Linux などの Unix スタイルのシステムを中心に扱い、Windows は

付け足し程度だった。この版の準備を始めたとき、オープンソースのツールと開発者をマイクロソフト社は真剣に受け入れるようになり、Pythonの開発プラットフォームとしてWindowsは無視できない存在となった。さまざまな場面でWindowsのPythonを使ってみたが、macOSやLinuxとも完全に互換性があった。もちろん、それぞれのプラットフォームでの落とし穴を取り上げ、インストール手順だけでなく、いろいろなヒントも提供する。

「ハード」な方法は難しくない

すべてのプログラマがプログラミング言語を学ぶために行っていることは非常にシンプルだ。この本でも同じことを行う。

1. すべてのエクササイズを行う。
2. エクササイズにあるすべてのコードを正確に入力する。
3. 入力したコードを実行する。

これがすべてだ。最初は難しいと思うかもしれないが、頑張って最後までこの本を読み通してほしい。それぞれのエクササイズを毎晩一時間から二時間かけてやってみよう。そうすれば、Pythonに関するより高度な本を読む力がつき、さらに学習を進めることができるだろう。この本は君を一夜にしてプログラマに変身させるわけではないが、コードの書き方を学ぶための正しい道を示してくれる。

この本では初心者のプログラマが知るべき最も重要な三つのスキルも伝える。それは、コードを読み書きし、細部に注意を払い、違いを見つけることだ。

コードの読み書き

コードを入力するのが苦手で難しいと感じるなら、コードの学習に苦労するだろう。コードにある一風変わった記号を入力するのが難しい場合はとくにそうだ。この基本的なスキルがなければ、ソフトウェアの仕組みに関する最も基本的なことを学ぶことすらできないだろう。（訳注：もし入力が苦手なら、タイピングソフトを使って練習してほしい。キーボードを見ずにコードを入力するタッチタイピングができれば、コードに集中して効率よく学ぶことができる。）

コードを入力し、実行することで、Pythonで使われる用語や記号などを覚え

ることができるし、入力にも慣れるだろう。そうなればプログラムを読むことも簡単になる。

細部に注意を払う

優れたプログラマとそうでないプログラマを分けるスキルの一つに細部に注意を払うことがある。実際、どんな職業にもこれは当てはまる。細部に注意を払わなければ、その仕事の重要なところで何か失敗するだろう。プログラミングでは、バグや使いにくいシステムといった結果になる。

この本を通じて、それぞれのエクササイズを正確に入力することは、やっていることの細部に集中する訓練になる。

違いを見つける

もう一つの重要なスキルは視覚的な違いを認識する能力だ。これはほとんどのプログラマが時間をかけて獲得するスキルでもある。わずかに異なる二つのコードを見ただけで、経験豊かなプログラマはその違いをすぐに指摘できる。差分を簡単に確認するツールもあるが、まず目で見て違いがわかるように懸命に取り組もう。ツールを使うのはそれからだ。

この本のエクササイズで入力を間違うこともあるだろう。それは当然のことだ。熟練したプログラマでも入力を間違うことがある。大事なのは、実際に入力したものと入力すべきものを比較し、すべての間違いを修正することだ。そうすることで、間違いやバグ、そのほかの問題に気づけるようになる。

眺めていないで調べる

コードを書けば、必ずバグが紛れ込む。「バグ (bug)」とは作成したコードの欠陥、エラー、問題のことだ。バグという言葉は、黎明期のコンピュータに本物の蛾（バグ）が紛れ込んで誤動作したことに由来する。その問題を修正するにはコンピュータを「デバッグ（虫取り）」する必要があった。ソフトウェアの世界にはたくさんのバグがいる。信じられないくらいたくさんのバグが。

そのときの蛾のようにバグはコードのどこかに潜んでいる。それらを見つけ出さなければいけない。コンピュータの前に座って、書いたコードを眺めていても、突然答えが目の前に現れることはない。問題を修正するためには情報が必要

だ。待っているだけでは新しい情報は得られない。自分からバグを探しに行く必要がある。

そのためには、コードを見て何が起きているのかを調べたり、別の視点から問題を見たりすることが必要だ。この本でも、たびたび「眺めていないで調べる」方針に従い、コードに何が起こっているのかを調べる方法とコードの問題を解決する方法を示す。さまざまな視点からコードを見る方法も紹介する。それにより、より多くの情報と洞察が得られるだろう。

コピー & ペースト禁止

エクササイズはすべて実際に手を使って入力しなければいけない。コピー & ペーストしたのでは効果的な学習にならない。このエクササイズの重要な点は、君の手や脳、考え方を鍛えて、コードを読み書きする方法を学ぶことにある。コピー & ペーストするのは、いんちきをしてエクササイズの有効性を台無しにするようなものだ。

実践と継続に関するアドバイス

君がプログラミングを学んでいる間、私はギターの弾き方を学んでいるだろう。毎日少なくとも二時間はギターを練習する。スケールやコード、それにアルペジオを一時間練習し、音楽理論を学び、耳を訓練し、歌い、そのほかにできることは何でもやる。八時間以上ギターや音楽を学んでいることもあるだろう。なぜなら学ぶのが好きで楽しいからだ。繰り返し練習することは、私にとって新しいことを学ぶ自然なやり方だ。上達するためには毎日の練習が必要だ。調子が上がらなかったり（よくあることだ）、やるのがつらかったりしても、練習を続けてほしい。いつかきっと学ぶことが簡単で楽しくなる。

旧版の Python の本を書き終えてから Ruby の本に着手するまでの間に、私はスケッチと絵画を学び始めた。私は三十九歳にしてビジュアルアートに夢中になり、ギターや音楽、プログラミングを学んだときと同じように毎日その勉強を続けた。教本を集め、その教本に従い、毎日絵を描いて、学習の過程を楽しんだ。私は芸術家ではないし、すごく上手でもないが、絵を描くことができる。この本で君が学ぶのと同じやり方で、私自身もアートを学んだ。問題を小さなエクササイズに分けて毎日続ければ、ほとんど何でも学ぶことができる。ゆっくりでかま

わない。学習を続けて、学習自体を楽しんでほしい。そうすれば、君がどれほど上手であるかに関係なく、多くの恩恵を得られるだろう。

　この本で学び、プログラミングを続けていくのなら、価値のあることは何であっても、最初のうちは難しいことを忘れないように。失敗を恐れる人であれば、難しいと思った時点であきらめてしまうかもしれない。自制心がなければ、退屈に感じることは続けられないかもしれない。「才能がある」といわれたことがあれば、自分が愚かで才能がないように見えることには手を出さないかもしれない。もしかすると、二十年以上もプログラミングを続けている私のような人と比較されるといった不公平な競争に巻き込まれているのかもしれない。

　やめたくなったとしても学習を続けよう。自分自身に厳しく接しよう。難しいものや理解できないものがあれば、いったん飛ばして後で戻ってくればよい。プログラミングの学習を続けよう。最初は何も理解できないかもしれない。外国語を学ぶのと同じように、何もかもが奇妙に思えるはずだ。そこで使われる言葉に苦労するのはもちろん、記号が何を意味するのかもわからず、すべてのものに混乱するだろう。しかし、ある日突然、頭の中で「パチン」と音が鳴り、それらがわかるようになる。エクササイズを続け、理解しようと努めよう。そうすれば必ずその境地に達する。達人プログラマの域には達していないかもしれないが、少なくともプログラミングの仕組みを理解できるようになるはずだ。

　あきらめてしまうと、この境地に達することはない。理解できないものに出くわして進めなくなったとしても（最初は何でもそうだ）、挑戦し続けてほしい。コードを入力し、理解する努力をし、コードを読むことを続ければ、いつかはそれがわかるようになる。この本を読み終えたにもかかわらずコードを書く方法が理解できなかったとしても、挑戦したことは確かだ。自分のベストを尽くしたといってよい。うまくいかなかったとしても、とにかく挑戦した。君はそのことを誇りに思ってよい。

謝辞

　この本の旧版と新版の二つのバージョンで私を助けてくれた Angela に感謝する。彼女がいなければ、これらの本をやり終えることはまったく不可能だっただろう。彼女は最初の草稿を編集してくれて、執筆している間、つねに私を助けてくれた。

この本の表紙をデザインしてくれた Greg Newman、初期のウェブサイトを制作してくれた Brian Shumate、そして、この本を読んでフィードバックや訂正を送ってくれたすべての人に感謝する。

ありがとう。

日本語版への注意

日本語版と原書との違いなど、いくつかの注意事項をここに明記しておく。

Python のバージョンの違い

原書では Python のバージョン 3.6 を使っているが、日本語版では翻訳時点の最新バージョンである 3.7.1 を使い、動作確認を行っている。バージョン表記を除いて大きな違いはなく、3.7 に特化した部分は訳注として記載している。

使用するモジュールおよびそのバージョンの違い

原書で使用しているモジュールおよびバージョンを最新の状況に合わせて変更している。

- 仮想環境：virtualenv から Python 3 で標準に組み込まれた venv に変更（エクササイズ 46 以降）
- テストフレームワーク：開発がストップしている nose から pytest に変更（エクササイズ 46 以降）
- Web フレームワーク：Flask のバージョンを 0.12 から 1.0.2 に変更（エクササイズ 50 以降）

英語のままにしている部分

日本語版ではコードのコメントや文字列も翻訳しているが、いくつかの例外がある。たとえば次のとおり。

- 歌詞や詩など定訳がないといった理由から原文の方が望ましい部分（エクササイズ 7、16、24、40、付録）
- プログラムが英語を扱うことを前提とした部分（エクササイズ 25、48、49）

画面に表示されるエラーメッセージなども英語のままだ。Python では公式ドキュメントを含めて英語が主に使われている。Python の利用者は世界中に広まっており、英語圏に属さない人も多くいる。使われている英語は難しいものではないので、英語のメッセージやドキュメントも読めるようになろう。

日本語環境に特化した部分など

日本語環境に起因する問題や日本語を使うことで遭遇する問題などは、訳注として記載している。

原書のボーナスコンテンツ

原書の購入者に対して、ボーナスコンテンツとしてエクササイズのオンライン動画が提供されているが、日本語版では、そのような動画は提供していない。そのため、ボーナスコンテンツに言及している記述は削除している。

絵文字

文中の絵文字のグラフィックスはクリエイティブ・コモンズ表示 4.0 国際パブリック・ライセンスのもとに利用を許諾されている。Twemoji (https://twemoji.twitter.com/) © 2018 Twitter, Inc and other contributors.

エクササイズ 0

準　備

このエクササイズではコードを書かない。君のコンピュータで Python を実行できるようにすることが目的だ。できる限り正確にこれから示す手順に従うように。

> **警告！** macOS のターミナルや、Windows の PowerShell、Linux の Bash の使い方を知らなければ、まずその使い方を学ぶ必要がある。知らない場合は、先に付録のエクササイズに取り組もう。

macOS

次の手順に従って、エクササイズを完了させよう。

1. ブラウザで https://www.python.org/downloads/ にアクセスし、Mac OS X 用の latest version（最新バージョン）をダウンロードする。ダウンロードしたら、ほかのソフトウェアと同じように Python をインストールする。
2. ブラウザで https://atom.io/ にアクセスし、Atom テキストエディタをダウンロードして、インストールする。（訳注：メニューを日本語化するには japanese-menu というパッケージをインストールする。メニューバーの「Atom」から「Preferences」を選び、「Install」からパッケージをインストールしよう。）Atom が気に入らなかったら、このエクササイズの最後にある「Atom 以外のテキストエディタ」を参照してほしい。
3. テキストエディタである Atom を Dock に入れておく。そうすれば手軽に Atom を起動できる。
4. ターミナルを探す。Spotlight 検索をすれば、すぐに見つかるだろう。
5. ターミナルも Dock に入れておく。
6. ターミナルを実行する。このプログラムはあまり大したものには見えない。
7. ターミナルで Python を実行する。そのためにはプログラムの名前である

python3 と入力し、enter キーを押す。
8. quit() と入力し、enter キーを押して、Python を終了する。
9. Python を実行する前のプロンプトに戻っているはずだ。そうでなければ理由を調べよう。
10. ディレクトリを作成する方法を調べて、ターミナルで lpthw という名前のディレクトリを作成する。
11. ディレクトリに移動する方法を調べて、ターミナルで lpthw ディレクトリに移動する。
12. テキストエディタを使って、このディレクトリにファイルを作成する。そのためにはテキストを入力した後に、「ファイル (File)」メニューで「保存 (Save)」または「名前をつけて保存 (Save As)」を選び、先ほどのディレクトリを指定する。
13. キーボードを使ってアプリケーションを切り替え、ターミナルに戻る。(訳注：command + tab キー (command キーと tab キーの同時押し) でアプリケーションを切り替えることができる。)
14. ターミナルに戻ったら、ls を使ってディレクトリの一覧を表示し、先ほど作成したファイルがあることを確認する。

macOS: 実行結果

macOS でこのエクササイズを行ったときのターミナルの出力画面がこれだ。君の出力結果と違うところがあるかもしれないが、ほとんど同じはずだ。

ターミナルの画面

```
$ python3
Python 3.7.1 (v3.7.1:260ec2c36a, Oct 20 2018, 03:13:28)
[Clang 6.0 (clang-600.0.57)] on darwin
Type "help", "copyright", "credits" or "license" for more information.
>>> quit()
$ mkdir lpthw
$ cd lpthw
... ここでテキストエディタを使ってtest.txtを作成する ...
$ ls
test.txt
$
```

Windows

次の手順に従って、エクササイズを完了させよう。

1. ブラウザで https://www.python.org/downloads/ にアクセスし、Windows 用の latest version（最新バージョン）をダウンロードし、インストールする。64 ビット版の Windows の場合は、https://www.python.org/downloads/windows/ にアクセスし、Windows x86-64 executable installer を見つけてインストールしたほうがよいだろう。インストールを行うのに管理者である必要はない。Python 3 をパスに追加するために、最初のインストール画面の下部にある「Add Python 3.x to Path」にチェックを入れるのを忘れないように。
2. ブラウザで https://atom.io/ にアクセスし、Atom テキストエディタをダウンロードして、インストールする。（訳注：メニューを日本語化するには japanese-menu というパッケージをインストールする。「File」メニューから「Settings」を選び、「Install」からパッケージをインストールしよう。）
3. Atom を簡単に起動できるように、デスクトップにショートカットを作成する。インストールするとショートカットが作成されるが、そうでない場合は自分で登録しよう。クイック起動に登録するのもよい。コンピュータがあまり速くなく、Atom を実行するのが難しければ、このエクササイズの最後にある「Atom 以外のテキストエディタ」を参照してほしい。
4. 検索ボックスやメニューから PowerShell を実行する。見つからなければ、Windows + R キー（Windows ロゴキーと R キーの同時押し）で表示される「ファイル名を指定して実行」ダイアログに powershell と入力する。
5. このプログラムはあまり大したものには見えない。今後 PowerShell をターミナルとよぶことがある。
6. PowerShell もデスクトップにショートカットを作成するか、クイック起動に登録しておく。
7. PowerShell（ターミナル）上で Python を実行する。そのためにはプログラムの名前である `python` と入力し、Enter キーを押す。`python` と入力しても実行されない場合は、Python を再インストールする必要がある。Python

3 をパスに追加するために、「Add Python 3.x to Path」にチェックを入れるのを忘れないように。そのチェックボックスはとても小さいので注意すること。
8. quit() と入力し、Enter キーを押して、Python を終了する。
9. Python を実行する前のプロンプトに戻っているはずだ。そうでなければ理由を調べよう。
10. ディレクトリを作成する方法を調べて、PowerShell（ターミナル）上で lpthw という名前のディレクトリを作成する。
11. ディレクトリに移動する方法を調べて、PowerShell（ターミナル）上で lpthw ディレクトリに移動する。
12. テキストエディタを使って、このディレクトリにファイルを作成する。そのためには、テキストを入力した後に、「ファイル (File)」メニューで「保存 (Save)」または「名前をつけて保存 (Save As)」を選び、先ほどのディレクトリを指定する。
13. キーボードを使ってウィンドウを切り替え、PowerShell（ターミナル）に戻る。（訳注：Windows ＋ Tab キーを使う。Windows ＋ 矢印キーを使ってウィンドウを並べるのも便利だ。）
14. PowerShell（ターミナル）に戻ったら、ls を使ってディレクトリの一覧を表示し、先ほど作成したファイルがあることを確認する。

これ以降、ターミナルやシェルといった場合は君が使うべき PowerShell を意味する。また Windows では python3 ではなく python と入力する。

Windows: 実行結果

ターミナル (PowerShell) の画面

```
> python
Python 3.7.1 (v3.7.1:260ec2c36a, Oct 20 2018, 14:57:15) [MSC v.1915 64 bit (AMD6 ↵
4)] on win32
Type "help", "copyright", "credits" or "license" for more information.
>>> quit()
> mkdir lpthw


    ディレクトリ: C:¥Users¥zedshaw
```

```
    Mode              LastWriteTime       Length Name
    ----              -------------       ------ ----
    d-----      2018/10/21    16:18              lpthw


> cd lpthw
 ... ここでテキストエディタを使ってtest.txtを作成する ....
> ls

        ディレクトリ: C:¥Users¥zedshaw¥lpthw


    Mode              LastWriteTime       Length Name
    ----              -------------       ------ ----
    -a----      2018/10/21    16:18            6 test.txt


>
```

君の出力結果にこの出力結果と違うところがあるかもしれないが、ほとんど同じはずだ。

Linux

Linux はいろいろな種類が存在するオペレーティングシステムだ。ソフトウェアをインストールする方法にも違いがある。Linux を使っているなら、パッケージをインストールする方法は知っているだろう。次の手順に従って、エクササイズを完了させよう。

1. パッケージマネージャを使って、Python 3 の最新バージョン（3.6 以上）をインストールする。インストールできなかったら、https://www.python.org/downloads/ から latest version（最新バージョン）のソースコードをダウンロードし、ビルドする。
2. パッケージマネージャを使って、Atom テキストエディタをインストールする。（訳注：メニューを日本語化するには japanese-menu というパッケージをインストールする。「Edit」メニューから「Preferences」を選び、「Install」

からパッケージをインストールしよう。）Atom が気に入らなかったら、このエクササイズの最後にある「Atom 以外のテキストエディタ」を参照してほしい。
3. Atom を簡単に起動できるように、ウィンドウマネージャのメニューにAtom を入れておく。
4. ターミナルプログラムを探す。ターミナルは GNOME Terminal、Konsole、xterm とよばれるものだ。
5. ターミナルもメニューに入れておく。
6. ターミナルを実行する。このプログラムはあまり大したものには見えない。
7. ターミナルで Python を実行する。そのためにはプログラムの名前である `python3` と入力し、Enter キーを押す。`python3` が実行できなければ、`python` と入力してみよう。
8. `quit()` と入力し、Enter キーを押して、Python を終了する。
9. Python を実行する前のプロンプトに戻っているはずだ。そうでなければ理由を調べよう。
10. ディレクトリを作成する方法を調べて、ターミナルで `lpthw` という名前のディレクトリを作成する。
11. ディレクトリに移動する方法を調べて、ターミナルで `lpthw` ディレクトリに移動する。
12. テキストエディタを使って、このディレクトリにファイルを作成する。そのためには、テキストを入力した後に、「ファイル (File)」メニューで「保存 (Save)」または「名前をつけて保存 (Save As)」を選び、先ほどのディレクトリを指定する。
13. キーボードを使ってウィンドウを切り替え、ターミナルに戻る。その方法がわからなければ調べてほしい。（訳注：Alt＋Tab キー（Alt キーと Tab キーの同時押し）のことが多い。）
14. ターミナルに戻ったら、`ls` を使ってディレクトリの一覧を表示し、先ほど作成したファイルがあることを確認する。

Linux: 実行結果

ターミナルの画面

```
$ python3
Python 3.7.1 (default, Oct 22 2018, 11:21:55)
[GCC 8.2.0] on linux
Type "help", "copyright", "credits" or "license" for more information.
>>> quit()
$ mkdir lpthw
$ cd lpthw
... ここでテキストエディタを使って、test.txtを作成する ....
$ ls
test.txt
$
```

君の出力結果にこの出力結果と違うところがあるかもしれないが、ほとんど同じはずだ。

インターネットで調べる

この本の重要なテーマの一つに、プログラミングに関するいろいろなことをインターネットで調べることがある。この本の中で「オンラインで○○を検索しよう」とあれば、検索エンジンを使ってその情報を見つけなければならない。本の中で答えを示すのではなく、自分で答えを探してもらうのには理由がある。この本を終えたら、この本の手助けを必要としない自立した学習者になってほしいからだ。質問に対する答えをオンラインで見つけることができれば、私を必要としないレベルに一歩近づいたことになる。それが私の願いだ。

Googleなどの検索エンジンのおかげで答えを見つけ出すことは簡単だ。たとえば「Pythonの `list` 関数をオンラインで検索しよう」とあれば次のことを行う。

1. ブラウザを使って https://google.co.jp/ にアクセスする。
2. 「python3 list」と入力する。
3. 一覧表示されたウェブサイトを訪れて、最適な答えを見つける。

初心者への忠告

このエクササイズを終えただろうか。これが難しいかどうかは君がコンピュータにどれくらい慣れているか次第だ。難しく感じたなら、時間をかけてこのエクササイズに取り組み、しっかりと理解する必要がある。ここでやった基本的なことができなければ、プログラミングはもっと難しいと感じるだろう。

この本のエクササイズをスキップするよう勧める人がいても、無視してほしい。君から知識を隠したり、君が知識を得るのを邪魔したりすることで、その人に頼るように仕向けているのかもしれない。そんな話は聞かずに、とにかくエクササイズを続けて、自分で学習する力を身につけてほしい。

macOS や Linux を使うことを勧めるプログラマに出会うかもしれない。フォントやデザインが好きなら macOS を勧めるだろうし、コントロールすることが好きで髭を生やしているなら Linux を勧めるだろう。そんなことは無視して、いま使っているコンピュータを使えばよい。必要なのは、テキストエディタとターミナル、そして Python だ。

ここでの目的は、これ以降のエクササイズに取り組むときに次のことが確実にできるようになることだ。

1. テキストエディタを使ってコードを入力する。
2. 入力したコードを実行する。
3. 何かおかしければ、それを修正する。
4. その繰り返し。

ほかのことは、単に混乱を招くだけだ。エクササイズのとおりに進めよう。

Atom 以外のテキストエディタ

プログラマにとってテキストエディタは非常に重要だ。しかし初心者にはシンプルなテキストエディタが一つあれば十分だ。テキストエディタはコードを書くのに便利な機能を持っており、文章や物語を書くためのソフトウェアとは異なる。この本では Atom テキストエディタをお薦めする。Atom は無料だし、ほとんどのプラットフォームで動作する。しかし君のコンピュータで Atom がうまく動かない場合は、次に示すものを試してみよう。

テキストエディタ	プラットフォーム	URL
Visual Studio Code	Windows, macOS, Linux	https://code.visualstudio.com/
Notepad++	Windows	https://notepad-plus-plus.org/
gEdit	Linux, macOS, Windows	https://wiki.gnome.org/Apps/Gedit
Textmate	macOS	https://macromates.com/
SciTE	Windows, Linux	https://www.scintilla.org/SciTE.html
jEdit	Linux, macOS, Windows	http://www.jedit.org/

　これらは動作する可能性が高い順に並べている。もしかすると、開発が放棄されていたり、メンテナンスされていなかったり、君のコンピュータでは動作しなかったりするかもしれない。うまくいかない場合は別のものを試してみよう。プラットフォームの欄も動作する可能性が高い順だ。Windows を使っている場合は、この欄が Windows で始まっているテキストエディタから試すとよい。

　Vim や Emacs の使い方をすでに知っているなら、それらを使ってもかまわない。しかし Vim や Emacs を使ったことがないなら、それらを使うことはやめた方がよい。Vim や Emacs を使うように勧めるプログラマがいるかもしれないが、大事なことに集中できなくなる。君の目的は Python を学ぶことであって Vim や Emacs を学ぶことではない。Vim を使ってみて終了する方法がわからなかったら、:q! または ZZ と入力する。Vim を使うように勧めるにもかかわらず、終了する方法すら教えてくれないとしたら、その人のいうことを聞くべきではないのは明らかだ。

　この本を読むにあたって IDE とよばれる統合開発環境を使ってはいけない。IDE に依存することは、新しい言語を使おうとするとき、それに対応する IDE をどこかの会社が販売するまで待たなければいけないということだ。その言語を使う人が増えて儲かるようになるまで、その言語を使うことができない。Atom などのテキストエディタだけで作業する自信があれば、それを待つ必要はない。巨大な既存のコードベースで作業する場合など、ある特定の状況では IDE は確かに便利だが、それらに依存しすぎると将来が制限されてしまうだろう。Python に付属している IDLE も使わないでほしい。これは動作に致命的な制限があるし、あまりよいソフトウェアでもない。君に必要なものは、シンプルなテキストエディタ、ターミナル、そして Python だ。

エクササイズ 1
はじめてのプログラム

> 警告！ エクササイズ 0 を読み飛ばしていないだろうか？ 読み飛ばしていたら、君はこの本を正しく読んでいないことになる。IDLE や IDE（統合開発環境）を使おうとしていないだろうか？ それらを使ってはいけないことはエクササイズ 0 で忠告済みだ。もしエクササイズ 0 を読み飛ばしていたら、戻って読んでほしい。

エクササイズ 0 では、テキストエディタのインストール方法や起動方法、ターミナルの起動方法、そして、これらを一緒に使う方法を時間をかけて学んだ。それらを終えていないなら、このまま進めてはいけない。効果的に学ぶことができないからだ。エクササイズを始める前に忠告するのはこれが最後だ。

では ex1.py という名前のファイルに次の内容を入力しよう。Python ではファイル名が .py で終わるもの、つまり .py という拡張子をもつファイルを使う。（訳注：日本語以外の英数字や記号は半角文字で入力すること。）

ex1.py
```
1  print("ハローワールド!")
2  print("もう一度、ハロー")
3  print("これを入力するのが好き。")
4  print("とっても楽しい。")
5  print('イェイ!出力された。')
6  print("これを'やらないで'ほしい。")
7  print('これを"やっちゃいけない"といったよね。')
```

Atom テキストエディタを使っていれば、どのプラットフォームでも次のように表示される。

テキストエディタの画面がこれとまったく同じでなくても心配はいらない。ほとんど同じなら大丈夫だ。ウィンドウのタイトルや色が少し違っていたり、Atom テキストエディタの左側が lpthw ではなく、ファイルを保存したディレクトリが表示されていたりするかもしれないが、これらの違いはすべて問題ない。

ファイルを作成するときには次のことに気をつけよう。

1. この本のコードの左側にある行番号は入力しない。この行番号は本文で「5行目は…」というように該当する行を示すために使うものだ。Python スクリプトには行番号を入力しないように。
2. コードの 1 行目は print で始まっている。ex1.py に入力したコードとまったく同じだ。「まったく同じ」とは文字どおり「厳密に同じ」であり、「同じような」ものではない。うまく動作させるためには一字一句まったく同じでなければいけない。色は関係ない。入力した文字だけだ。

macOS のターミナルでは、次のように入力してファイルを実行する。Linuxでも同じ手順だ。

```
python3 ex1.py
```

Windowsでは次のように入力する。python3の代わりにpythonと入力することを忘れないように。

```
python ex1.py
```

すべてが正しければ、次の「実行結果」に示すものと同じ出力になる。そうでなければ君は何かを間違えている。そう、コンピュータは間違わない。

実行結果

macOSでターミナルを使っているなら、次のように出力される。

14   エクササイズ1　はじめてのプログラム

WindowsでPowerShellを使っているなら、次のように出力される。

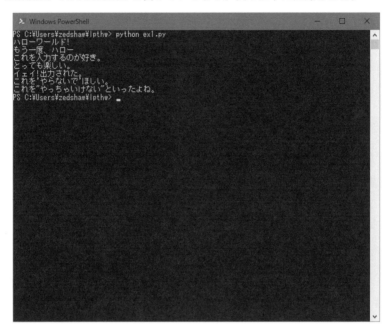

python3 ex1.pyというコマンドの前に違うものが表示されているかもしれない。重要なのは、コマンドを入力し、その出力がこの本と同じかどうかだ。

もしかすると、次のようなエラーが表示されたかもしれない。

ターミナルの画面

```
$ python3 ex1.py
  File "ex1.py", line 3
    print("これを入力するのが好き。)
                              ^
SyntaxError: EOL while scanning string literal
$
```

このようなエラーメッセージを読めるようになることが重要だ。これから君は同じような間違いを何度もするだろう。私だってそうだ。ではこのエラーメッセージを一行ずつ見ていこう。

1. ex1.pyスクリプトを実行するために、ターミナルでコマンドを実行した。

2. `ex1.py` というファイルの 3 行目にエラーがあることを Python は報告している。
3. そして、3 行目の内容が表示されている。
4. `^`（キャレット）が問題のある箇所を示している。`"`（二重引用符）がないことに気づいただろうか？（訳注：日本語の文字幅がアルファベットの倍なので、`^` の位置がずれているように見えるのは、ちょっと残念だ。）
5. 最後に、`SyntaxError` と表示して、エラーと思われる内容を報告している。一般的にエラーメッセージは謎めいた暗号のように見える。しかし、エラーメッセージをコピーしてインターネットで検索すれば、同じエラーに遭遇した誰かのページが見つかり、修正する方法もわかるだろう。

演習問題

演習問題は君が取り組むべき課題だ。難しい場合は飛ばしてもかまわないが、後で戻って取り組もう。

では次の課題をやってみよう。

1. スクリプトを修正して、別の何かを出力する行を追加してみよう。
2. スクリプトを修正して、どれか一つの行だけを出力するようにしてみよう。
3. 行の先頭に `#`（ハッシュ）を挿入してみよう。何が起こるだろうか？ `#` が何をするものか調べてみよう。

演習問題は、難しいものを除いて、どのような結果になるのかは示さない。

> 警告！ `#` は「ハッシュ」以外にも「ポンド」や「メッシュ」といった呼び名があるが、気に入ったものを使えばよい。（訳注：日本語では「シャープ（厳密には♯ではないが）」や「イゲタ」とよばれることがある。）

よくある質問

これらの質問は、この本のエクササイズをやった生徒から実際に尋ねられたものだ。

Q: IDLE を使ってもかまいませんか？
A: だめだ。このエクササイズでいったように、macOS や Linux ではターミナルを、Windows では PowerShell を使うこと。これらの使い方がわからなければ、付録を読んでほしい。

Q: どうすればテキストエディタ上で色がつきますか？
A: `ex1.py` のように `.py` という拡張子でファイルを保存してみよう。そうすれば色がつくはずだ。（訳注：ファイル名を変えるには、テキストエディタの「ファイル (File)」メニューで「名前を付けて保存 (Save As)」を使う。）

Q: `ex1.py` を実行すると `SyntaxError: invalid syntax` と表示されました。
A: `python3` を起動し、そこで `python3 ex1.py` と入力していないだろうか。ターミナルをいったん閉じて、ターミナルを開き直し、`python3 ex1.py` と入力しよう。

Q: `can't open file 'ex1.py': [Errno 2] No such file or directory` というエラーに遭遇しました。
A: 作成したファイルがあるディレクトリでコマンドを入力する必要がある。`cd` コマンドを使ってその場所に移動しよう。たとえばファイルを `lpthw/ex1.py` という名前で保存したなら、`cd lpthw` でディレクトリを移動して、`python3 ex1.py` を実行する。いっていることがわからなければ付録を参照しよう。

エクササイズ 2

コメントとハッシュ (#)

　コメントはプログラムにとって重要なものだ。プログラムが何をするのかをプログラマに伝えたり、一時的にプログラムの一部を無効にしたりするためにコメントが使われる。Python でのコメントの使い方は次のとおりだ。

ex2.py

```
1  # コメントは後でプログラムを読むために使われる。
2  # Pythonは#から後ろのものをすべて無視する。
3
4  print("こんな風にコードを書く。")  # そして後ろのコメントは無視される。
5
6  # コメントを使ってコードを「無効化」することをコメントアウトという。
7  # print("これは実行されない。")
8
9  print("これは実行される。")
```

　今後このようにコードを示す。画面上のコードは視覚的に違って見えるかもしれないが、大事なのはテキストエディタを使ってファイルに入力したテキスト、つまりプログラムのコードそのものだ。どのテキストエディタを使ってもうまくいくし、同じ結果になる。

実行結果

ターミナルの画面

```
$ python3 ex2.py
こんな風にコードを書く。
これは実行される。
```

　今後ターミナルのスクリーンショットも示さない。つまり実行結果は君のものと視覚的に異なるということだ。最初の行の `$ python3 ...` から、最後の行の `$` までの間に表示された内容に注目すること。

演習問題

1. `#` は何とよばれていて、何をするものか調べてみよう。
2. `ex2.py` ファイルを開いて逆向きに読んでみよう。最後の行から始めて、すべての単語を一文字ずつ逆順に、この本のコードと比較しよう。
3. 何か間違いを見つけたら、それを修正しよう。
4. 入力したものを声に出して読んでみよう。長い単語は文字を一文字ずつ声に出して読むのも効果的だ。間違いを見つけたら、それを修正しよう。

よくある質問

Q: `#` のことを「ポンド」とはいいませんか？
A: 私は「オクタソープ (octothorpe)」といっている。この呼び方はどの国でも使われていないが、どの国でも通用する名前だからだ。この文字の呼び名は重要で統一すべきだと、どの国も考えているようだが、私から見れば馬鹿げた話であり、冷静になってもっと大事なこと、たとえばコードの学習に集中すべきだ。

Q: なぜ `print("Hi # there.")` の中にある `#` は無視されないのですか？
A: このコードにある `#` は文字列の一部だ。`"` に囲まれた文字列中の `#` は単なる文字であり、コメントではない。

Q: どうすれば複数の行をコメントアウトできますか？
A: それぞれの行の先頭に `#` を置けばよい。

Q: キーボードで `#` を入力する方法がわかりません。
A: 通常であれば Shift キーと数字 3 のキーを同時に押して `#` を入力するが、国によっては、Alt キーとほかのキーを組み合わせて入力する必要があるだろう。検索エンジンを使って入力方法を調べてほしい。

Q: なぜ、コードを逆に読むのですか？
A: これは先入観をもたずにコードを読むためのテクニックの一つだ。それぞれの箇所を正確にチェックできる。エラーを見つけるために手軽に使えるテクニックだ。

エクササイズ 3

数と計算

　どのプログラミング言語でも、数値を使って計算を行う何らかの方法がある。心配しなくても大丈夫だ。ときどき数学の天才のように振る舞うプログラマがいるが、本当に数学の天才なら数学をやっていて、スポーツカーを乗り回しているだろう。バグのあるプログラムと格闘なんかしていないはずだ。

　このエクササイズには数学記号がたくさん出てくる。これらの数学記号を読んで、その呼び方を覚えよう。声を出しながら記号を入力してみよう。つまらないと感じたら声に出すのをやめればよい。ここで扱う数学記号は次のとおりだ。

記号	読み方	意味
+	プラス	
-	マイナス	
/	スラッシュ	
*	アスタリスク	
%	パーセント	
<	小なり	
>	大なり	
<=	小なりイコール	
>=	大なりイコール	

　記号の意味が書かれていないことに気づいただろうか？　次のコードを入力して実行したら、戻ってきて記号の意味を書き込もう。たとえば + は加算（足し算）だ。

ex3.py
```
1  print("鶏の数を数えよう:")
2
3  print("めんどり", 25 + 30 / 6)
4  print("おんどり", 100 - 25 * 3 % 4)
5
6  print("卵の数を数えよう:")
7
```

```
 8   print(3 + 2 + 1 - 5 + 4 % 2 - 1 / 4 + 6)
 9
10   print("3 + 2 < 5 - 7は正しいか?")
11
12   print(3 + 2 < 5 - 7)
13
14   print("3 + 2は?", 3 + 2)
15   print("5 - 7は?", 5 - 7)
16
17   print("なるほど、確かに正しくない(False)。")
18
19   print("もう少しやってみよう。")
20
21   print("5 > -2は?", 5 > -2)
22   print("5 >= -2は?", 5 >= -2)
23   print("5 <= -2は?", 5 <= -2)
```

　実行する前に正確に入力できたか確認しよう。ファイルを一行ずつ比較しよう。

実行結果

ターミナルの画面

```
$ python3 ex3.py
鶏の数を数えよう:
めんどり 30.0
おんどり 97
卵の数を数えよう:
6.75
3 + 2 < 5 - 7は正しいか?
False
3 + 2は? 5
5 - 7は? -2
なるほど、確かに正しくない(False)。
もう少しやってみよう。
5 > -2は? True
5 >= -2は? True
5 <= -2は? False
```

演習問題

1. それぞれの行の上に # を使ってその行が何をするのかを説明するコメントを書いてみよう。

2. エクササイズ 0 で python3 を起動したことを覚えているだろうか？ 同じように python3 を起動し、+ や - といった数学記号（演算子）を用いて Python を電卓として使ってみよう。
3. 何か計算を必要とするものを見つけて、それを実行する新しい .py ファイルを書いてみよう。

よくある質問

Q: % が「剰余」であって「パーセント」を意味しないのはなぜですか？
A: プログラミング言語の設計者がその記号を剰余として使っただけだ。普通の文章で「パーセント」と読むことは正しい。プログラミングでは、除算（割り算）には / という演算子が使われ、剰余（割り算の余り）には % という演算子が使われることが多い。

Q: % はどのように機能するのですか？
A: 別の言い方をすると X ÷ Y = I ⋯ J の J の箇所だ。たとえば 100 を 16 で割ると 6 余り 4（100 ÷ 16 = 6 ⋯ 4）だが、この J にあたる 4 が % の結果である「剰余（割り算の余り）」だ。

Q: 演算子に優先順位はありますか？
A: 米国では PEMDAS という頭字語を使って優先順位を覚える。これは、括弧 (Parentheses)、べき乗 (Exponents)、乗算 (Multiplication)、除算 (Division)、加算 (Addition)、減算 (Subtraction) の頭文字であり、Python が従う優先順位でもある。PEMDAS でよくある間違いは、これが厳密な順序、つまり P、E、M、D、A、S の順だと考えることだ。実際の順序は、左から右に乗算と除算（M と D）を行い、加算と減算（A と S）を行う。したがって PEMDAS を PE(M&D)(A&S) と覚えた方がよい。（訳注：日本には PEMDAS に相当する覚え方はない。）

エクササイズ 4
変　数

　ここまでで print を使った出力や数学記号を使った計算ができるようになったはずだ。次に変数について学ぼう。プログラミングでは、変数とは何かにつけた名前でしかない。「Zed（私）」が「この本を書いた人」の名前であることと同じだ。プログラマはコードを英語のように読むことができるように変数を使う。そうすれば覚えることが少なくなるからだ。コードに対してよい変数名を使わなければ、そのコードを後で読むときにわからなくなってしまうだろう。

　このエクササイズで行き詰まったら、これまでに学んだテクニックを思い出そう。違いを見つけることや、細部に注意を払うことなどだ。

1. それぞれのコードの上に、その行が何をするのかを説明するコメントを書いてみる。
2. コードを後ろから読んでみる。
3. コードを一文字ずつ声に出して読んでみる。

ex4.py

```
1   cars = 100
2   space_in_a_car = 4.0
3   drivers = 30
4   passengers = 90
5   cars_not_driven = cars - drivers
6   cars_driven = drivers
7   carpool_capacity = cars_driven * space_in_a_car
8   average_passengers_per_car = passengers / cars_driven
9
10  print("今日は", cars, "台の車が利用可能。")
11  print("今日は", drivers, "人しかドライバーがいない。")
12  print("だから", cars_not_driven, "台の車にはドライバーがいない。")
13  print("今日は", carpool_capacity, "人の乗客を運べる。")
14  print("今日は", passengers, "人の乗客がいる。")
15  print("一台の車に", average_passengers_per_car,
16      "人を乗せる必要がある。")
```

> **警告！** space_in_a_car の _ はアンダースコアとよばれるものだ。聞いたことがないなら、それを入力する方法を調べておこう。変数名に対して、単語を区切る想像上の空白としてこの文字がよく使われる。

実行結果

ターミナルの画面

```
$ python3 ex4.py
今日は 100 台の車が利用可能。
今日は 30 人しかドライバーがいない。
だから 70 台の車にはドライバーがいない。
今日は 120.0 人の乗客を運べる。
今日は 90 人の乗客がいる。
一台の車に 3.0 人を乗せる必要がある。
```

演習問題

最初にこのプログラムを書いたとき、間違えてしまい、次のようなメッセージが表示された。

```
Traceback (most recent call last):
  File "ex4.py", line 8, in <module>
    average_passengers_per_car = car_pool_capacity / passenger
NameError: name 'car_pool_capacity' is not defined
```

このエラーが発生した理由を、行番号を使って自分の言葉で説明してみよう。次は追加の演習問題だ。

1. `space_in_a_car` の値に 4.0 を使ったが、その必要はあっただろうか？ 4 を使ったらどうなっていただろうか？（訳注：Python 2 では違う値が表示されたが、Python 3 では何も変わらない。違いがなくても悩む必要はない。）
2. 4.0 は浮動小数点数であり、小数点をもつ数値だ。浮動小数点数を使うためには 4 ではなく 4.0 と書く必要がある。
3. = を使って変数に値を代入している行の上にコメントを書いてみよう。
4. = は何とよばれているか確認してみよう（等号、イコールだ）。これを使ってデータに名前を割り当てることができる。= を使って、数値や文字列といったデータに `cars_driven` や `passengers` といった名前を割り当てているこ

とを確認しよう。
5. _ がアンダースコアであることを忘れないように。
6. 前のエクササイズで電卓として Python を使ったように、ターミナルから python3 を起動し、変数を使って何か計算してみよう。変数名として i、j、x がよく使われる。

よくある質問

Q: =（等号）と ==（二重等号）の違いは何ですか？
A: =（等号）は、右側の値を左側の変数に割り当てる。==（二重等号）は、二つのものが同じ値をもつかどうかをテストする。これについてはエクササイズ 27 で学ぶ。

Q: x = 100 の代わりに x=100 と書くことはできますか？
A: できなくはないが、それはよい書き方ではない。読みやすさのために演算子の前後にスペースを入れるべきだ。

Q: 「コードを後ろから読む」とはどういうことですか？
A: 簡単なことだ。16 行のコードがあるとする。16 行目から始め、この本のコードの 16 行目と比較する。次に 15 行目、14 行目と進み、コード全体を読み終えるまで続ける。

Q: `space_in_a_car` に 4.0 を使っているのはなぜですか？
A: この質問をする前に浮動小数点数が何であるかを調べよう。演習問題も参照すること。

エクササイズ 5

さらに変数と出力

　変数を使って、それらを出力するエクササイズをもう少しやろう。ここでは「フォーマット済み文字列（formatted string または f-string)」というものも使う。文字列を作るためにはテキストを "（二重引用符）で囲めばよい。プログラムが人間とコミュニケーションするためには文字列が必要だ。画面に出力したり、ファイルに保存したり、Web サーバーに送信したりするのに文字列が使われる。

　文字列はとても便利なものだ。このエクササイズでは文字列に変数を埋め込む方法も学ぶ。波括弧の { と } の内側に変数を書くのだが、f"Hello {some_var}" のようにフォーマット (format) を意味する文字 f を文字列の前に置く必要がある。"（二重引用符）の前にある f と文字列内の {} を使って、「この文字列はフォーマットが必要だ。{} の中にある変数の値をそこに入れよ」と Python に伝える。（訳注：フォーマット済み文字列は Python 3.6 で追加された機能だ。）

　いつものように、次のコードを入力しよう。現時点で理解できなくてもかまわないが、まったく同じになるようにすること。

ex5.py

```python
my_name = 'Zed A. Shaw'
my_age = 39  # 嘘じゃないよ
my_height = 74  # インチ
my_weight = 180  # ポンド
my_eyes = '青色'
my_hair = '茶色'
my_teeth = '白色'

print(f"{my_name}について語ろう。")
print(f"彼の身長は{my_height}インチ。")
print(f"彼の体重は{my_weight}ポンド。")
print("実際のところ、そんなに太ってはいない。")
print(f"彼の目の色は{my_eyes}で、髪の色は{my_hair}だ。")
print(f"彼の歯はたいてい{my_teeth}だが、それはコーヒー次第だ。")
```

```
15
16  # この行は不思議に思えるかもしれないが、とにかく試してみよう。
17  total = my_age + my_height + my_weight
18  print(f"{my_age}と{my_height}と{my_weight}を足すと{total}だ。")
```

実行結果

ターミナルの画面

```
$ python3 ex5.py
Zed A. Shawについて語ろう。
彼の身長は74インチ。
彼の体重は180ポンド。
実際のところ、そんなに太ってはいない。
彼の目の色は青色で、髪の色は茶色だ。
彼の歯はたいてい白色だが、それはコーヒー次第だ。
39と74と180を足すと293だ。
```

演習問題

1. すべての変数名の前についている `my_` を削除してみよう。= を使って値を代入している場所だけでなく、すべての場所を変更する必要がある。
2. インチとポンドをそれぞれセンチメートルとキログラムに変換しよう。計算結果を直接入力するのではなく、Python に計算させよう。(訳注：1 インチは 2.54 センチメートル、1 ポンドは約 0.45 キログラムだ。)

よくある質問

Q: `1 = 'Zed Shaw'` といったコードで変数を作ることはできますか？
A: できない。1 は有効な変数名ではない。変数名はアルファベットかアンダースコアで始める必要がある。たとえば a1 は有効な変数名だが、1 や 1a はそうではない。

Q: どうすれば小数を整数に丸めることができますか？
A: `round` 関数を使えばよい。たとえば `round(1.7333)` だ。

Q: このスクリプトが何をするのか理解できません。
A: このスクリプトの値を君自身の測定値に変更してみよう。不思議なことだが、自分自身のことについて話すと、より実感が湧くものだ。それに、まだ始めたばかりなのでわからないのは当然だ。立ち止まらず前に進もう。エクササイズを続けることで、より理解が深まるだろう。

エクササイズ 6

文字列とテキスト

　これまで文字列を使ってきたが、文字列がどういうものかまだ知らないことが多いだろう。このエクササイズでは複雑な文字列をいくつか作り、その使い方を確認する。その前に文字列について説明しよう。

　文字列とは一連の文字からなる短いテキストのことで、誰かに向けて表示したいもの、つまりプログラムから外に向けて出力したいものだ。Pythonで文字列を作るには、テキストを "（二重引用符）か '（一重引用符）で囲む。これまでprintと一緒に何度も文字列を使っている。出力したいテキストを " や ' で囲み、それを print を使って出力してきた。

　Pythonでは、文字列の中に変数を好きなだけ含めることができる。変数とはname = というように、イコールを使って値を割り当てるコードだったことを思い出そう。このエクササイズのコードでは、types_of_people = 10 によってtypes_of_people という名前の変数を作り、=（イコール）を使って10という値をその変数に割り当てている。そして、{types_of_people} を使って、その変数を含む文字列を作っている。ただし、変数の値で文字列を「フォーマット」するためには特別な文字列を使う必要がある。それは「フォーマット済み文字列 (f-string)」とよばれるもので、次のように使う。

```
f"ここに{some_var}がある"
f"ここには{another_var}がある"
```

　Pythonには .format() 構文を使用した別の書式指定もある。17行目でそれを使っている。ほかの場所、たとえばループの中で、生成済みの書式指定文字列とformat()を使って書式を適用するコードを見かけることがあるだろう。少し後のエクササイズでそれを説明する。ではいくつかの文字列と変数を作り、書式指定文字列を使ってそれらを出力してみる。簡略化した短い名前の変数名も使おう。プログラマは謎めいた短い変数名を使って時間を節約することが大好きだ。それらの読み書きもここでやっておく。

エクササイズ6 文字列とテキスト

ex6.py

```
1   types_of_people = 10
2   x = f"世の中には{types_of_people}種類の人間がいる。"
3
4   binary = "バイナリ"
5   do_not = "そうでない"
6   y = f"{binary}を知っている人と、{do_not}人だ。"
7
8   print(x)
9   print(y)
10
11  print(f"私はいった: {x}")
12  print(f'こうともいった: "{y}"')
13
14  hilarious = False
15  joke_evaluation = "このジョークは面白かったかな?! {}"
16
17  print(joke_evaluation.format(hilarious))
18
19  w = "これは左側のテキストで..."
20  e = "これは右側のテキストだ。"
21
22  print(w + e)
```

実行結果

ターミナルの画面

```
$ python3 ex6.py
世の中には10種類の人間がいる。
バイナリを知っている人と、そうでない人だ。
私はいった: 世の中には10種類の人間がいる。
こうともいった: "バイナリを知っている人と、そうでない人だ。"
このジョークは面白かったかな?! False
これは左側のテキストで...これは右側のテキストだ。
```

演習問題

1. このプログラムを眺めて、それぞれの行の上にその行のコードを説明するコメントを書いてみよう。
2. 文字列の中に文字列を含んでいる所をすべて指摘してみよう。全部で四つある。

3. 間違いなく四つだろうか？ なぜ四つといえるのだろうか？ 私は嘘をついているかもしれないよ。
4. 二つの文字列 w と e を + を使って足すと、なぜ長い文字列になるのか説明してみよう。

コードを壊してみる

そろそろコードをわざと壊して何が起こるのかを見てみるのもよい頃だ。これはコードを壊すのに最も巧妙なやり方を考え出すゲームだと考えてほしい。最も簡単なやり方を見つけるのもよい。コードを壊したら、次にそれを修正してみよう。友人とお互いのコードを壊しあって、それから修正するのも面白いだろう。ex6.py ファイルを友人に渡して自由に壊してもらおう。それからエラーを見つけて、それらを直してみよう。このことを楽しんでほしい。コードを書き終えたのだから、もう一度やり直すことは難しくないはずだ。戻すことが難しいくらいコードが壊れてしまったら、追加の演習問題だと考えて最初からコードを入力しよう。

よくある質問

Q: なぜ、'（一重引用符）で囲っている文字列とそうでないものがあるのですか？

A: 違いはほとんどないが、文字列の中に "（二重引用符）を含むものには '（一重引用符）を使っている。コードの 12 行目でそれをやっているので確認してほしい。

Q: このジョークが面白いと思ったら hilarious = True（面白い）としてもよいですか？

A: もちろん！ True と False のことをブール値というが、詳細はエクササイズ 27 で学ぶ。

エクササイズ 7
さらに出力

　さらに一連のエクササイズに取り組もう。いつものようにコードを入力して実行する。これまでと同じなので説明は不要だろう。君のスキルを鍛えることがここでの目的だ。エクササイズを飛ばしてはいけない。コピー & ペーストなんてもってのほかだ。

ex7.py

```python
print("Mary had a little lamb.")
print("Its fleece was white as {}.".format('snow'))
print("And everywhere that Mary went.")
print("." * 10)   # これは何をするだろうか?

end1 = "C"
end2 = "h"
end3 = "e"
end4 = "e"
end5 = "s"
end6 = "e"
end7 = "B"
end8 = "u"
end9 = "r"
end10 = "g"
end11 = "e"
end12 = "r"

# 最後のend=' 'に注目しよう。これを取り除くとどうなるだろうか?
print(end1 + end2 + end3 + end4 + end5 + end6, end=' ')
print(end7 + end8 + end9 + end10 + end11 + end12)
```

実行結果

ターミナルの画面

```
$ python3 ex7.py
Mary had a little lamb.
Its fleece was white as snow.
And everywhere that Mary went.
```

```
..........
Cheese Burger
```

演習問題

これ以降のエクササイズでも、これと同じ演習問題をやってみよう。

1. コードのそれぞれの行に対して、やっていることをコメントとして書いてみよう。
2. コードの間違いを見つけるために、コードを逆から読んだり、声に出して読んだりしてみよう。
3. これから何か間違えたら、どのような間違いをしたのかノートに書き留めよう。
4. 次のエクササイズから、ノートに書いたこれまでの間違いを見直して同じ間違いを繰り返さないようにしよう。
5. 間違いは誰にでもある。プログラマは、マジシャンのように自分は完璧で決して間違わないと人に思わせようとするが、それはすべて演技だ。間違わないプログラマなんていない。

コードを壊してみる

エクササイズ6の「コードを壊してみる」は楽しめただろうか？ これからも君が書いたコードや友人のコードを壊してみよう。エクササイズに「コードを壊してみる」がなくても、コードを壊す方法をできる限り見つけ、考えつくすべての方法を試してみよう。飽きるまでやってみよう。エクササイズによってはコードを壊すための一般的な方法を示すこともあるが、それがなくてもその方法を考えよう。コードを壊すことはやらなければいけない必須の演習問題だ。

よくある質問

Q: snow という名前の変数を使っているのはなぜですか？
A: これは変数ではない。snow という単語からなる文字列だ。変数を一重引用符で囲むことはない。

Q: 演習問題 1 でやったように、すべてのコード行にコメントを書くことは普通ですか？

A: 普通ではない。コメントを書くのは理解しにくいコードやそのコードを書いた理由を説明するときだけだ。とくに「理由 (Why)」を書くことが重要だ。コードが「何をしているのか (How)」は、見ればわかるようにコードを書いてほしい。しかし、問題を解決するために、すべての行にコメントを必要とする厄介なコードを書かなければいけないときもある。この場合はコードを自分の言葉に翻訳する練習だと考えよう。

Q: 文字列を作るために一重引用符と二重引用符のどちらを使えばよいですか？これらに違いはありますか？

A: Python では文字列を作るためにどちらを使ってもよいが、'a' や 'snow' のような短い文字列に対して一重引用符を使うのが一般的だ。

エクササイズ 8
出力、出力

　より複雑な文字列の書式指定を見ていこう。このコードは複雑に見えるかもしれないが、それぞれの行の上にコメントを書いて一つずつ分解して考えれば理解できるはずだ。

ex8.py

```
1   formatter = "{} {} {} {}"
2
3   print(formatter.format(1, 2, 3, 4))
4   print(formatter.format("一", "二", "三", "四"))
5   print(formatter.format(True, False, False, True))
6   print(formatter.format(formatter, formatter, formatter, formatter))
7   print(formatter.format(
8       "好きな文を",
9       "ここに書いてみよう",
10      "たとえば詩や",
11      "歌なんかもよいだろう"
12  ))
```

実行結果

ターミナルの画面

```
$ python3 ex8.py
1 2 3 4
一 二 三 四
True False False True
{} {} {} {} {} {} {} {} {} {} {} {} {} {} {} {}
好きな文を ここに書いてみよう たとえば詩や 歌なんかもよいだろう
```

　このエクササイズでは、関数とよばれるものを使ってformatter変数をほかの文字列に変換している。formatter.format(...)という表記を見たら、次のことをPythonに伝えていると考えるとよい。

1. 1行目で定義したformatter変数の文字列を取得する。

2. その文字列の `format` 関数を呼び出す。これはコマンドラインで `format` というコマンドを実行するようなものだ。
3. `format` 関数に引数を四つ渡す。これは `formatter` 変数にある四つの `{}` にそれぞれ対応する。コマンドラインで `format` コマンドに引数を渡すのと同じだ。
4. `format` 関数を呼び出すと、四つの `{}` をそれぞれの引数の値で置き換えた新しい文字列が作られる。`print` によって出力されたものがこれだ。

このエクササイズは少し難しかっただろうか。そうだとしたら、これはちょっとしたパズルだと考えてほしい。何が起こっているのかちゃんと理解できてなくても気にしなくてよい。この本を読み進めていけば理解できるようになる。そのまま学び続けてほしい。何が起こったのかを確認して、次のエクササイズに進もう。

演習問題

コードを確認し、間違いをノートに書き留めて、次のエクササイズで同じ間違いをしないようにしよう。つまりエクササイズ 7 の演習問題と同じだ。

よくある質問

Q: "一" や "二" を引用符で囲んでいるのに、`True` や `False` を引用符で囲んでいないのはなぜですか？

A: Python は `True` と `False` をそれぞれ真と偽を表すキーワードとして認識する。これらを引用符で囲むと文字列となり正しく動作しないだろう。エクササイズ 27 でこれらがどのように機能するのかを詳しく説明する。

Q: IDLE を使ってこれらを実行してもよいですか？

A: だめだ。まずコマンドラインを使う方法を学ばなければならない。プログラミングを学ぶためにはコマンドラインは不可欠であり、プログラミングを学ぶ出発点としても適している。この本を読み進めていくと IDLE で失敗する場面に出くわすだろう。

エクササイズ 9

出力、出力、出力

そろそろこの本のやり方がわかってきただろう。いくつかのエクササイズを通して新しいことを学ぶというやり方だ。君が理解できないかもしれないコードから始めて、いくつかのエクササイズを通して学ぶべき概念を説明する。現時点でわからないことがあっても、より多くのエクササイズを終えれば理解できるようになる。わからないことをノートに書き留めて学習を続けよう。

ex9.py

```
1   # これは少し奇妙に思えるかもしれない。正確に入力することを忘れずに。
2
3   days = "月 火 水 木 金 土 日"
4   months = "一月\n二月\n三月\n四月\n五月\n六月\n七月\n八月"
5
6   print("曜日:", days)
7   print("月:", months)
8
9   print("""
10  ここでは新しいことをやっている。
11  二重引用符を三つ使うことで。
12  好きなだけ入力できる。
13  望むなら4行でも5行でも6行でも。
14  """)
```

(訳注：日本語キーボードであれば、Windows や Linux の場合は ¥ キーで \ が入力できる。Windows の PowerShell などでは ¥ と表示されるかもしれないが、\ が ¥ と表示されているだけなので問題ない。macOS の場合は option＋¥ キーで \ が入力できるが、「キーボードの設定」で option キーなしで \ を入力するように変更できる。)

実行結果

ターミナルの画面

```
$ python3 ex9.py
曜日: 月 火 水 木 金 土 日
```

月：一月
二月
三月
四月
五月
六月
七月
八月

ここでは新しいことをやっている。
二重引用符を三つ使うことで。
好きなだけ入力できる。
望むなら4行でも5行でも6行でも。

演習問題

コードを確認し、間違いをノートに書き留めて、次のエクササイズで同じ間違いをしないようにしよう。コードを壊して、それを直してみよう。つまりエクササイズ 7 の演習問題と同じだ。

よくある質問

Q: なぜ三つの二重引用符の間にスペースを入れるとエラーになるのですか？
A: """ のように入力しなければいけない。" " " ではだめだ。それぞれの " の間にスペースを入れてはいけない。

Q: 新しい行から一月を始めるにはどうすればよいですか？
A: 次のように\n で文字列を始めればよい。

"\n一月\n二月\n三月\n四月\n五月\n六月\n七月\n八月"

Q: いつもスペルを間違ってエラーになります。
A: 最初の頃だけでなく、それ以降もプログラミングのエラーの大半は単純なスペルミスやタイプミス、順序が違うといったちょっとした間違いだ。

エクササイズ 10
エスケープシーケンス

　前のエクササイズでは、君の注意を引くために説明していないことをやってもらった。そこでは複数の行をもつ文字列を作る方法を二つ示した。一つ目の方法では、それぞれの月の間に \n （「バックスラッシュ」と「n」）を使った。文字列中の \n は改行文字に置き換えられる。

　この \ （バックスラッシュ）を使って、入力するのが難しい文字を文字列の中に埋め込むことができる。このようなものをエスケープシーケンスといい、いろいろなものが用意されている。エスケープシーケンスをいくつか試してみれば、何をいっているのかわかるだろう。

　重要なエスケープシーケンスに、一重引用符（'）や二重引用符（"）をエスケープするものがある。二重引用符を使って文字列を作るときに、その文字列の中に二重引用符自体を含めることを考えてみよう。

　　　　"私には彼が"ジョー"だとわかった。"

このように書くと Python は混乱するだろう。なぜなら、"ジョー" を囲む二重引用符の一つ目で文字列が終わると判断するからだ。文字列の中の二重引用符が、文字列を終わらせる二重引用符ではなくただの文字であることを Python に伝える方法が必要だ。

　この問題を解決するには二重引用符や一重引用符をエスケープする必要がある。そうすれば Python はそれらを文字列に含めればよいと判断できる。たとえば次のとおりだ。

```
# 6フィート2インチのことを6'2"と書く
"私の身長は6'2\"です。"   # 文字列の中の二重引用符をエスケープする
'私の身長は6\'2"です。'   # 文字列の中の一重引用符をエスケープする
```

　二つ目の方法では、三重引用符（引用符が三つ連続したもの）を使った。これは """ で始まり """ で終わる文字列で、その中には複数行のテキストを好きなだけ含めることができる。これらを使ってみよう。

ex10.py

```
1  tabby_cat = "\tこれはタブ。"
2  persian_cat = "これは行を\n分割。"
3  backslash_cat = "これは\\一匹の\\猫。"
4
5  fat_cat = """
6  '猫'用のリスト:
7  \t* キャットフード
8  \t* 魚
9  \t* マタタビ\n\t* 猫草
10 """
11
12 print(tabby_cat)
13 print(persian_cat)
14 print(backslash_cat)
15 print(fat_cat)
```

実行結果

ここで使っているタブ文字を作る方法を確認しよう。このエクササイズで重要なのは改行やタブといった空白を出力している部分だ。

ターミナルの画面

```
$ python3 ex10.py
        これはタブ。
これは行を
分割。
これは\一匹の\猫。

'猫'用のリスト:
        * キャットフード
        * 魚
        * マタタビ
        * 猫草
```

エスケープシーケンス

Pythonがサポートするすべてのエスケープシーケンスは次のとおりだ。あまり使わないものもあるが、エスケープシーケンスと意味を覚えよう。これらを文字列の中に書いて、どうなるか試してみよう。

エスケープ シーケンス	意味
\\	バックスラッシュ (\)
\'	一重引用符 (')
\"	二重引用符 (")
\a	ASCII 端末ベル (BEL)
\b	ASCII バックスペース (BS)
\f	ASCII フォームフィード (FF)
\n	ASCII 行送り (LF)
\N{name}	Unicode データベース中で name という名前の文字
\r	ASCII 復帰 (CR)
\t	ASCII 水平タブ (TAB)
\uxxxx	16 ビットの 16 進値 xxxx をもつ文字
\Uxxxxxxxx	32 ビットの 16 進値 xxxxxxxx をもつ文字
\v	ASCII 垂直タブ (VT)
\ooo	8 進数値 ooo をもつ文字
\xhh	16 進数値 hh をもつ文字

演習問題

1. すべてのエスケープシーケンスをインデックスカードに書いて覚えよう。
2. """ の代わりに ''' (三つの一重引用符) を使ってみよう。''' を使うとどうなるのか説明してみよう。
3. エスケープシーケンスとフォーマット済み文字列を組み合わせて、より複雑な文字列を作ってみよう。

よくある質問

Q: このエクササイズを完全に理解していません。このまま続けるべきでしょうか?

A: このまま続けるべきだ。ここで中断するのではなく、エクササイズで理解できなかったことをノートに書き留めよう。定期的にこのメモを見直し、より多くのエクササイズを終えた後に理解できるようになったか確認しよう。いくつかのエクササイズは戻ってやり直すことになるだろう。

Q: \\ を特別扱いしているのはなぜですか？
A: これは一つの \ （バックスラッシュ）を文字列の中に書くためのものだ。これが必要な理由を説明できるだろうか？

Q: // や /n を文字列に書いても正しく動作しません。
A: \ （バックスラッシュ）ではなく / （スラッシュ）を使っている。これらはまったく意味が違う異なる文字だ。

Q: 演習問題 3 の意味がわかりません。エスケープシーケンスとフォーマット済み文字列を「組み合わせる」とはどういう意味ですか？
A: 君に理解してほしいのは、問題を解決するためにはエクササイズで学んだことを組み合わせる必要があるということだ。これまでのエクササイズで学んだフォーマット済み文字列と、このエクササイズで学んだエスケープシーケンスを使って、新しいコードを書くことがこの演習問題の目的だ。

Q: ''' と """ のどちらを使うべきですか？
A: 単なるスタイルの問題だ。いまのところ """（三つの二重引用符）を使うが、どちらも使えるように。最適だと思う方や他人がどちらを使っているかを見て、使うべきものを決めよう。

エクササイズ 11

ユーザーに質問する

　ここから少しペースを上げよう。これまで print を使ったエクササイズを数多くやってきた。コードを入力することに慣れるためだが、このような単純なことに退屈してきたのではないだろうか。次に学ぶことはプログラムの中にデータを取り込む方法だ。これは少し難しく感じるかもしれない。すぐに理解できるとは思えないことを二つ使うからだ。私を信じて、とにかくやってほしい。エクササイズを少しやれば理解できるようになる。

　このプログラムの大まかな流れは次のとおりだ。

1. ユーザーから何らかの入力を受け取る。
2. 受け取ったデータを変換する。
3. 変換した結果を画面に出力する。

　文字列を出力することは何度もやってきたが、ユーザーからの入力を受け取るのはこれがはじめてだ。もしかすると「入力 (input)」がどういうことかよくわからないかもしれない。とにかくこのコードとまったく同じになるようにファイルを書いてみよう。入力については次のエクササイズで詳しく説明する。

ex11.py

```
1  print("君の年齢は?", end=' ')
2  age = input()
3  print("君の身長は?", end=' ')
4  height = input()
5  print("君の体重は?", end=' ')
6  weight = input()
7
8  print(f"君は{age}歳で、身長は{height}で、体重は{weight}だ。")
```

> 警告！　print の行末にある end=' ' は、文字列を出力するときに行末に改行を使うのではなく、スペースを使うことを print に指示するものだ。

実行結果

ターミナルの画面

```
$ python3 ex11.py
君の年齢は? 39
君の身長は? 74in
君の体重は? 180lb
君は39歳で、身長は74inで、体重は180lbだ。
```

演習問題

1. Python の input をオンラインで調べてみよう。
2. input を使ったサンプルが見つかっただろうか？ そのサンプルを実際に試してみよう。
3. 何か別の質問をするコードを input を使って書いてみよう。

よくある質問

Q: 計算するために数値を取得するにはどうすればよいですか？

A: これは少し上級のテクニックだ。x = int(input()) を試してみよう。input() を使って数字を文字列として取得し、int() を使ってその文字列を数値に変換する。

Q: input("74in") と input に身長を直接入れたのですが動作しません。

A: 身長を input の中に入れるのではなく、ターミナルから入力する。コードに戻って、この本のコードとまったく同じであるか確認し、スクリプトを実行しよう。スクリプトが一時停止したら、キーボードから身長を入力する。やるべきことはこれがすべてだ。

エクササイズ 12

ユーザーにプロンプトを表示する

input() を使ったときに丸括弧の (と) を使った。これは "{} {}".format(x, y) のように、追加の変数 x と y を用いて format を呼び出したときに丸括弧を使ったことと似ている。input の場合は何を入力するのかをユーザーに伝えるためのプロンプトを丸括弧の内側に書くことができる。次のようにプロンプトとして出力したい文字列を (と) の内側に書けばよい。

```
name = input("名前は? ")
```

これはユーザーに「名前は? 」とプロンプトを表示し、入力した結果を name 変数に代入する。ユーザーに質問をして答えを得る一般的な方法だ。(訳注：プロンプトの最後にスペースを一つ追加して、入力とつながって見えないようにするとよい。)

これを使って前のエクササイズを書き直してみよう。つまり input を使ってプロンプトを出力する。

ex12.py

```python
age = input("君の年齢は? ")
height = input("君の身長は? ")
weight = input("君の体重は? ")

print(f"君は{age}歳で、身長は{height}で、体重は{weight}だ。")
```

実行結果

ターミナルの画面

```
$ python3 ex12.py
君の年齢は? 39
君の身長は? 74in
君の体重は? 180lb
君は39歳で、身長は74inで、体重は180lbだ。
```

演習問題

1. ターミナルで pydoc3 input と入力し、その出力を読んでみよう。Windows の場合は python -m pydoc input と入力する。以降 pydoc3 を pydoc と書くことにする。
2. pydoc が終了しない場合は q と入力する。q は quit（終了）の意味だ。
3. pydoc コマンドについてオンラインで調べてみよう。
4. pydoc で open、file、os、sys についても調べてみよう。すべてを理解できなくてもかまわない。目を通して、興味をもったことをノートに書き留めよう。

よくある質問

Q: pydoc を実行しようとすると、SyntaxError: invalid syntax というエラーになります。

A: コマンドラインではなく python3 の中から pydoc を実行したのではないだろうか。python3 を終了して、pydoc を実行しよう。

Q: pydoc の出力が一時停止しないのはなぜですか？

A: ドキュメントが一画面に収まるほど短ければ一時停止しない。

Q: print("君の年齢は?", input()) とできないのはなぜですか？

A: このように書くと、input() の呼び出し結果が変数に格納されないため正しく動作しない。実際に試してみよう。ユーザーが入力したものを後で出力できるだろうか？ これが動作しない理由をデバッグして確かめてみよう。

エクササイズ 13

引数、アンパック、変数

　このエクササイズでは、スクリプト内でユーザーからの入力を取得し、変数に設定するもう一つの方法を説明する（スクリプトとは .py ファイルの別名だ）。ex13.py ファイルを実行するために python3 ex13.py と入力することはすでに知っているはずだ。実はコマンドの一部である ex13.py は「引数 (argument)」とよばれるものだ。ここでは引数を受け付けるスクリプトの書き方を学ぶ。

　次のプログラムを入力しよう。詳細は後で説明する。

ex13.py

```
1  from sys import argv
2
3  # このコードを実行する方法は「実行結果」を参照すること。
4  script, first, second, third = argv
5
6  print("このスクリプトの名前は:", script)
7  print("first変数の値は:", first)
8  print("second変数の値は:", second)
9  print("third変数の値は:", third)
```

　1 行目は「インポート (import)」とよばれるものだ。これは Python がもっている機能をスクリプトに追加する方法だ。Python はすべての機能を自動的には提供しないため、使いたい機能を明示的にスクリプトに書く必要がある。これはプログラムを小さく保つだけでなく、後でそのコードを読むかもしれないほかのプログラマのためのドキュメントの役割も果たす。

　argv は引数を表す変数 (argument variable) であり、ほかの多くのプログラミング言語でも使われている標準的な名前だ。この変数は Python スクリプトの実行時に渡された引数を保持する。このエクササイズでいろいろな引数を試して、何が起こるのかを確認してみよう。

　4 行目は argv をアンパックして、それぞれの値を四つの変数 script、first、second、third に割り当てている。すべての引数を保持している argv を直

接使うよりも扱いやすいからだ。奇妙に思えるかもしれないが「アンパック (unpack)」は何をしているのかを示す最適な言葉だ。これは「argv 変数に割り当てられているものをすべて取り出し、左側の変数群に順番に割り当てよ」といっているようなものだ。

その後 print() を使ってそれらを出力している。

ちょっと待て！ 機能には別の呼び名がある

Python プログラムにいろいろなことをさせるためにインポートしたものをここでは「機能」とよんだ。学んでいることを専門用語を使わずに伝えるためだが、実際には誰も機能とはよんでいない。先に進む前に本当の名前を教えよう。それは「モジュール (module)」だ。

これまで機能とよんでいたものに対して、今後「モジュールをインポートする」という言葉を使う。たとえば「sys モジュールをインポートする」だ。「ライブラリ」という名前を使うプログラマもいるが、モジュールという名前を使おう。

実行結果

> **警告！ 注意せよ！** これまでは Python スクリプトをコマンドライン引数なしで実行してきた。ここでは python3 ex13.py と入力することは間違いだ！ 細心の注意を払って、どのように実行しているかを確認しよう。argv が使われているときには、いつもこの注意が当てはまる。

次のようにプログラムを実行しよう。三つのコマンドライン引数を渡すことを忘れずに。

ターミナルの画面

```
$ python3 ex13.py first 2nd 3rd
このスクリプトの名前は: ex13.py
first変数の値は: first
second変数の値は: 2nd
third変数の値は: 3rd
```

次はいろいろな引数でスクリプトを実行した結果だ。

ターミナルの画面

```
$ python3 ex13.py stuff things that
このスクリプトの名前は: ex13.py
first変数の値は: stuff
```

```
second変数の値は: things
third変数の値は: that
$
$ python3 ex13.py apple orange grapefruit
このスクリプトの名前は: ex13.py
first変数の値は: apple
second変数の値は: orange
third変数の値は: grapefruit
```

コマンドライン引数として最初に指定した first、2nd、3rd の代わりに、好きなものを三つ指定できる。

正しく実行しなければ次のようなエラーが表示される。

ターミナルの画面

```
$ python3 ex13.py first 2nd
Traceback (most recent call last):
  File "ex13.py", line 4, in <module>
    script, first, second, third = argv
ValueError: not enough values to unpack (expected 4, got 3)
```

このエラーは十分な数の引数を渡さないでコマンドを実行した場合に発生する。この例のように引数として first と 2nd の二つしか渡さなかった場合、アンパックするのに必要な引数が足りないため not enough values to unpack (expected 4, got 3) というエラーが発生する。

演習問題

1. 三つより多い引数をスクリプトに与えてみよう。どのようなエラーが起こるだろうか？ そのエラーの意味を説明してみよう。
2. 少ない引数しか必要としないスクリプトと、多くの引数を必要とするスクリプトを書いてみよう。アンパックされた値を割り当てる変数としてふさわしい名前を考えること。
3. input() と argv とを組み合わせてユーザーからの入力を取得するスクリプトをいくつか書いてみよう。あまり考えすぎないように。ユーザーから argv を使って何かを取得することに加えて、input() を使ってほかの何かを取得するだけだ。

4. モジュールは機能を提供する。モジュール、モジュール、モジュール。後で必要になるので忘れないように。

よくある質問

Q: スクリプトを実行すると、ValueError: not enough values to unpack (expected 4, got 1) というエラーになります。
A: 重要なスキルの一つに「細部に注意を払うこと」がある。「実行結果」を見れば、コマンドラインに引数を指定してスクリプトを実行していることがわかるはずだ。この実行方法と正確に同じやり方で実行するように。

Q: argv と input() の違いは何ですか？
A: これらはユーザーが入力を要求される場所が異なる。スクリプトの起動時にコマンドライン引数を使う場合は argv を使い、スクリプトの実行中にキーボードを使って入力する場合は input() を使う。

Q: コマンドライン引数は文字列ですか？
A: そう、コマンドライン引数は文字列だ。引数に数字を指定した場合であってもそうだ。数値に変換するには int() を使う。少し前のエクササイズで int(input()) としたのと同じだ。

Q: コマンドラインはどのように使うのですか？
A: これまで何度もコマンドラインを使ってきたはずだ。この段階でまだよくわからないのであれば、付録を先に読んでほしい。

Q: argv と input() をどのように組み合わせればよいのかわかりません。
A: あまり考えすぎないように。スクリプトの最後で input() を使って何かを取得し、それを出力するためのコードを追加するだけだ。同じスクリプトの中で両方のやり方を試してみよう。

Q: input('? ') = x とできないのはなぜですか？
A: これではコードに書く順序が逆だ。この本のやり方でやってみよう。そうすればうまくいく。

エクササイズ 14
プロンプトに変数を使う

　ユーザーに何かを尋ねるのに argv と input() の両方を使うエクササイズに取り組もう。次のエクササイズではファイルの読み書きを学ぶが、そこでも argv や input() を使う。またこのエクササイズでは、これまでと少し違ったやり方で input を使ってみる。プロンプトとしてシンプルな「 > 」を使うのだが、これは Zork や Adventure といったレトロなコンピュータゲームと同じだ。

ex14.py

```
1   from sys import argv
2
3   script, user_name = argv
4   prompt = '> '
5
6   print(f"やぁ、{user_name}。私は{script}スクリプトです。")
7   print("私は君にいくつかの質問をしたいと思います。")
8   print(f"{user_name}、君は私のことが好きですか?")
9   likes = input(prompt)
10
11  print(f"{user_name}、君はどこに住んでいますか?")
12  lives = input(prompt)
13
14  print("君はどんな種類のコンピュータをもっていますか?")
15  computer = input(prompt)
16
17  print(f"""
18  いいね。私のことが好きですかと聞いたら、君は「{likes}」といった。
19  君は{lives}に住んでいる。私にはどこかわからないけどね。
20  それに、君は{computer}コンピュータをもっている。すごいね。
21  """)
```

　prompt 変数を使って、出力したいプロンプトを設定している。input の引数として何度も同じ文字列を渡す代わりに、この変数を input に渡す。プロンプトをほかのものに変えたい場合は、一か所だけ変えてスクリプトを再実行すればよい。とても便利だ。

実行結果

このスクリプトを実行する場合は、スクリプトの引数に君の名前を指定して argv 変数に渡す必要がある。

ターミナルの画面

```
$ python3 ex14.py zed
やぁ、zed。私はex14.pyスクリプトです。
私は君にいくつかの質問をしたいと思います。
zed、君は私のことが好きですか?
> はい
zed、君はどこに住んでいますか?
> サンフランシスコ
君はどんな種類のコンピュータをもっていますか?
> Tandy 1000

いいね。私のことが好きですかと聞いたら、君は「はい」といった。
君はサンフランシスコに住んでいる。私にはどこかわからないけどね。
それに、君はTandy 1000コンピュータをもっている。すごいね。
```

演習問題

1. Zork や Adventure がどんなゲームか調べてみよう。プログラムのコピーを見つけたら、それで遊んでみよう。
2. `prompt` 変数を変更して、プロンプトを別のものにしてみよう。
3. 引数をもう一つ追加で受け取り、それを使うようにしてみよう。前のエクササイズで `script, first, second, third = argv` とやったのと同じやり方だ。
4. 最後の `print` では `"""` スタイルの複数行の文字列と `{}` を使ったフォーマット済み文字列とを組み合わせている。このやり方をしっかり理解しよう。

よくある質問

Q: スクリプトを実行すると、`SyntaxError: invalid syntax` が表示されます。

A: もう一度いうが、Python の中からではなくコマンドラインでスクリプト

を実行すること。python3 と入力してから python3 ex14.py zed と入力すると、Python の中から Python を実行しようとして失敗する。いったんウィンドウを閉じて、python3 ex14.py zed と入力しよう。

Q: プロンプトを変更するとはどういう意味ですか？
A: `prompt = '> '` のところを見てほしい。この変数の値を違うものに変えてみよう。その方法はすでに知っているはずだ。この値は単なる文字列であり、前のエクササイズでもやっている。時間をかけてしっかり理解するように。

Q: `ValueError: not enough values to unpack (expected 2, got 1)` というエラーが表示されます。
A: 「実行結果」に書いていたことに注意して、この本の指示どおりに実行しただろうか？ コマンドをどう入力するのか確認し、なぜコマンドライン引数が必要なのか考えてみよう。

Q: IDLE から実行するにはどうすればよいですか？
A: IDLE を使ってはいけない。

Q: `prompt` 変数の値に二重引用符を使ってもかまいませんか？
A: もちろん。実際にそれを試してみよう。

Q: 本当に Tandy コンピュータをもっているのですか？
A: 子供の頃にね。（訳注：Tandy コンピュータは 1980 年代のパーソナルコンピュータだ。）

Q: 実行すると、`NameError: name 'prompt' is not defined` が表示されます。
A: `prompt` という変数の名前を間違えたか、その行自体を書き忘れたかのどちらかだろう。コードに戻って一行ずつこの本のコードと比較してみよう。スクリプトの最後の行から上に向かって逆方向に確認する。このエラーが表示されるのは、スペルを間違えたか、変数を作ることを忘れたかのどちらかだ。

エクササイズ 15

ファイルを読む

　これまで argv や input を使ってユーザーからの入力を取得する方法を学んできた。次はファイルからデータを取得する方法を学ぼう。このエクササイズの内容を理解するには、これまで以上にいろいろと試す必要があるだろう。注意深くエクササイズを行い、しっかりとチェックするように。ファイルを扱うときには慎重にやらないと、自分のやったことを一瞬で失う可能性がある。

　このエクササイズでは二つのファイルを作成する。一つは ex15.py ファイルでいつものように実行するためのものだ。もう一つは ex15_sample.txt という名前のファイルだ。このファイルはスクリプトではなく、ただのテキストファイルであり、スクリプトから読み込むためのものだ。その内容は次のとおりだ。

ex15_sample.txt

```
ファイルに入力した内容がこれだ。
実にクールな内容だ。
たくさんのお楽しみがここにはある。
```

　ここでやることは、スクリプトからこのファイルを開きその内容を出力することだ。しかし ex15_sample.txt というファイル名をスクリプトの中に直接書きたくはない。つまりファイル名をハードコードすることは避けたい。「ハードコード (Hard coding)」とは、ユーザーから取得すべき情報を文字列としてソースコードに直接埋め込むことだ。これはまずいやり方だ。なぜなら別のファイルを読み込むことができないからだ。ファイル名をハードコードするのではなく、argv や input を使って開きたいファイルをユーザーに尋ねるのが望ましいやり方だ。

ex15.py

```
1  from sys import argv
2
3  script, filename = argv
4
```

```
5    txt = open(filename)
6
7    print(f"{filename}の内容は次のとおり:")
8    print(txt.read())
9
10   print("もう一度ファイル名を入力しよう:")
11   file_again = input("> ")
12
13   txt_again = open(file_again)
14
15   print(txt_again.read())
```

このスクリプトではすごいことが起こっている。少しずつ分けながら簡単に説明しよう。

- 1〜3行目では argv を使ってファイル名を取得している。
- 5行目では open という新しいコマンドを使っている。いますぐ pydoc open を実行してドキュメントを読んでみよう。スクリプトや input と同じように open も引数を受け取り何らかの値を返す。この値をスクリプトの変数に設定できる。ここでファイルを開いている。
- 7行目ではちょっとしたメッセージを表示している。
- 8行目でやっていることは新しくてかなり刺激的だ。txt 変数の read というコマンドを呼び出している。open から返される値はファイルオブジェクトとよばれるものだ。ファイルオブジェクトはいくつかのコマンドをもっている。このオブジェクトに対してコマンドを実行するには . (ピリオド) に続いてコマンドの名前と引数を渡す。open や input とほとんど同じだ。txt.read() の場合は「txt よ、read コマンドを引数なしで実行せよ！」というようなものだ。

それ以降の部分はほとんど同じだ。その部分の分析は演習問題として取っておく。

実行結果

> 警告！ 注意せよ！ もう一度いっておく。注意せよ！ いままでスクリプトの名前だけ指定してスクリプトを実行することが多かったが、今回も `argv` を使っているので追加の引数を指定する必要がある。「実行結果」の最初の行をよく見てほしい。`python3 ex15.py ex15_sample.txt` と実行している。スクリプト名である `ex15.py` の後ろにある `ex15_sample.txt` に注目しよう。これが追加の引数だ。これを指定するのを忘れるとエラーが発生する。集中しよう！

ex15_sample.txt というファイルを作成したら、スクリプトを実行する。

ターミナルの画面

```
$ python3 ex15.py ex15_sample.txt
ex15_sample.txtの内容は次のとおり:
ファイルに入力した内容がこれだ。
実にクールな内容だ。
たくさんのお楽しみがここにはある。

もう一度ファイル名を入力しよう:
> ex15_sample.txt
ファイルに入力した内容がこれだ。
実にクールな内容だ。
たくさんのお楽しみがここにはある。
```

(訳注：Windows で実行して `UnicodeDecodeError` というエラーになる場合は、5 行目や 17 行目の `open` の引数に読み込むファイルのエンコーディング (encoding) を明示的に指定する。たとえば `open(filename, encoding='utf-8')` だ。Windows 日本語版では `open` のデフォルトエンコーディングが `utf-8` ではなく、シフト JIS を拡張した `cp932` だからだ。エンコーディングの詳細はエクササイズ 23 を参照してほしい。)

演習問題

これは大きな飛躍だ。次に進む前に演習問題にベストを尽くしてほしい。

1. すべてのコードの上にその行が何をするのかを説明するコメントを書いてみよう。
2. わからないことがあったら誰かに助けを求めるか、オンラインで検索しよう。多くの場合「python3 検索ワード」で検索すると、Python での検索

ワードに関する答えが見つかるだろう。試しに「python3 open」と検索してみよう。
3. ここでは「コマンド」という言葉を使ったが、コマンドは「関数」や「メソッド」ともよばれている。関数やメソッドについてはこの本の後半で学ぶ。
4. `input` を使っているスクリプトの 10～15 行目を削除し、スクリプトを再実行してみよう。
5. 今度は `input` だけを使うようにスクリプトを修正して再実行してみよう。ファイル名を取得するのにどちらの方がよいだろうか？ その理由は？
6. `python3` と入力して、Python を対話モードで起動しよう。スクリプトでやったように `open` を使ってみよう。Python 対話モードの中で `open` を使ってファイルを開き、`read` を使ってファイルを読み込むことができるだろうか？
7. スクリプトで txt 変数と txt_again 変数の `close()` を呼び出してみよう。ファイルに対する処理を終了したら、そのファイルを閉じることが重要だ。

よくある質問

Q: `txt = open(filename)` はファイルの内容を返しますか？

A: いいや。ファイルの内容ではなく、ファイルオブジェクトとよばれるものを返す。ファイルオブジェクトとは、1950 年代にメインフレームコンピュータで見られた古いテープドライブや現在の DVD プレーヤーのようなものだ。ファイルの中をあちこち移動して、内容を「読む」ことができる。DVD プレーヤーが DVD ではないように、ファイルオブジェクトはファイルの内容そのものではない。

Q: 演習問題 6 をやってみましたが、ターミナルや PowerShell 上でコードを入力できません。

A: まずコマンドライン上で `python3` と入力し Enter キーを押す。そうすれば Python の対話モードに入ることができる。ここでコードを入力すれば、Python はそのコードをすぐさま実行する。いろいろと試してほしい。終了するには `quit()` と入力して Enter キーを押す。

Q: ファイルを二回開いてもエラーにならないのはなぜですか？
A: Pythonではファイルを複数回開くことに制限はない。ときどきこれが必要になることがある。

Q: `from sys import argv` はどういう意味ですか？
A: 現時点では `sys` がモジュールであり、そのモジュールに含まれる `argv` を使えるようにすることだと思えばよい。これについては後で詳しく説明する。

Q: スクリプトで `ex15_sample.txt = argv` とファイル名を入れたのですが動作しません。
A: この方法では動作しない。この本のコードと正確に同じにし、この本と同じ方法でコマンドラインからスクリプトを実行しよう。ファイル名をコードの中で設定するのではなく、`argv` や `input` を使って Python に設定させよう。

エクササイズ 16

ファイルの読み書き

　前のエクササイズの演習問題をやっていれば、ファイルに対するさまざまなコマンド（関数／メソッド）を調べたはずだ。現時点で覚えておくべきコマンドの一覧は次のとおりだ。

- `close()`：ファイルを閉じる。テキストエディタの「ファイル (File)」メニューで「保存 (Save)」や「閉じる (Close)」のと同じようなものだ。
- `read()`：ファイルの内容を読み込む。読み込んだ内容は変数に設定できる。
- `readline()`：テキストファイルから 1 行だけ読み込む。
- `truncate()`：ファイルを切り詰めて空にする。間違ってファイルを空にしないよう気をつけて使うこと。
- `write('stuff')`：ファイルに「stuff」を書き込む。
- `seek(0)`：ファイルの読み書き位置を先頭に移動する。

　これらのコマンドを覚える方法の一つは、アナログレコードプレーヤーやカセットテープレコーダーのような装置を考えてみることだ。ビデオテープ、DVD、CD などのプレーヤーでもかまわない。初期のコンピュータではレコードやテープのようなメディアにデータを格納していた。ほとんどのファイル操作は先頭から順番に読み書きしなければならず、これらを読み書きするドライブ装置は格納場所を「探す (seek)」必要があった。現在では、オペレーティングシステムがハードディスクなどのメディアを管理するため、ランダムアクセスメモリ (RAM) とディスクの境界はあいまいになっている。しかし、読み書きヘッドの位置を特定の場所に移動しなければいけないテープドライブ装置のような古い考え方がここでは役に立つ。

　先ほどの一覧は覚えておくべき重要なコマンドだ。パラメータはあまり気にしなくてもよいが、`write` だけは別だ。`write` はファイルに書き込みたい文字列をパラメータとして受け取る。

ではこれらのコマンドを使って、ちょっとしたテキストエディタを作ってみよう。

ex16.py

```python
from sys import argv

script, filename = argv

print(f"これから{filename}を消去する。")
print("消去したくないならCTRL-C（^C）を入力し、")
print("消去してもよいならEnterキーを入力する。")

input("?")

print("ではファイルを開こう...")
target = open(filename, 'w')

print("ファイルを切り捨てる。グッバイ!")
target.truncate()

print("3行分の内容を入力する。")

line1 = input("1行目: ")
line2 = input("2行目: ")
line3 = input("3行目: ")

print("これらをファイルに書き込む。")

target.write(line1)
target.write("\n")
target.write(line2)
target.write("\n")
target.write(line3)
target.write("\n")

print("最後にファイルを閉じる。")
target.close()
```

これは長いスクリプトだ。これほど長いものを入力したことはないだろう。ゆっくりと慎重に内容を確認しながら実行しよう。少しずつ実行するのがコツだ。1〜8行目を入力して実行し、そして次の5行を、さらに次の何行かをというように最後の行までやってみよう。

実行結果

ここでは二つのことを確認する。まずスクリプトの実行結果だ。

ターミナルの画面
```
$ python3 ex16.py test.txt
これからtest.txtを消去する。
消去したくないならCTRL-C（^C）を入力し、
消去してもよいならEnterキーを入力する。
?
ではファイルを開こう...
ファイルを切り捨てる。グッバイ！
3行分の内容を入力する。
1行目: Mary had a little lamb
2行目: Its fleece was white as snow
3行目: It was also tasty
これらをファイルに書き込む。
最後にファイルを閉じる。
```

次に作成したファイルを開いてみよう。今回の場合は test.txt だ。いつも使っているテキストエディタを使ってそのファイルの内容を確認しよう。すごいとは思わないかい？

演習問題

1. このコードが難しいと感じたら、コードに戻ってコメントのテクニックを使ってみよう。それぞれの行の上に簡単な説明コメントを書くことはコードを理解するのに役立つ。少なくとも何を調べるべきかはわかるだろう。
2. 前のエクササイズを参考に、作成したファイルを読み込むスクリプトを read と argv を使って書いてみよう。
3. このスクリプトは繰り返しが多い。line1、line2、line3 を出力している六個の target.write() コマンドの部分だ。文字列、書式、エスケープシーケンスを使って一つの target.write() コマンドだけで出力してみよう。
4. ファイルを開くために追加の引数である 'w' が必要な理由を調べてみよう。ヒント：ファイルを間違って書き換えてしまわないように、ファイルに書き込みたいことを明示的に open に伝える必要がある。
5. ファイルを 'w' モードで開いた場合に target.truncate() は必要だろう

か？ Pythonのopen関数のドキュメントを読んでそれが必要かどうか調べてみよう。

よくある質問

Q: truncate()を使うには'w'引数が必要ですか？
A: 演習問題5を参照しよう。

Q: 'w'は何を意味しますか？
A: これは、ファイルのモードを示す一文字の文字列だ。'w'を使った場合はファイルを書き込みモードで開くことを意味する。「書き込み (write)」には'w'が、「読み込み (read)」には'r'が、「追加 (append)」には'a'が使われる。これらのモードと組み合わせる追加の修飾子もある。

Q: ファイルモードにはどのような修飾子が使えますか？
A: 現時点で知っておくべき重要な修飾子は+だ。'w+'、'r+'、'a+'のいずれかを指定すると読み込みと書き込みの両方のモードでファイルを開く。どれを使うかによってファイルの読み書き位置が異なる。

Q: open(filename)でファイルを開くと読み込みモード ('r') になりますか？
A: そのとおり。'r'はopen()のデフォルトモードだ。

エクササイズ 17

さらにファイルを扱う

　ファイルを使ったエクササイズをもう少し続けよう。ここで作成するPythonスクリプトはファイルを別のファイルにコピーする。短いコードだがファイルに関するいろいろなことが学べる。

ex17.py

```python
from sys import argv
from os.path import exists

script, from_file, to_file = argv

print(f"{from_file}から{to_file}へコピーする。")

# 次の2行を1行で書くことができる。どうすればよいだろうか?
in_file = open(from_file, 'rb')
in_data = in_file.read()

print(f"入力ファイルの大きさは{len(in_data)}バイト。")

print(f"出力ファイルは存在するか? {exists(to_file)}")
print("準備できた。続行するにはEnterキーを、中断するにはCTRL-Cを入力する。")
input()

out_file = open(to_file, 'wb')
out_file.write(in_data)

print("すべて完了した。")

out_file.close()
in_file.close()
```

　exists という名前の便利なコマンドをインポート (import) したことに気づいただろうか。このコマンドは引数として渡した名前のファイルが存在すればTrue を返し、そうでなければ False を返す。この本の後半でもこのようなコマンドを使うので、どのようにインポートしたのか忘れないように。

インポートすることは優秀なプログラマ（たぶん）によって書かれた大量のコードを手に入れる方法だ。そのコードを君自身が書かなくてもよい。

実行結果

引数を指定したほかのスクリプトと同様、このスクリプトでも引数を指定する。ここでの引数はコピー元のファイルとコピー先のファイルの二つだ。一つ目の引数に test.txt という名前のファイルを使ってテストしよう。

ターミナルの画面

```
$ # echoの結果をリダイレクト(>)してサンプルファイルを作る。
$ echo "これはテストファイルです。" > test.txt
$
$ # 次にファイルの中身をcatで確認する。
$ cat test.txt
これはテストファイルです。
$
$ # ではこのファイルを使ってスクリプトを実行する。
$ python3 ex17.py test.txt new_file.txt
test.txtからnew_file.txtへコピーする。
入力ファイルの大きさは40バイト。
出力ファイルは存在するか? False
準備できた。続行するにはEnterキーを、中断するにはCTRL-Cを入力する。

すべて完了した。
```

このスクリプトはどのファイルに対しても動作する。いろいろなファイルで試してみよう。ただし、重要なファイルを壊さないように注意すること。（訳注：open のモードに b を追加してバイナリモードでファイルを開いていることに気づいただろうか。バイナリモードで開いているため、どのようなエンコーディングのファイルでもこのスクリプトは正しく動作する。ただし、Windows で実行した場合は入力ファイルの大きさは異なるだろう。PowerShell（バージョン 5 以下）のデフォルトエンコーディングは utf-16 であり test.txt のエンコーディングも utf-16 になるからだ。）

> **警告！** ファイルを作るために echo を使ったり、ファイルの内容を表示するために cat を使ったりしたことに気づいただろうか？ これは便利なテクニックだ。これらは付録の「コマンドライン速習コース」で学ぶことができる。

演習問題

1. このスクリプトは少々おせっかいだ。コピーする前にいろいろ聞いてくるし、あまりにも多くのことを画面に出力する。このおせっかいな処理を削除してスクリプトを使いやすくしてみよう。
2. このスクリプトをどれくらい短くできるだろうか。やろうと思えば一行で書くことができる。
3. 「実行結果」を見てみよう。ここでは cat コマンドを使った。cat は昔からあるコマンドで、複数のファイルの内容を結合 (concatenate) するものだが、一つのファイルの内容を画面に出力するのに使うことがほとんどだ。man cat と入力して、そのドキュメントを読んでみよう。
4. コードに out_file.close() を書くべき理由を調べてみよう。
5. Python の import 文を調べて、Python の対話モードで import を試してみよう。いろいろなものをインポートして、正しくインポートできるかを確認しよう。この演習問題は飛ばしてもかまわない。

よくある質問

Q: 'w' を引用符で囲んでいるのはなぜですか？
A: これは単なる文字列だ。これまで何度も文字列を使ってきた。文字列が何であるかを確認しておこう。

Q: スクリプトを一行で書くなんて無理です！
A: それは；コードの；一行を；どう定義するかに；よる；

Q: このエクササイズはとても難しいです。そう思うのは普通でしょうか？
A: まったくもって普通のことだ。プログラミングが「わかった」と思えるようになるのはエクササイズ 36 を終えてからかもしれないし、この本を終えて Python で何か作るようになってからかもしれない。それは人によって違う。わかったと思えるようになるまでエクササイズを続け、理解できなかった部分を後で見直そう。忍耐力が必要だ。

Q: `len()` は何をするものですか？

A: これは引数に渡したものの長さ (length) を数値として返す関数だ。ここでは読み込んだデータのバイト数を返している。いろいろと試してみよう。

Q: このスクリプトを短くすると、最後にファイルを閉じるところでエラーになります。

A: おそらく `in_data = open(from_file, 'rb').read()` というコードを書いたのだろう。この場合はスクリプトの最後で `in_file.close()` を実行する必要はない。この一行のコードが実行されるとすぐに `open` で開いたファイルは Python によって閉じられる。

Q: `SyntaxError: EOL while scanning string literal error` というエラーになります。

A: 引用符で正しく文字列を終了することを忘れているのだろう。エラーになった行を見てみよう。

エクササイズ 18

名前、変数、コード、関数

タイトルに驚いただろうか？ いよいよ関数を紹介するときがきた。ジャジャーン！ プログラマは誰でも関数について語りだすと止まらないが、関数がどのように動作して何をするものか、いっていることがみんな違う。ここでは誰でも理解できる最も簡単な説明をしよう。

関数が行うことは次の三つだ。

1. 関数は一連のコードに対して名前を割り当てたものだ。ちょうど文字列や数値に変数名を割り当てたのと同じだ。
2. 関数は引数を受け取る。ちょうどスクリプトが argv を引数として受け取ったのと同じだ。
3. 1 と 2 の働きから「ミニスクリプト」または「小さなコマンド」として関数を作ることができる。

Python では def というキーワードを使って関数を作る。関数はスクリプトのように動作するものだ。このエクササイズでは関数を四つ作る。それぞれどのような類似点と相違点があるのかを見ていこう。

ex18.py

```
1   # この関数はargvをもつスクリプトに似ている。
2   def print_two(*args):
3       arg1, arg2 = args
4       print(f"arg1: {arg1}, arg2: {arg2}")
5
6   # 確かに*argsではわかりにくい。こんな風に書くこともできる。
7   def print_two_again(arg1, arg2):
8       print(f"arg1: {arg1}, arg2: {arg2}")
9
10  # この関数は引数を一つだけ取る。
11  def print_one(arg1):
12      print(f"arg1: {arg1}")
13
14  # この関数は引数を取らない。
```

```
15  def print_none():
16      print("引数なし")
17
18
19  print_two("Zed", "Shaw")
20  print_two_again("Zed", "Shaw")
21  print_one("First!")
22  print_none()
```

最初の関数である `print_two` を詳しく見ていこう。スクリプトの作り方を学んできたので、この関数はスクリプトにとても似ていることがわかるだろう。

1. Python で関数を定義 (define) するにはキーワード `def` を使う。
2. `def` と同じ行に関数名を書く。この例では `print_two` だが、`peanuts` とすることもできる。関数の名前は、その関数がすることを示す短い名前であれば何でもよい。
3. 次に `*args`（アスタリスクに続いて `args`）を書き、引数が必要であることを Python に伝える。これはスクリプトでの `argv` 変数に似ているが、関数のパラメータであり丸括弧で囲む必要がある。
4. この行を : （コロン）で終えて、次の行からインデントを始める。
5. コロンの行以降、四つのスペースでインデントしたすべての行が `print_two` 関数に結び付けられる。インデントした最初の行はスクリプトと同じように引数をアンパックするコードだ。
6. どのように動作するのかを示すために、これらの引数を画面に出力する。少し前のスクリプトでやったのと同じだ。

`print_two` よりも簡単に関数を作る方法がある。Python では丸括弧の内側にパラメータ名を入れておけば引数のアンパックを省くことができる。これをやっているのが `print_two_again` だ。

別の関数の例として、一つの引数を取る関数である `print_one` を作っている。最後は引数を取らない関数の `print_none` だ。

> **警告！** 関数はとても重要だ。しかし、現時点で理解できなくても気にする必要はない。これ以降のエクササイズで、関数とスクリプトを関連づけたり、たくさんの関数を作ったりする。いまのところ「関数」といわれたときは「ミニスクリプト」だと考えよう。そして、いろいろと試してみよう。

実行結果

`ex18.py` を実行すると、次のように表示される。

ターミナルの画面

```
$ python3 ex18.py
arg1: Zed, arg2: Shaw
arg1: Zed, arg2: Shaw
arg1: First!
引数なし
```

これを見れば関数がどう動くのか理解できるだろう。`exists` や `open` といったコマンドのように、ここで作った関数を使っていることに注目してほしい。実は、これまでコマンドとよんでいたものは Python の関数だ。自分のコマンド（関数）を作ることも、それらをスクリプトの中で使うこともできる。

演習問題

今後のエクササイズのために関数のチェックリストを作成しよう。これらのチェック項目をインデックスカードに書き、すべてのエクササイズを終えるか、このインデックスカードが不要だと感じるまで、いつでも参照できるようにもっておこう。

1. `def` で関数定義を始めたか？
2. 関数の名前はアルファベット、数字、_（アンダースコア）からなるか？ ただし、数字から始まってはいけない。
3. 関数名の直後に左丸括弧を書いたか？
4. 左丸括弧に続いてパラメータをカンマで区切ったか？
5. それぞれのパラメータの名前を一意にしたか？ 重複した名前を使ってはいけない。
6. パラメータの最後を右丸括弧で閉じてコロンを書いたか？
7. 関数に結び付けるすべてのコードを四つのスペースでインデントしたか？ インデントは多すぎても少なすぎてもいけない。
8. インデントのない行（ディデント (dedent) ともいう）で関数を終了したか？

関数を実行するときは次のことを確認しよう。「関数を実行する (run)」ことを「関数を呼び出す (call)」や「関数を使う (use)」ともいう。

1. 実行したい（呼び出したい／使いたい）関数の名前を書いたか？
2. 関数名の直後に左丸括弧を書いたか？
3. 関数に渡したい値をカンマで区切って丸括弧の内側に書いたか？
4. 右丸括弧で関数呼び出しを終了したか？

この二つのチェックリストを不要と感じるまで以降のエクササイズで使おう。最後に次のことを何度も自分に言い聞かせておこう。「関数を『実行する』、『呼び出す』、『使う』は、すべて同じことだ。」

よくある質問

Q: 関数名として許されるものは何ですか？
A: 変数名と同じだ。数字で始まらず、アルファベット、数字、アンダースコアが続くものだ。

Q: *args の * は何ですか？
A: 関数に渡されたすべての引数をリストにして args に設定することを Python に指示するものだ。これまでスクリプトで使ってきた argv の関数バージョンだが、あまり使うことはない。

Q: 本当に退屈で単調に感じます。
A: それはよいことだ。なぜならコードを入力したりコードの内容を理解したりすることが簡単に思えるようになったということだからだ。退屈に感じるなら、入力すべきことをすべて入力して、それをわざと壊してみよう。

エクササイズ 19

関数と変数

　関数は多くの情報量で君を圧倒したかもしれない。しかし心配はいらない。前のエクササイズのチェックリストを確認しながらエクササイズを続ければ、いずれわかるようになる。

　関数のことでまだ理解していないかもしれない点がある。関数のパラメータは関数の中だけで有効であり、毎回、関数の呼び出し時に渡された値や変数を受け取る。そのことを理解するために次のエクササイズに取り組もう。

ex19.py

```
1   def cheese_and_crackers(cheese_count, boxes_of_crackers):
2       print(f"チーズが{cheese_count}個!")
3       print(f"クラッカーが{boxes_of_crackers}箱!")
4       print("パーティーには十分な量だ!")
5       print("ブランケットをもって出かけよう。\n")
6
7
8   print("関数にそのまま数値を渡すことができる:")
9   cheese_and_crackers(20, 30)
10
11  print("スクリプトの変数を使うこともできる:")
12  amount_of_cheese = 10
13  amount_of_crackers = 50
14  cheese_and_crackers(amount_of_cheese, amount_of_crackers)
15
16  print("計算結果を渡すこともできる:")
17  cheese_and_crackers(10 + 20, 5 + 6)
18
19  print("もちろん、変数と計算を組み合わせることもできる:")
20  cheese_and_crackers(amount_of_cheese + 100, amount_of_crackers + 1000)
```

　このコードは cheese_and_crackers 関数に、出力に必要な値を引数として渡すいろいろな方法を示している。数値を直接渡すことも、変数を渡すことも、計算結果を渡すこともできる。変数と計算を組み合わせることさえできる。

　関数への引数は変数を作るときに = を使うのと同じようなものだ。= を使って

変数に渡すことができるものであれば何でも関数に渡すことができる。

実行結果

このスクリプトの出力を調べて、それぞれの関数呼び出しの出力が自分の思ったとおりの出力になっているか確認しよう。

ターミナルの画面

```
$ python3 ex19.py
関数にそのまま数値を渡すことができる:
チーズが20個！
クラッカーが30箱！
パーティーには十分な量だ！
ブランケットをもって出かけよう。

スクリプトの変数を使うこともできる:
チーズが10個！
クラッカーが50箱！
パーティーには十分な量だ！
ブランケットをもって出かけよう。

計算結果を渡すこともできる:
チーズが30個！
クラッカーが11箱！
パーティーには十分な量だ！
ブランケットをもって出かけよう。

もちろん、変数と計算を組み合わせることもできる:
チーズが110個！
クラッカーが1050箱！
パーティーには十分な量だ！
ブランケットをもって出かけよう。
```

演習問題

1. スクリプトに戻って、それぞれの行の上にその行のコードを説明するコメントを書いてみよう。
2. すべての重要な文字を声に出しながら、最後の行からコードを逆方向に読んでみよう。
3. 自分自身で考えた関数を一つ以上書いてみて、それを十通りの異なる方法で呼び出してみよう。

よくある質問

Q: どうすれば十通りもの異なる方法で関数を実行できるのですか？
A: 信じられないかもしれないが、関数を呼び出す方法は理論上ほぼ無限大だ。これまで関数や変数、ユーザーからの入力を使っていろいろなことを経験してきたはずだ。

Q: この関数を理解するために何かできることはありますか？
A: いろいろな方法がある。たとえば、コードの上にコメントを書いて、そのコードが何をしているのかを説明してみよう。声に出してコードを読んでみるのもよい。コードを印刷して、コードが実行していることを説明する絵を描いたり、文章を書き込んだりすることもお薦めだ。

Q: チーズとクラッカーの数をユーザーに問い合わせるにはどうすればよいですか？
A: input() を使って得たユーザーからの入力を int() を使って変換すればよい。

Q: amount_of_cheese 変数は関数の中で cheese_count 変数に変わるのでしょうか？
A: いいや。これらの変数は別ものだ。amount_of_cheese 変数は関数の外に存在し、その値を関数に渡している。そして関数の実行時にだけ存在する一時的な変数（cheese_count 変数）が作られる。関数が終了するとこの一時的な変数はなくなり、そのまま実行を続ける。この本を読み進めればそのことがより明確になるはずだ。

Q: グローバル変数（amount_of_cheese など）を関数のパラメータと同じ名前するのは悪い考えですか？
A: 悪い考えだ。どちらを使っているのかわからなくなる。同じ名前を使う必要があったり、同じ名前をたまたま使ってしまったりすることもあるが、同じ名前はなるべく避けるように。

Q: 関数がもつことができるパラメータの数に制限はありますか？

A: かなり大きな数まで使える（Python のバージョンや使用しているコンピュータ次第だ）。しかし、関数を使うことが苦痛にならないパラメータの数は五個程度だ。

Q: 関数内で関数を呼び出すことはできますか？

A: もちろん。この本の後半でゲームを作るが、そこでも使う予定だ。

エクササイズ 20

関数とファイル

　関数のチェックリストを確認しながら、このエクササイズに取り組もう。関数とファイル操作をどのように組み合わせているのかにも細心の注意を払うように。

ex20.py

```python
from sys import argv

script, input_file = argv

def print_all(f):
    print(f.read())

def rewind(f):
    f.seek(0)

def print_a_line(line_count, f):
    print(line_count, f.readline())


current_file = open(input_file)

print("まずファイル全体を出力する:")

print_all(current_file)

print("最初に巻き戻して、")

rewind(current_file)

print("先頭の3行を出力する:")

current_line = 1
print_a_line(current_line, current_file)

current_line = current_line + 1
print_a_line(current_line, current_file)

```

```
33    current_line = current_line + 1
34    print_a_line(current_line, current_file)
```

 `print_a_line` を実行するたびに、現在の行番号を渡していることに注目しよう。

実行結果

ターミナルの画面

```
$ python3 ex20.py test.txt
まずファイル全体を出力する:
これは1行目
これは2行目
これは3行目

最初に巻き戻して、
先頭の3行を出力する:
1 これは1行目

2 これは2行目

3 これは3行目
```

（訳注：実行して `UnicodeDecodeError` というエラーになる場合は、15 行目の `open` 関数の引数に `encoding='utf-8'` を追加して再実行してみよう。）

演習問題

1. それぞれの行の上にその行のコードを説明するコメントを書いてみよう。
2. `print_a_line` を実行するごとに `current_line` 変数を引数として渡している。この関数の呼び出しごとに `current_line` の値を予想し、実際に関数の中で `line_count` がどんな値になっているのかを追跡してみよう。
3. 関数が使われている場所をすべて探し出し、その関数定義（`def` を使っている箇所）を見て、正しい引数が与えられているか確認してみよう。
4. `file` の関数である `seek` が何をするのかをオンラインで調べてみよう。`pydoc file` を実行して、必要な情報を見つけることができるだろうか。`pydoc file.seek` を実行して、`seek` 関数が何をするのかを確認しよう。
5. 短縮記法 `+=` について調べて、`+=` を使ってスクリプトを書き直してみよう。

よくある質問

Q: `print_all` やほかの関数で使っている `f` は何ですか？
A: エクササイズ 18 の関数で見たように、`f` は関数のパラメータであり、ここではファイルオブジェクトが渡される。Python のファイルオブジェクトは古い時代のメインフレーム上のテープドライブや DVD プレーヤーのようなものだ。ファイルオブジェクトには「読み書きヘッド」があり、ファイルを読み書きする位置にヘッドを「移動」させる。`f.seek(0)` を実行すればいつでもファイルの先頭にヘッドを移動できる。`f.readline()` を実行すると、読み書きヘッドの位置からファイルを読み込み、行の最後を示す改行文字 (\n) の後ろにヘッドを移動させる。後でそのことをより詳しく説明する。

Q: `seek(0)` が、`current_line` を 0 に設定しないのはなぜですか？
A: `seek()` はバイト単位であり行単位ではない。`seek(0)` はファイルの読み書きする位置を 0 バイト（最初のバイト）の位置に移動するだけだ。それに `current_line` は単なる変数でありファイルとは何の関係もない。そのためプログラムの中でこの値を更新する必要がある。

Q: `+=` とは何ですか？
A: 英語では「it is」を「it's」と書き換えたり、「you are」を「you're」と書き換えたりできる。このことを短縮形という。`+=` は `=` と `+` の二つの演算子の短縮形であり、`x = x + y` を `x += y` と書き換えることができる。

Q: `readline()` はそれぞれの行がどこにあるのかをどうやって知るのですか？
A: `readline()` はファイルの現在位置からバイトを走査し、改行文字 (\n) を見つけるとファイルの読み込みを中断してそれまでに見つかったものを返す。ファイルオブジェクト `f` は `readline()` が呼び出されるたびにファイルの現在位置を更新するので、次の行を読むことができる。

Q: ファイルの行間に空白行があるのはなぜですか？
A: `readline()` はその行の最後にある改行文字 (\n) も含めて返す。`print` 関数の引数の最後に `end=""` を追加すれば、行間に改行文字 (\n) が出力されることを回避できる。

エクササイズ 21
関数の返り値

　変数に数値や文字列を設定するために＝（イコール）を使ってきた。ここで、もう一度君の脳天をぶち抜こう。＝ と Python の新しいキーワード return を使って、関数から得られた値を変数に設定する方法を示す。注意すべき点が一つあるが、それはさておき、次のコードを入力しよう。

ex21.py

```python
def add(a, b):
    print(f"加算 {a} + {b}")
    return a + b

def subtract(a, b):
    print(f"減算 {a} - {b}")
    return a - b

def multiply(a, b):
    print(f"乗算 {a} * {b}")
    return a * b

def divide(a, b):
    print(f"除算 {a} / {b}")
    return a / b


print("関数を使って計算をやってみよう!")

age = add(30, 9)
height = subtract(78, 4)
weight = multiply(90, 2)
iq = divide(100, 2)

print(f"年齢: {age}, 身長: {height}, 体重: {weight}, IQ: {iq}")


# 追加のパズル。とにかくこれを入力しよう。
print("パズルをやってみよう。")
```

```
31  what = add(age, subtract(height, multiply(weight, divide(iq, 2))))
32
33  print("結果:", what, "手で計算したのと同じ結果になっただろうか?")
```

add（加算）、subtract（減算）、multiply（乗算）、divide（除算）という数学関数を作り、それを実行した。注目すべき重要な点は、add 関数の最後にある return a + b だ。ここで実行されることは次のとおり。

1. add 関数は二つの引数で呼び出され、パラメータである a と b にその引数が設定される。
2. この関数がすることを画面に出力する。ここでは「加算」だ。
3. Python に値を返すように指示している。ここでは a + b の結果だ。「a と b を足して、その値を返す」といってもよいだろう。
4. Python は二つの数値を加算する。関数が終了すると、この関数を呼び出している行が実行され、a + b の結果が変数に設定される。

この本のほかの部分と同様に、時間をかけてゆっくりと一つずつ起こっていることを確認しよう。このことを理解するのに追加のパズルが役に立つはずだ。

実行結果

ターミナルの画面

```
$ python3 ex21.py
関数を使って計算をやってみよう!
加算 30 + 9
減算 78 - 4
乗算 90 * 2
除算 100 / 2
年齢: 39, 身長: 74, 体重: 180, IQ: 50.0
パズルをやってみよう。
除算 50.0 / 2
乗算 180 * 25.0
減算 74 - 4500.0
加算 39 + -4426.0
結果: -4387.0 手で計算したのと同じ結果になっただろうか?
```

演習問題

1. `return` が何かよくわからないなら、関数をいくつか書いて、その関数から値を `return` してみよう。`=` の右側に書けるものならどんな値でも `return` を使って返すことができる。
2. スクリプトの最後にパズルがある。そこではある関数の返り値を取り出し、その値を別の関数の引数として使っている。これを連鎖させることで、ある種の数式を関数を使って組み立てている。このコードは少し奇妙に思えるかもしれないが、スクリプトを実行すれば結果が得られる。この関数による数式を普通の数式に置き換えてみよう。
3. パズルの関数を数式にできたら、関数の呼び出し箇所を変更して何が起こるか見てみよう。計算結果が別の値になるように関数の呼び出し方を変えてみよう。
4. 演習問題 2 と逆のことをやってみよう。簡単な数式を書いて、それを関数を使って計算してみよう。

このエクササイズは本当に君の脳天をぶち抜いたかもしれない。ゆっくりと落ち着いて、ちょっとしたゲームのつもりで取り組もう。このようなパズルを解くことはプログラミングを楽しくすることにつながる。これからもときどきパズルのような問題を出していこう。

よくある質問

Q: Python が数式を表す関数を「逆順」に出力しているのはなぜですか？
A: それは実際には逆順ではなく「内側から外側」の順だ。関数を個々の数式と関数呼び出しに分解すれば、関数の仕組みがわかるはずだ。

Q: `input()` を使って好きな数値を入力するにはどうすればよいですか？
A: `int(input())` を覚えているだろうか？　しかし、この方法では小数を入力することはできない。代わりに `float(input())` を使ってみよう。

Q: 「数式を書く」とはどういうことですか？
A: まず `24 + 34 / 100 - 1023` を試してみよう。これを関数を使う方法に変

換する。次に自分で考えた数式でやってみよう。変数を使うと、より数式のようになるはずだ。

エクササイズ 22
これまでに何を学んできたか？

　このエクササイズにはコードはない。そのため実行結果も演習問題もない。実際、このエクササイズは一つの大きな演習問題のようなものだ。これまで学んできたことを見直そう。

　まず、すべてのエクササイズを見直して、学んだことを再確認し、これまで使ってきた用語（単語や記号など）を書き留めて、その用語の一覧を完成させよう。

　それぞれの用語の隣にその名前と意味を記入しよう。その用語の名前をこの本で見つけられなければ、オンラインで検索しよう。用語の意味がわからなければ、それが書かれた箇所をもう一度読み、それを使うコードをいくつか書いて試してみよう。

　もし見つけられなかったり、わからなかったりしたものがあれば、そのことを一覧に書いておき、出くわしたときにすぐ確認できるように準備しておこう。

　一覧が完成したら数日かけてそれを見直し、内容が正しくなるように書き直す。この作業は退屈かもしれないが、しっかりやり遂げて完成させよう。

　その一覧を覚えて、それぞれが何をするのかを理解したら、記憶に定着させるために、何も見ないで用語とその名前と意味を表に書いてみよう。思い出せないものがあったら、一覧に戻って覚えよう。

> **警告！** このエクササイズで最も大事なことは次のとおり。「ここでは失敗なんてない。ただ挑戦あるのみ。」

いまここで学んでいること

　このような暗記をするだけのエクササイズは退屈に感じるかもしれない。その場合は、これらを覚えなければいけない理由を考えてみよう。そうすれば、目指すべきゴールに向かって努力を続けていることを理解できるだろう。

　このエクササイズの目的は Python で使われる用語を学ぶことだ。そうすれば

ソースコードを読むことがより簡単になる。これは英語の学習でアルファベットや基本的な単語を学ぶことに似ている。しかし、Python の用語には君の知らないものがいくつか含まれているだろう。

　ゆっくりと取り組もう。頭に無理に詰め込もうとしてはいけない。集中して 15 分この一覧に取り組んだら、休憩を取ろう。脳を休ませることで、より速く、ストレスなく学ぶことができる。

エクササイズ 23

文字列、バイト、エンコーディング

このエクササイズでは languages.txt というテキストファイルを使う。まず、https://learnpythonthehardway.org/python3/languages.txt をダウンロードしよう。これは人間の話す自然言語名の一覧であり、興味深い概念を示すために私が用意したものだ。

1. 自然言語を表示したり処理したりするために、それらを現代のコンピュータがどのように格納するのか。そして、それらを Python が文字列としてどのように扱うのか。
2. バイトとよばれるものと Python の文字列との相互変換。つまり文字列を「エンコード (encode)」したり「デコード (decode)」したりする方法。
3. 文字列やバイトの処理で発生したエラーの扱い方。
4. これまで見たことがないコードであっても、それを読んだり、その意味を調べたりする方法。

それらに加えて、Python の if 文と要素の並びを処理するためのリスト (list) を簡単に見ていく。現時点で、このコードを理解したり、これらの意味を把握したりする必要はない。以降のエクササイズでたくさん練習するからだ。ここでの目的は将来学ぶべきことを体験し、先ほど示した四つの概念を学ぶことだ。

> **警告！** このエクササイズは難しい！ 理解しなければいけない情報がたくさんある。これらはコンピュータに深くかかわるものだ。このエクササイズが複雑なのは Python の文字列が複雑で使うのが難しいからだ。このエクササイズはこれまで以上にゆっくりと慎重に進めよう。理解できない用語をすべて書き留めて、調べたり検索したりしよう。段落ごとに取り組んでもよいし、このエクササイズをやりながら、ほかのエクササイズを進めてもよい。ここで立ち往生しないように。時間をかけて少しずつこのエクササイズを攻略しよう。

調査開始

これらの概念を調査する方法をコードを使って示す。このコードを動かすには languages.txt ファイルが必要だ。ダウンロードしたことを確かめよう。languages.txt ファイルは UTF-8 でエンコードされた言語名の一覧だ。

ex23.py

```python
from sys import argv

script, encoding, error = argv

def main(language_file, encoding, errors):
    line = language_file.readline()

    if line:
        print_line(line, encoding, errors)
        return main(language_file, encoding, errors)

def print_line(line, encoding, errors):
    next_lang = line.strip()
    raw_bytes = next_lang.encode(encoding, errors=errors)
    cooked_string = raw_bytes.decode(encoding, errors=errors)

    print(raw_bytes, "<===>", cooked_string)


languages = open("languages.txt", encoding="utf-8")

main(languages, encoding, error)
```

これまで見たことのない用語（単語や記号など）があれば、一覧にして書き留めておこう。新しいものがかなりあるだろうから、ファイルを何度も見直してほしい。この Python スクリプトを作成したら、スクリプトを実行していろいろと試してみたいはずだ。このスクリプトをテストするコマンドの一例は次のとおりだ。（訳注：画面の : は実際の出力ではなく省略していることを示す。）

> **警告！** ここでは実行結果を示すために画像を使っている。いろいろと調査してみると、あまりにも多くの人のコンピュータで UTF-8 が表示できない設定になっていることがわかった。そのため実行結果を示すために画像を使うことにした。私が使っている植字システム (LaTeX) でさえ、これらのエンコーディングを処理できなかったので、代わりに画像を使用せざるを得なかった。これらがうまく表示されない場合、ターミナルは UTF-8 を表示できない可能性が高く、その問題を先に解決する必要がある。（訳注：Windows の PowerShell ではうまく表示できないかもしれない。Atom を使っていれば `platformio-ide-terminal` というパッケージをインストールして、それを使うとよいだろう。）

このエクササイズでは utf-8、utf-16、big5 といったエンコーディングを指定してコマンドを実行し、変換結果や遭遇するであろうエラーを確認する。パラメータ名として encoding を使うが、これらは「コーデック (codec)」ともよばれる。では、先ほどの出力の意味を簡単に取り上げよう。このスクリプトがどのように動くのか理解する努力をしてほしい。そうすれば以降の説明がわかるようになるだろう。何度か実行した後で、用語のリストを見返して、それらが何をするのかを推測してほしい。推測を書き留めて、その推測が正しいことを確認するためにオンラインで検索しよう。どのように検索すればよいかわからなくても、とにかく試してみよう。

スイッチ、慣習、エンコーディング

　このコードの内容を調べる前に、コンピュータがデータを格納する方法の基礎を学んでおくべきだろう。現代のコンピュータは信じられないほど複雑だが、その中核部は電気スイッチが大量に並んだようなものだ。コンピュータは電気を使って、このスイッチのオンとオフを切り替える。スイッチのオンが1、オフが0を表す。昔は1と0以外の状態をもつ変わったコンピュータもあったが、現代のコンピュータは基本的に1と0のものだけだ。1は、エネルギー、電気、オン、パワー、何かがあるといった状態を表し、0は、オフ、終了、消失、パワーオフ、エネルギー不足といった状態を表す。これらの1と0を「ビット (bit)」とよぶ。

　コンピュータは1と0しか扱えないため、そのままではひどく非効率で信じられないくらい扱いにくい。そのため、複数の1と0とを組み合わせてより大きな数値にエンコードして処理を行う。たとえば、八個の1と0を組み合わせて256種類の数値（0〜255）をエンコードする。ところで「エンコード」とはどういう意味だろうか？　これは一連のビットを数値としてどう表すかについて人びとが合意した標準だ。つまり何らかの形で選ばれた慣習でしかない（もしかするといい加減に選ばれただけかもしれない）。たとえば、00000000 は 0 で、11111111 は 255 で、00001111 は 15 となる。コンピュータの黎明期からビットの順序に関して大きな言い争いがあった。これは単なる慣習でしかないため全員が同意するのは難しかったからだ。

　現在では、「バイト」は1と0からなる8ビットの連続したものだ。昔は人によってバイトに対して異なった慣習をもっていた。バイトという用語は固定的でなく、9ビットや7ビット、または6ビットの塊と考える人もいた。いまだにそのような考えの人に遭遇することもあるが、いまではバイトは8ビットだ。これが現在の慣習であり、1バイトのエンコーディングが定義されている。ほかにもより大きな数値をエンコードするための慣習があり、16ビット、32ビット、64ビットだけでなく、さらに多くのビットが使われている。標準化団体はこれらの慣習について議論をするが、エンコーディングとして定める慣習は結局のところスイッチのオンとオフを切り替えるものでしかない。

　バイト列があれば、数値を文字に対応づける別の規則を決めることでテキストを格納したり表示したりできる。コンピュータの黎明期には8ビットや7ビット

（だけでなく、それよりも多いビットや少ないビット）をコンピュータの内部に格納された文字の一覧に対応づける多くの規則が存在した。しかし、最終的に最も普及したものは「ASCII（アスキー）」という規則だ。これは米国国家規格協会が定めた「米国情報交換標準コード (American Standard Code for Information Interchange)」の略語で、数値を文字や記号に割り当てる規則だ。たとえば 90 という数値はビットで表すと 1011010 で、Z という文字を表す。これらはコンピュータの内部にある ASCII テーブルに対応づけられている。

Python の対話モードでこのことを試してみよう。

Python 対話モードの出力

```
>>> 0b1011010
90
>>> ord('Z')
90
>>> chr(90)
'Z'
>>>
```

まず 90 という数値を 2 進数表記で書き、次に文字 Z に対応する数値を得ている。それから 90 を文字 Z に変換している。このやり方を覚える必要はない。私がこれを使ったのは、Python を使い始めてから二回くらいしかない。

8 ビット（1 バイト）を使って文字をエンコードできる ASCII があれば、それらを並べて文字列を作ることができる。たとえば "Zed A. Shaw" という文字列は [90, 101, 100, 32, 65, 46, 32, 83, 104, 97, 119] というバイト列になる。初期のコンピュータによって扱われたテキストのほとんどはメモリに格納されたバイト列であり、これらを使ってコンピュータが人間に対して文字を表示していた。もう一度いっておくが、これはスイッチをオンかオフにするための一連の規則でしかない。

ASCII の問題は英語やそれに似たいくつかの言語しかエンコードできないことだ。バイトは 256 種類の数値（0〜255、つまり 2 進数で 00000000〜11111111）しか格納できない。実際には世界中で 256 種類よりもはるかに多くの文字をもつ言語が使われている。それらの言語に対応するために国ごとに異なったエンコーディング規則が作られ、それが使われているが、ほとんどのエンコーディングは英語ともう一つの言語しか同時に扱うことができない。つまり日本語の文章

の中にタイ語で書かれた本のタイトルを挿入したいときに困った状況になる。この場合、日本語とタイ語を同時に扱えるエンコーディングが必要だ。

この問題を解決するために、あるグループによって「Unicode（ユニコード）」が作られた。これは「エンコード」と発音が似ていて、すべての人間の言語のための「普遍的なエンコーディング」を意図したものだ。Unicode が提供する解決策は ASCII テーブルと同じだが、それと比較するとはるかに大きなテーブルだ。Unicode では文字をエンコードするのに 32 ビットを使う。これにより可能な限り多くの文字を格納できる。32 ビットの数値は 4,294,967,296（2 の 32 乗）種類の文字を格納できる。これはあらゆる人間の言語だけでなく、異星人のいくつかの言葉も含めて十分な大きさがある。現在、この空き領域には💩や😀といった絵文字も含まれている。

これで望み得るどのような文字でもエンコードできる規則が手に入った。しかし、32 ビットは 4 バイト (32 / 8 = 4) であり、エンコードする文字の多くに対して使われていない無駄なスペースが多い。16 ビット（2 バイト）を使うこともできるが、これでもまだ無駄なスペースは多いだろう。これを解決するためには巧妙な規則が必要だ。つまり最も一般的な文字を 8 ビットでエンコードし、それ以外の文字をより大きな数値に「エスケープ」する。これは圧縮エンコーディングという別の規則だ。つまり一般的な文字には 8 ビットを使い、必要に応じて 16 ビットまたは 32 ビットにエスケープする。

テキストをエンコードするために Python が使っている規則は「UTF-8」というものだ。これは「Unicode 変換形式 (Unicode Transformation Format) 8 ビット」の略語で、Unicode 文字をバイト列にエンコードする規則だ。バイトはビット列であり、スイッチのオンとオフが連続したものであったことを思い出そう。ほかの規則（エンコーディング）を使うこともできるが、現在の標準は UTF-8 といってよいだろう。

出力を分析する

では先ほどのコマンド出力を見てみよう。この出力のコマンド部分と出力の抜粋は次のとおりだ。

```
[$ python3 ex23.py utf-8 strict
b'Afrikaans' <===> Afrikaans
b'\xe1\x8a\xa0\xe1\x88\x9b\xe1\x88\xad\xe1\x8a\x9b' <===> አማርኛ
b'\xd0\x90\xd2\xa7\xd1\x81\xd1\x88\xd3\x99\xd0\xb0' <===> Аҧсшәа
b'\xd8\xa7\xd9\x84\xd8\xb9\xd8\xb1\xd8\xa8\xd9\x8a\xd8\xa9' <===> العربية
b'Aragon\xc3\xa9s' <===> Aragonés
:
b'\xe6\x97\xa5\xe6\x9c\xac\xe8\xaa\x9e' <===> 日本語
:
b'Simple English' <===> Simple English
:
b'V\xc3\xb5ro' <===> Võro
b'\xe6\x96\x87\xe8\xa8\x80' <===> 文言
b'\xe5\x90\xb4\xe8\xaf\xad' <===> 吴语
b'\xd7\x99\xd7\x99\xd7\x93\xd7\x99\xd7\xa9' <===> ייִדיש
b'\xe4\xb8\xad\xe6\x96\x87' <===> 中文
$
```

ex23.pyスクリプトは、b''の中に表示されているバイト列を、引数で指定したUTF-8（または指定したほかのエンコーディング）に変換する。左側はUTF-8の各バイト値（16進数表記）の並びで、右側は実際にUTF-8として出力された文字列だ。つまり <===> の左側にはバイトを数値で表したものが並んでおり、これはPythonが文字列を格納するために使用する「生の」バイト列だ。バイト列であることを示すためにb''が使われている。右側にはこのバイト列を「処理」した結果が表示されている。これにより実際の文字列をターミナルで確認できる。

コードを分析する

文字列とバイト列については理解できただろうか。Pythonでは、文字列とはUTF-8でエンコードされた文字が連続したものであり、テキストを表示したり、処理したりするために使われる。バイト列とは「生の」バイトが並んだものであり、PythonがUTF-8文字列を格納するために使われる。b'で始まることでバイト列を処理することをPythonに伝える。これらはすべてPythonがテキストを処理するための規則に基づいている。次の出力結果は文字列をエンコードしバイト列をデコードする例だ。

エクササイズ 23 文字列、バイト、エンコーディング

```
$ python3
Python 3.7.1 (v3.7.1:260ec2c36a, Oct 20 2018, 03:13:28)
[Clang 6.0 (clang-600.0.57)] on darwin
Type "help", "copyright", "credits" or "license" for more information.
>>> raw_bytes = b'\xe6\x96\x87\xe8\xa8\x80'
>>> utf_string = "文言"
>>> raw_bytes.decode()
'文言'
>>> utf_string.encode()
b'\xe6\x96\x87\xe8\xa8\x80'
>>> raw_bytes == utf_string.encode()
True
>>> utf_string == raw_bytes.decode()
True
>>>
>>> quit()
$
```

バイト列があれば、文字列を取得するために `.decode()` を使う必要がある。そのことを忘れないように。バイト列自体は何の規則もなく、数値の羅列以外の意味をもたない単なるバイトの並びだ。そのため、Python に「これを UTF-8 文字列にデコードせよ」と指示する必要がある。文字列を送ったり、保存したり、共有したりといった操作をするだけであれば通常は問題ない。しかし「エンコードする方法がわからない」と Python がエラーを投げる場合がある。Python は内部で使われている規則自体は知っているが、プログラマがどの規則を必要としているかはわからない。この場合 `.encode()` を使って必要なバイト列を取得する必要がある。

このことを覚えておくために私がいつも使う方法がある。それは「デコードするのはバイト列 (Decode Bytes)、エンコードするのは文字列（ストリング）(Encode Strings)」の頭文字をとった DBES という語呂合わせで覚えることだ。バイト列と文字列を変換する必要があるときは、DBES（「ディーベス」と発音する）と頭の中で唱える。バイト列があって文字列が必要な場合はバイト列をデコードし、文字列があってバイト列が必要な場合は文字列をエンコードする。

このことを念頭に置いて、`ex23.py` のコードを一行ずつ見ていこう。

1〜3 最初は通常のコマンドライン引数の処理だ。これはすでに学習済みだ。

5 次がこのコードの主要な部分である `main` という関数だ。この関数の中から自分自身、つまり `main` 関数を呼び出している。また、この関数はスクリプトの最後で処理を開始するために呼び出されている。

6 この関数が最初に行うことは、引数で与えられた `language_file` ファイル（言語名の一覧）から一行読み込むことだ。これもすでに学習しているから新しいことではない。テキストファイルを扱ったエクササイズで `readline` を使っている。

8 ここで新しいものを使っている。これについては後で学ぶが、現時点では何か面白いものの予告だと考えてほしい。これは `if` 文というものだが、Python のコードで何かを判断するときに使うものだ。変数の値が真であるかを判定し、その結果に基づいてコードを実行するかどうかを決める。ここでは `line` が何らかの値をもっているかどうか調べている。ファイルの最後に到達した場合、`readline` 関数は空の文字列を返す。`if line:` は `line` が空文字列かどうかを判定しているだけだ。`readline` 関数が何らかの文字列を返せば判定が真となり、9〜10 行目のインデントされている部分のコードが実行される。`readline` 関数が空の文字列を返せば判定が偽となり、9〜10 行目の処理を Python はスキップする。

9 `line` を実際に出力するために別の関数を呼び出している。関数を別にすることでコードが簡素化され理解しやすくなる。この関数が何をするのかを知りたければ、その行に移動してコードを読めばよい。`print_line` 関数を理解すれば、`print_line` という名前からそのことを思い出し、詳細を忘れることができる。

10 ここで短いけれども強力な魔法を使っている。`main` 関数の中からもう一度 `main` 関数を呼び出している。しかしプログラミングには魔法なんてものは存在しない。そう、これは本物の魔法ではない。必要な情報はすべてここにある。関数の中からその関数自体を呼び出しており、このことを不正だと感じるかもしれない。しかしそれが本当に不正なのか少し考えてみよう。好きな場所で関数を呼び出してはいけないという技術的な理由はない。この `main` 関数も同じだ。関数が単に先頭（この場合は `main` 関数の先頭）にジャンプするには、その関数の最後で自分自身を呼び出せばよ

い。そうすれば、先頭に戻って実行を再開することになる。これはループ
処理と同じだ。ここで 8 行目を振り返ってみよう。if 文はこの関数が永
遠にループするのを防いでいることがわかるだろう。これは重要な概念な
ので注意深く学んでほしい。しかし、現時点で理解できなくても心配はい
らない。

12 ここから print_line 関数の定義だ。これは languages.txt ファイルの
各行に対して、実際にエンコーディング処理を行っている。

13 この行は文字列 line の末尾にある \n 文字を取り除いているだけだ。

14 ここでやっと languages.txt ファイルにあった言語名を取得できた。こ
れをバイト列にエンコードしている。DBES という語呂合わせを思い出
そう。「デコードするのはバイト列、エンコードするのは文字列（ストリ
ング）」だ。next_lang 変数は文字列なので、バイト列を取得するために
は .encode() を呼び出して文字列をエンコードする必要がある。ここで
は encode() に、変換したいエンコーディングだけでなく、エラー処理方
法も渡している。

15 ここでは 14 行目と逆のことを行っている。つまり raw_bytes から
cooked_string 変数を生成している。ここでも DBES が役に立つ。
つまり「バイト列はデコードする」だ。raw_bytes はバイト列なので
.decode() を呼び出して文字列を取得する。これは next_lang 変数がも
つ文字列と同じはずだ。

17 raw_bytes と cooked_string の両方を出力して、どのように見えるかを
単に表示している。これで関数定義はすべて終わりだ。

20 ここで languages.txt ファイルを開いている。

22 スクリプトの最後は正しい引数を指定して main 関数を実行しているだけ
だ。ここからすべてが始まり、ループを開始する。main 関数が定義され
ている 5 行目にジャンプし、10 行目で再び main 関数が呼び出され、ルー
プが継続する。8 行目の if line: が無限にループするのを防いでいる。

エンコーディングの詳細

　ではこのスクリプトを使ってほかのエンコーディングについても探索しよう。次のものは、いろいろなエンコーディングを試す方法とそれらを壊す方法を示している。まず、UTF-16 エンコーディングを試している。UTF-8 と比較してどのような違いがあるのか確認しよう。UTF-32 を使うこともできる。これを使うとバイト列がさらに長くなる。UTF-8 ではスペースが節約されていたことがわかるだろう。次に、Big5 を試している。Python ではこれをうまく扱うことができず、0 番目の位置にある文字を Big5 でエンコードできないというエラーメッセージを出力している（とても役に立つメッセージだ）。一つの解決策は Big5 エンコーディングの不正な文字を「置き換える」ように Python に指示することだ。最後のものがそれだ。Big5 エンコーディングシステムに一致しない文字が見つかると、それらを文字？で置き換える。

```
$ python3 ex23.py utf-16 strict
b'\xff\xfeA\x00f\x00r\x00i\x00k\x00a\x00a\x00n\x00s\x00' <===> Afrikaans
b'\xff\xfe\xa0\x12\x1b\x12-\x12\x9b\x12' <===> ሀףር፝
b'\xff\xfe\x10\x04\xa7\x04H\x04H\x04\xd9\x04@\x04' <===> Аҧсуа
b"\xff\xfe'\x06D\x069\x061\x06(\x06J\x06)\x06" <===> العربية
b'\xff\xfeA\x00r\x00a\x00g\x00o\x00n\x00\xe9\x00s\x00' <===> Aragonés
:
b'\xff\xfe\xe5e,g\x9e\x8a' <===> 日本語
:
b'\xff\xfeS\x00i\x00m\x00p\x00l\x00e\x00 \x00E\x00n\x00g\x00l\x00i\x00s\x00h\x00'
 <===> Simple English
:
b'\xff\xfeV\x00\xf5\x00r\x00o\x00' <===> Võro
b'\xff\xfe\x87e\x00\x8a' <===> 文言
b'\xff\xfe4T\xed\x8b' <===> 吴语
b'\xff\xfe\xd9\x05\xd9\x05\xb4\x05\xd3\x05\xd9\x05\xe9\x05' <===> ייִדיש
b'\xff\xfe-N\x87e' <===> 中文
[$                                                                            ]
[$ python3 ex23.py big5 strict
b'Afrikaans' <===> Afrikaans
Traceback (most recent call last):
  File "ex23.py", line 22, in <module>
    main(languages, encoding, error)
  File "ex23.py", line 10, in main
    return main(language_file, encoding, errors)
  File "ex23.py", line 9, in main
    print_line(line, encoding, errors)
  File "ex23.py", line 14, in print_line
    raw_bytes = next_lang.encode(encoding, errors=errors)
UnicodeEncodeError: 'big5' codec can't encode character '\u12a0' in position 0:
illegal multibyte sequence
[$                                                                            ]
[$ python3 ex23.py big5 replace
b'Afrikaans' <===> Afrikaans
b'????' <===> ????
b'??\xc7\xda\xc7\xe1?\xc7\xc8' <===> ??сш?а
b'???????' <===> ???????
b'Aragon?s' <===> Aragon?s
:
b'\xa4\xe9\xa5\xbb\xbby' <===> 日本語
:
b'Simple English' <===> Simple English
:
b'V?ro' <===> V?ro
b'\xa4\xe5\xa8\xa5' <===> 文言
b'??' <===> ??
b'??????' <===> ??????
b'\xa4\xa4\xa4\xe5' <===> 中文
$ ▊
```

コードを壊してみる

大まかなアイデアは次のとおりだ。

1. UTF-8 以外のエンコーディングでエンコードされたテキストファイルを探し、ex23.py に渡すとどうなるか確認してみよう。(訳注：ハードコードしている 20 行目を変更することになるだろう。encoding にそのテキストファイルのエンコーディングを指定するとどうなるかもやってみよう。)

2. 存在しないエンコーディングを引数に指定すると何が起こるか試してみよう。
3. ここからは挑戦だ。ex23.py を書き換えて、languages.txt をバイナリモードで読み込み、それを UTF-8 文字列にデコードするようにしてみよう。スクリプトのエンコードとデコードの部分を逆にする必要がある。(訳注：ファイルをバイナリモードで開くには open("languages.txt", "rb") のように "rb" をモードに指定する。)
4. 三つ目ができたら、raw_bytes のいくつかのバイトを削除してみよう。何が起こるだろうか。Python スクリプトがエラーになるには、どれくらい削除する必要があるだろうか？ Python のデコード処理でエラーにならずに文字列の出力が壊れるには、どれくらい削除すればよいだろうか？
5. 四つ目で学んだことを使って、ファイルの中身をごちゃ混ぜにし、どうなるか確認してみよう。どのようなエラーが出るだろうか？ どのくらいのダメージを与えることができるだろうか？ Python のデコード処理を通す場合はどうだろうか？

エクササイズ 24
もっと練習を

　そろそろこの本の中間地点だ。プログラミングが実際にどのように機能するのかを学ぶ段階に進むためには、Python に十分馴染んでおく必要がある。そのためにはもう少し練習が必要だ。このエクササイズはこれまでのものよりも長い。これはプログラミングの体力をつけるためのもので、次のエクササイズも同じだ。ではエクササイズを始めよう。正確に、そしてチェックを忘れずに。

ex24.py

```python
print("すべてのことを'練習'しよう。")
print('そのためには、\\を使った\'エスケープ\'を理解する必要がある。')
print('\nは改行で\tはタブだ。')

poem = """
\tThe lovely world
with logic so firmly planted
cannot discern \n the needs of love
nor comprehend passion from intuition
and requires an explanation
\n\t\twhere there is none.
"""

print("--------------")
print(poem)
print("--------------")


five = 10 - 2 + 3 - 6
print(f"これは5になるべき: {five}")


def secret_formula(started):
    jelly_beans = started * 500
    jars = jelly_beans / 1000
    crates = jars / 100
    return jelly_beans, jars, crates

```

```python
30  start_point = 10000
31  beans, jars, crates = secret_formula(start_point)
32
33  # これは文字列をフォーマットする別の方法だ
34  print("この数で始めよう: {}".format(start_point))
35  # これはf""文字列を使った方法だ
36  print(f"豆が{beans}個、瓶が{jars}個、木箱が{crates}個。")
37
38  start_point = start_point / 10
39
40  print("このようにすることもできる。")
41  formula = secret_formula(start_point)
42  # これはフォーマット文字列にリストを適用する便利な方法だ
43  print("豆が{}個、瓶が{}個、木箱が{}個。".format(*formula))
```

実行結果

ターミナルの画面

```
$ python3 ex24.py
すべてのことを'練習'しよう。
そのためには、\を使った'エスケープ'を理解する必要がある。

 は改行で       はタブだ。
--------------


        The lovely world
with logic so firmly planted
cannot discern
 the needs of love
nor comprehend passion from intuition
and requires an explanation

             where there is none.

--------------
これは5になるべき: 5
この数で始めよう: 10000
豆が5000000個、瓶が5000.0個、木箱が50.0個。
このようにすることもできる。
豆が500000.0個、瓶が500.0個、木箱が5.0個。
```

演習問題

1. コードに間違いがないことを確認しよう。後ろから読んだり、声に出して読んだりしてみよう。わからないコードがあればその上にコメントを書いてみよう。
2. ファイルをわざと壊してみよう。実行して、どのようなエラーが発生するのか確認しよう。ファイルを確実にもとに戻すことができるように。

よくある質問

Q: `jelly_beans` 変数が後で `beans` という名前になるのはなぜですか？
A: これは関数の機能の一つだ。関数内では変数は一時的なものであることに注意しよう。`return` を使ってそれを返すと変数に代入できる。ここでは `beans` という名前の新しい変数に関数の返り値を代入している。

Q: コードを逆から読むとはどういう意味ですか？
A: 最後の行から君のコード行とこの本の同じ行とを比較する。同じことが確認できたら一つ前の行に移動する。これをファイルの最初の行に到達するまで続ける。

Q: 誰がこの詩を書いたのですか？
A: 私だ。全部がダメな詩ってことはないだろう？

エクササイズ 25
さらにもっと練習を

　関数と変数が理解できたことを確認するために、これらを使った練習をもう少しやってみよう。このエクササイズは、入力することも、分析して理解することも簡単なはずだ。

　しかし、これまでのエクササイズとは少しやり方が違う。ファイルを直接実行するのではなく、Python の対話モードでコードをインポートし、関数を実行する。

ex25.py

```python
def break_words(stuff):
    """この関数は、文章を単語に分割する。"""
    words = stuff.split(' ')
    return words

def sort_words(words):
    """単語を並べ替える。"""
    return sorted(words)

def print_first_word(words):
    """最初の単語を取り除いて、出力する。"""
    word = words.pop(0)
    print(word)

def print_last_word(words):
    """最後の単語を取り除いて、出力する。"""
    word = words.pop(-1)
    print(word)

def sort_sentence(sentence):
    """文章を受け取り、単語を並べ替えて返す。"""
    words = break_words(sentence)
    return sort_words(words)

def print_first_and_last(sentence):
    """文章の最初と最後の単語を出力する。"""
    words = break_words(sentence)
```

```
28      print_first_word(words)
29      print_last_word(words)
30
31  def print_first_and_last_sorted(sentence):
32      """文章の単語を並べ替えて、最初と最後の単語を出力する。"""
33      words = sort_sentence(sentence)
34      print_first_word(words)
35      print_last_word(words)
```

まず python3 ex25.py と実行して、エラーがないことを確認しよう。すべてのエラーを修正したら、「実行結果」の画面に従ってエクササイズを進めよう。

実行結果

このエクササイズでは、Python の対話モードを使って ex25.py ファイルと対話する。次のようにターミナルから python3 を実行する。

ターミナルの画面

```
$ python3
Python 3.7.1 (v3.7.1:260ec2c36a, Oct 20 2018, 03:13:28)
[Clang 6.0 (clang-600.0.57)] on darwin
Type "help", "copyright", "credits" or "license" for more information.
>>>
```

この本の出力結果とほとんど同じ画面になるはずだ。プロンプトとよばれる >>> の後に Python コードを入力すると、そのコードがすぐに実行される。これを使って次の Python コードを一行ずつ入力し、どのような結果になるか確認しよう。

ex25a.py

```
1   import ex25
2   sentence = "All good things come to those who wait."
3   words = ex25.break_words(sentence)
4   words
5   sorted_words = ex25.sort_words(words)
6   sorted_words
7   ex25.print_first_word(words)
8   ex25.print_last_word(words)
9   words
10  ex25.print_first_word(sorted_words)
11  ex25.print_last_word(sorted_words)
```

```
12    sorted_words
13    sorted_words = ex25.sort_sentence(sentence)
14    sorted_words
15    ex25.print_first_and_last(sentence)
16    ex25.print_first_and_last_sorted(sentence)
```

Pythonの対話モードでex25.pyモジュールを使って作業すると、次のようになる。

Python対話モードの出力

```
>>> import ex25
>>> sentence = "All good things come to those who wait."
>>> words = ex25.break_words(sentence)
>>> words
['All', 'good', 'things', 'come', 'to', 'those', 'who', 'wait.']
>>> sorted_words = ex25.sort_words(words)
>>> sorted_words
['All', 'come', 'good', 'things', 'those', 'to', 'wait.', 'who']
>>> ex25.print_first_word(words)
All
>>> ex25.print_last_word(words)
wait.
>>> words
['good', 'things', 'come', 'to', 'those', 'who']
>>> ex25.print_first_word(sorted_words)
All
>>> ex25.print_last_word(sorted_words)
who
>>> sorted_words
['come', 'good', 'things', 'those', 'to', 'wait.']
>>> sorted_words = ex25.sort_sentence(sentence)
>>> sorted_words
['All', 'come', 'good', 'things', 'those', 'to', 'wait.', 'who']
>>> ex25.print_first_and_last(sentence)
All
wait.
>>> ex25.print_first_and_last_sorted(sentence)
All
who
```

これらの行を一つずつ見ていくときには、ex25.pyのどの関数が実行されて、どのように動作するのかを確認しよう。違う結果やエラーが発生した場合はコードを修正し、Pythonを終了してから再びPythonを実行しよう。

（訳注：終了すると最初からすべて入力しなければいけない。次のように `importlib` をインポートして `reload()` を使ってみよう。

```
>>> import importlib
>>> importlib.reload(ex25)
```

そうすれば Python の対話モードを終了せずにモジュール（ここでは `ex25.py`）を再読み込みできる。）

演習問題

1. 「実行結果」の残りの行を見て、それらが何をするものか理解できただろうか。ex25 モジュールの関数を実行する方法をしっかりと理解しよう。
2. Python の対話モードで `help(ex25)` と `help(ex25.break_words)` を試してみよう。モジュールのヘルプを得る方法と、それらのヘルプが ex25 の関数の先頭に書いた奇妙な `"""` 文字列であることに気づいただろうか？ これらの特別な文字列はドキュメンテーションコメントとよばれるものだ。調べてみよう。
3. 毎回 `ex25.` と入力するのは面倒だ。`from ex25 import *` とインポートすることで `ex25.` を省略できる。これは「ex25 からすべてをインポートする」といっているようなものだ。プログラマは物事を逆順にすることがよくある。（訳注：英語だと「import *(everything) from ex25」の語順と比べて逆になることをいっている。）新たに Python の対話モードを起動し、すべての関数が `ex25.` なしに正しく使えることを確認しよう。
4. ファイルをわざと壊してみて、それを使った場合に Python ではどうなるか確認しよう。モジュールを再読み込みするには、`quit()` を使って Python の対話モードを終了する必要がある。（訳注：`from` を使ってインポートした場合、`importlib.reload` では再読み込みできない。）

よくある質問

Q: 関数呼び出しのいくつかで None と表示されます。

A: たぶん関数の最後で return を忘れているのだろう。ファイルを後ろ向きに見て、すべての行が正しいことを確認しよう。

Q: `import ex25` と入力すると `-bash: import: command not found` というエラーになります。（訳注：Windowsだと、用語 'import' は、コマンドレット、関数、スクリプト ファイル、または操作可能なプログラムの名前として認識されません。というエラーになる。）

A: 「出力結果」でやっていることを注意して見てみよう。これをやっているのは Python の対話モードでありターミナルではない。まず `python3` と実行する必要がある。

Q: `import ex25.py` と入力すると `ModuleNotFoundError: No module named 'ex25.py'; 'ex25' is not a package` というエラーになります。

A: `.py` を最後に追加してはいけない。ファイルが `.py` で終わることを Python は知っているので、`import ex25` と入力するだけでよい。

Q: 実行すると `SyntaxError: invalid syntax` となります。

A: その行か前の行で、(や " を忘れているといった何らかの構文エラーがあることを意味する。このエラーに遭遇したときはいつでもエラーメッセージで表示されている行からそれが正しいかどうかを確認し、前の方に向かって逆向きに一行ずつ確認しよう。

Q: `words.pop` 関数は `words` 変数の内容をどうやって変更するのですか？

A: これは複雑な質問だ。この場合 `words` はリストだ。リストはコマンドを実行し、その結果を保持することもできる。ファイルやほかのものを使って作業をしたときに動作したことと同じようなものだ。

Q: 関数から `return` するよりも出力した方がよいのはどのような場合ですか？

A: 関数から `return` すれば、その関数を呼び出したコードに結果を返すことができる。関数は引数を使って入力を受け取り、`return` を使って結果を返すと考えることができる。`print` はこれとはまったく関係なく、ターミナルに対して出力するだけだ。

エクササイズ 26

おめでとう、中間テストだ！

　君はこの本の前半を終えようとしている。後半はもっと面白くなる。ロジックを学び、判定処理を使ってより役立つことができるようになる。

　先に進む前にここでテストをやろう。このテストはとても難しい。他人の書いたコードを修正する必要があるからだ。しかし、プログラマであれば他人が書いたコードを扱うことはよくあるし、プログラマの傲慢な態度に対処する必要もある。自分のコードが完璧だと言い張るプログラマは多い。

　このようなプログラマは他人のことを気にかけない愚か者だ。優れたプログラマは自分のコードに間違いがある可能性をいつも考える。それは優れた科学者と同じだ。ソフトウェアが正しくないという前提に立ち、可能性のある間違いをすべて排除することに力を尽くすのが優れたプログラマだ。そのコードが他人の書いたコードかどうかは関係ない。

　このエクササイズでは、出来の悪いプログラマのコードを修正することでそのようなコードを書くプログラマに対処する方法を学ぶ。そのコードはいくつかのエクササイズからコードをもってきて、でたらめに文字を削除したり間違いを追加したりして作ったものだ。ほとんどのエラーは Python が見つけるだろうが、計算間違いなどは君自身が見つけなければいけない。文字列の書式指定間違いやスペルミスもある。

　これらのエラーはどんなプログラマでもやってしまう間違いだ。たとえ経験豊富なプログラマであってもだ。

　このエクササイズの目的はそのファイルを修正することだ。これまで得たスキルを総動員してこのファイルを正しく動作させよう。まずファイルの調査が必要だ。たとえば、このファイルを印刷し、わかったことを学期末のレポートのように書き込んでみるのもよいだろう。一つずつ間違いを修正して実行することを繰り返そう。スクリプトが完全に動作するまで、その作業を続けよう。誰にも助けを求めないでやってみよう。行き詰まったら、少し休憩を取って再び取り組

もう。

　これに数日かかったとしても、あきらめずに正しいコードにすることに取り組んでほしい。

　このエクササイズで大事なことは、すでにあるファイルを修正することであり、コードを入力することではない。まず https://learnpythonthehardway.org/python3/exercise26.txt をダウンロードし、このファイルのコードを ex26.py という名前のファイルにコピー & ペーストする。これはコピー & ペーストが許される唯一の機会だ。

よくある質問

- *Q*: コードを修正しながら実行できるのですか？
- *A*: ほとんどできるはずだ。そのためにコンピュータがある。コンピュータにできることはコンピュータにやらせよう。

エクササイズ 27
論理式を暗記する

いよいよ論理式について学ぶときがきた。これまでファイルの読み書きや、Pythonの数学的な機能について多くのエクササイズをやってきた。

これから論理式を学んでいこう。ただし、研究者が好むような複雑な論理学を学ぶ必要はない。ここで学ぶことはプログラムを動作させるためにプログラマが日々使っている基本的な論理式だ。

その前に少しばかり暗記が必要だ。一週間はこのエクササイズに取り組んでほしい。ひるんではいけない。退屈で気が変になりそうになっても、やり続けてほしい。では、このエクササイズにある論理表を暗記しよう。暗記してしまえば、これ以降のエクササイズに取り組むのがより簡単になる。

はじめのうちは楽しいとは思わないだろう。それどころか退屈で面倒だと思うはずだ。しかし、これはプログラマに求められる重要なスキルを学ぶ機会だ。これからの人生で重要な概念を覚える必要に迫られることがあるだろう。しかし、いったんわかってしまえば、ほとんどの概念はとても面白いと感じるはずだ。怪物に立ち向かうように懸命に取り組んでほしい。ある日突然わかるときがくる。どんなことでも、基本を覚えることは後で必ず報われるものだ。

気がめいることなく何かを覚えるコツがある。一日を通して一度に少しずつ取り組もう。最も重要なものから手をつけよう。二時間ずっと机に向かって覚えようとしてはいけない。このやり方はうまくいかない。人間の脳が集中して記憶できるのは最初の15分から30分だ。そのために、一連のインデックスカードを作ろう。この後で示す論理表の左側（True or Falseなど）をカードの表に、右側（Trueなど）を裏に書く。そのカードを取り出し、「True or False」を見てすぐに「True」といえるようになるまで練習を続けよう。

これができるようになれば、自分で考えた論理式を毎晩ノートに書いてみよう。何かを写してはいけない。何も見ずに書くように。行き詰まったら、記憶を呼び覚ますために、ここにあるものをちらっと見てもよい。このやり方で脳を鍛

えれば、論理表をすべて覚えることは朝飯前だ。

長くても一週間でこのエクササイズを終わらせよう。これ以降のエクササイズでも何度も論理式を使うからだ。

論理式の用語

「True（真）」か「False（偽）」かを判断するために、Pythonでは次に示す用語（単語や記号）を使う。コンピュータ上の論理式とは、これらの用語と変数を組み合わせたものがプログラムのある時点で真であるかどうかを判定することだ。

- and（かつ）
- or（または）
- not（ではない）
- !=（等しくない）
- ==（等しい）
- >（大きい）
- <（小さい）
- >=（大きいか等しい）
- <=（小さいか等しい）
- True（真）
- False（偽）

いくつかの用語はすでに見ているが、見たことがないものもあるだろう。and、or、notは期待通り動作する。つまり英語と同じだ。

論理表

覚えるべき論理表を次に示す。

NOT	真偽
not True	False
not False	True

OR	真偽
True or True	True
True or False	True
False or True	True
False or False	False

AND	真偽
True and True	True
True and False	False
False and True	False
False and False	False

NOT OR	真偽
not (True or True)	False
not (True or False)	False
not (False or True)	False
not (False or False)	True

NOT AND	真偽
not (True and True)	False
not (True and False)	True
not (False and True)	True
not (False and False)	True

!=	真偽
1 != 1	False
1 != 0	True
0 != 1	True
0 != 0	False

==	真偽
1 == 1	True
1 == 0	False
0 == 1	False
0 == 0	True

この表を使って自分用のインデックスカードを作り、一週間かけてそのカードを覚えよう。次のことを忘れないでほしい。この本には「失敗する」という言葉はない。毎日、できる限りハードに取り組もう。そうすれば一歩一歩確実に成長できる。

よくある質問

Q: 論理式の背後にあるブール代数の概念を学べば、これらを覚えなくてもよいですか？

A: 確かにそうすることは可能だが、コードを書いている間ずっとブール代数の規則を調べることになるだろう。この論理表を覚えてしまえば、自然とこれらの演算が使えるようになるし、自分自身の暗記スキルも確立できる。その後、ブール代数の概念を理解するのは簡単だ。とはいえ役に立つことであれば何でもやってみよう。

エクササイズ 28
ブール式の特訓

　前のエクササイズで学んだ論理式の組み合わせは「ブール式」とよばれるものだ。ブール式はプログラミングのいたるところで使われるコンピュータに欠かせないものだ。ブール式を知ることは音楽において音階を知ることと同じだ。

　前のエクササイズで覚えたブール式を実際に Python で試してみよう。次に示すブール式の問題に対して答えを書いてみよう。答えは True か False のどちらかだ。答えを書いたら、ターミナルで Python を起動し、問題のブール式を入力して答えが正しいか確認しよう。

1. True and True
2. False and True
3. 1 == 1 and 2 == 1
4. "test" == "test"
5. 1 == 1 or 2 != 1
6. True and 1 == 1
7. False and 0 != 0
8. True or 1 == 1
9. "test" == "testing"
10. 1 != 0 and 2 == 1
11. "test" != "testing"
12. "test" == 1
13. not (True and False)
14. not (1 == 1 and 0 != 1)
15. not (10 == 1 or 1000 == 1000)
16. not (1 != 10 or 3 == 4)
17. not ("testing" == "testing" and "Zed" == "Cool Guy")
18. 1 == 1 and (not ("testing" == 1 or 1 == 0))

19. "chunky" == "bacon" and (not (3 == 4 or 3 == 3))
20. 3 == 3 and (not ("testing" == "testing" or "Python" == "Fun"))

　ここで、より複雑なブール式を読み解くためのコツを教えよう。

　次に示す手順に従えば、どのようなブール式でも簡単に読み解くことができる。（訳注：ブール式で使う演算子にも優先順位がある。ここで示す手順もこの優先順位に従ったものだ。）

1. 比較（== や <）を見つけて、その結果を True か False に置き換える。
2. 丸括弧で囲まれている and や or を見つけて、それらを置き換える。
3. 否定(not) を見つけて、逆にする。
4. 残っている and や or を見つけて、それらを置き換える。
5. これがすべて終われば、真偽値である True か False が得られる。

　項目 20 を少し変えたもので、最終的な結果が得られるまで順を追ってやってみよう。

　　3 != 4 and not ("testing" != "test" or "Python" == "Python")

1. 比較した結果で置き換える

    3 != 4 は True：

    　　True and not ("testing" != "test" or "Python" == "Python")

    "testing" != "test" は True：

    　　True and not (True or "Python" == "Python")

    "Python" == "Python" は True：

    　　True and not (True or True)

2. 丸括弧で囲まれている and や or を見つけて置き換える

    (True or True) は True：

    　　True and not True

3. 否定(not) を見つけて逆にする

    not True は False：

    　　True and False

4. 残っている and や or を見つけて置き換える

True and False は False：

False

これで結果は False だとわかった。

> **警告！** 複雑なブール式は最初は難しく感じるかもしれないが、とにかく挑戦してみよう。できなくても落胆することはない。ブール式の解き方を鍛えるこれらの問題に取り組めば、後で出てくるブール式は簡単にわかるだろう。頑張ってやり続けよう。どこを間違えたのかを把握しよう。自信をもって「わかった」といえなくても心配はいらない。すぐにわかるようになる。

実行結果

どのような結果になるか考えてから、Python を使って答えを確認しよう。その手順は次のとおりだ。

ターミナルの画面

```
$ python3
Python 3.7.1 (v3.7.1:260ec2c36a, Oct 20 2018, 03:13:28)
[Clang 6.0 (clang-600.0.57)] on darwin
Type "help", "copyright", "credits" or "license" for more information.
>>> True and True
True
>>> False and True
False
>>> 1 == 1 and 2 == 2
True
```

演習問題

1. Python には != や == といった演算子がたくさんある。比較に使う演算子をできるだけ多く探してみよう。たとえば < や <= がそうだ。
2. それぞれの比較演算子の名前を書いてみよう。たとえば != は「not equal（等しくない）」だ。
3. 新しいブール式を考えて Python 上で確認してみよう。Enter キーを押す前にその結果を声に出してみよう。考えてはいけない。最初に頭に浮かんだものを声に出して紙に書き、Enter キーを押して正解を確認する。間違ったものは復習しよう。

4. 演習問題 3 で書いた紙は、後で間違って見ないように捨てておこう。

よくある質問

Q: "test" and "test" が True でなく "test" を返したり、1 and 1 が True でなく 1 を返したりするのはなぜですか？

A: Python を含む多くの言語は True や False といった真偽値ではなく、演算子の対象（被演算子）をそのまま返す。False and 1 は最初の演算対象である False を返し、True and 1 は二番目の演算対象である 1 を返す。いろいろと試してみよう。

Q: != と <> に違いはありますか？

A: Python 2 では違いはなかったが、Python 3 では <> は非推奨となり、エラーになる。!= を使うように。

Q: ブール式は短絡評価（最小評価）されますか？

A: そのとおり。False と任意の and 式 (False and X) は、ただちに False となり、そこで評価が止まる（X は評価されない）。True と任意の or 式 (True or X) は、ただちに True となり、そこで評価が止まる（X は評価されない）。エクササイズでは短絡評価せずにすべて評価してみよう。いずれそれが役に立つ。

エクササイズ 29
if 文とは何か？

次の Python スクリプトは if 文を紹介するものだ。これを正しく入力し、実行させてみよう。これまでの練習の成果を発揮しよう。

ex29.py

```python
people = 20
cats = 30
dogs = 15


if people < cats:
    print("猫が多すぎる！ この世の終わりだ!")

if people > cats:
    print("あまり猫はいない！ 世界は救われた!")

if people < dogs:
    print("世界はよだれまみれだ!")

if people > dogs:
    print("世界は乾いている!")


dogs += 5

if people >= dogs:
    print("人間は犬と同じかそれ以上だ。")

if people <= dogs:
    print("人間は犬と同じかそれ以下だ。")


if people == dogs:
    print("人間と犬は同じだ。")
```

実行結果

ターミナルの画面

```
$ python3 ex29.py
猫が多すぎる！ この世の終わりだ！
世界は乾いている！
人間は犬と同じかそれ以上だ。
人間は犬と同じかそれ以下だ。
人間と犬は同じだ。
```

演習問題

この演習問題で if 文がどういうものか考えてみよう。次のエクササイズに進む前に、自分自身の言葉で次の質問に答えてみよう。

1. if 文はその下にあるコードに対して何をするものだろうか？
2. なぜ if 文の下にあるコードを四つのスペースでインデントする必要があるのだろうか？
3. これらがインデントされていないとどうなるのだろうか？
4. エクササイズ 27 のブール式を if 文に書くことができるだろうか？
5. people、cats、dogs の初期値を変えるとどうなるだろうか？

よくある質問

Q: += とは何ですか？

A: x += 1 というコードは、x = x + 1 と同じだが、より少ない入力で済む。これは「累算代入」演算子というものだ。-= やほかの多くの演算子にも同じものがある。後でこれらについて学ぶ予定だ。

エクササイズ 30

if と else

　前のエクササイズでは if 文をいくつか練習した。if 文がどういうものであり、どのように動作するのかも考えてもらった。先に進む前に前回の演習問題の答え合わせをやろう。演習問題はやり終えているかな？

1. if 文はその下にあるコードに対して何をするものだろうか？
   if 文はコードに「分岐 (branch)」とよばれるものを作る。アドベンチャーゲームでそのまま先に進むのか、別の場所に進むのかを選ぶ場面で使うものが分岐だ。if 文はスクリプトに対して「このブール式が真 (True) ならば、if 文の下にあるコードを実行せよ。そうでなければ、その if 文の下にあるコードをスキップせよ」と指示するものだ。

2. なぜ if 文の下にあるコードを四つのスペースでインデントする必要があるのだろうか？
   行末のコロン (:) は新しい「コードブロック」を作ることを Python に伝える。四つのスペースでインデントすることで、どこまでがコードブロックなのかを Python に伝える。この本の前半で関数を作ったのとまったく同じだ。

3. これらがインデントされていないとどうなるのだろうか？
   インデントされていない場合は Python のエラーが発生するだろう。コロン (:) で行を終了した場合は次の行をインデントする必要がある。

4. エクササイズ 27 のブール式を if 文で書くことができるだろうか？
   簡単にできたはずだ。ブール式は好きなだけ複雑にできるが、複雑なブール式はよいスタイルではない。

5. people、cats、dogs の初期値を変えるとどうなるだろうか？
   それらの値を変えると、if 文で数値を比較しているため、違う if 文が真 (True) となり、その下のコードブロックが実行されるだろう。数値を変更

するとどのコードブロックが実行されるのかを予想し、コードを実行して確認しよう。

この本の答えと君の答えを比べて「コードブロック」という概念を本当に理解したのか確認しよう。このことは重要だ。なぜなら次のエクササイズではより複雑な if 文を書くからだ。では次のコードを入力して、実行してみよう。

ex30.py

```python
people = 30
cars = 40
trucks = 15

if cars > people:
    print("車に乗ろう。")
elif cars < people:
    print("車に乗らない方がよさそうだ。")
else:
    print("車に乗るかどうか決められない。")

if trucks > cars:
    print("トラックがたくさんある。")
elif trucks < cars:
    print("トラックに乗った方がよいかも。")
else:
    print("車とトラックのどちらにすべきか決められない。")

if people > trucks:
    print("よし、トラックに乗ろう。")
else:
    print("わかった。外出は控えよう。")
```

実行結果

ターミナルの画面

```
$ python3 ex30.py
車に乗ろう。
トラックに乗った方がよいかも。
よし、トラックに乗ろう。
```

演習問題

1. elif や else が何をするものか考えてみよう。
2. people、cars、trucks の数値を変えると何が出力されるだろうか？ すべての if 文を追いかけてみよう。
3. より複雑なブール式を使ってみよう。cars > people or truck < cars はどうだろう。
4. それぞれの行の上に、その行の内容を説明するコメントを書いてみよう。

よくある質問

Q: 複数の elif ブロックが True の場合どうなりますか？

A: Python は一番上から始めて、True になった最初のブロックを実行する。つまり最初に True になったものだけが実行される。

エクササイズ 31
判定を行う

　この本の前半は、文字列を出力したり関数を呼び出したりすることがほとんどだった。しかもほとんどのことは基本的に直線的に実行されていた。つまりスクリプトは最初の行から最後の行まで下に向かって順に実行されていた。関数を作れば、後でその関数を呼び出すことで関数を実行させることができたが、何かを判定するのに必要な分岐ではなかった。しかし、`if`、`else`、`elif` が手に入ったので、判定を行うスクリプトを作れるようになった。

　一つ前のスクリプトでは、いくつかの単純な判定を行った。これから書くスクリプトでは、ユーザーに質問し、その回答に基づいて判定を行う。スクリプトを書き終えたら、いろいろと遊んでみよう。理解が深まるはずだ。

ex31.py
```
 1  print("""君は二つの扉がある暗い部屋に入った。
 2  扉1と扉2のどちらに進むか?""")
 3
 4  door = input("> ")
 5
 6  if door == "1":
 7      print("そこには、チーズケーキを食べている巨大なクマがいる。")
 8      print("どうする?")
 9      print("1. ケーキを奪う。")
10      print("2. クマに向かって叫ぶ。")
11
12      bear = input("> ")
13
14      if bear == "1":
15          print("クマは君の頭をかじった。なんてことだ!")
16      elif bear == "2":
17          print("クマは君の足をかじった。なんてことだ!")
18      else:
19          print(f"そう、おそらく{bear}が一番よいだろう。")
20          print("クマは逃げた。")
21
22  elif door == "2":
23      print("深い闇へと続くクトゥルフの目をのぞき込む。")
```

```
24      print("何が見える?")
25      print("1. ブルーベリー")
26      print("2. 黄色いジャケット")
27      print("3. メロディを奏でるリボルバー")
28
29      insanity = input("> ")
30
31      if insanity == "1" or insanity == "2":
32          print("なんとか生きているが自分を見失っている。")
33          print("なんてことだ!")
34      else:
35          print("狂気によって目の前が汚物の海と化す。")
36          print("なんてことだ!")
37
38  else:
39      print("君はよろけてナイフの上に落ちて死んだ。なんてことだ!")
```

注目すべき点は if 文の中のインデントしたコードの中にさらに if 文があることだ。これはとても強力なもので、入れ子になった判定を作るために使われる。つまり一つの分岐から次々と別の分岐につながるということだ。if 文の中の if 文という考えをしっかり理解しよう。演習問題をやって確実に理解しよう。

実行結果

このちょっとしたアドベンチャーゲームで私が遊んでみた結果がこれだ。あまりうまく進められなかった。

ターミナルの画面

```
$ python3 ex31.py
君は二つの扉がある暗い部屋に入った。
扉1と扉2のどちらに進むか?
> 1
そこには、チーズケーキを食べている巨大なクマがいる。
どうする?
1. ケーキを奪う。
2. クマに向かって叫ぶ。
> 2
クマは君の足をかじった。なんてことだ!
```

演習問題

1. ゲームに新しい場面を作って、プレーヤーがほかのものを選択できるようにしてみよう。できる限りゲームを発展させよう。
2. まったく新しいゲームを書いてみよう。このゲームが気に入らないかもしれない。自分自身のゲームを作ってみよう。これは君のコンピュータだ。好きなようにやればよい。

よくある質問

Q: `elif` を複数の `if-else` で置き換えることはできますか？
A: できる場合もあるが、`if` と `else` がどう書かれているか次第だ。複数の `if-else` がある場合、Python はすべての `if-else` を判定し、真 (True) となったものをすべて実行する。`if-elif-else` の場合は、最初に真 (True) となったものだけを実行する。これらの違いを理解するためにいろいろと試してみよう。

Q: 数値がある範囲の間にあることを知るにはどうすればよいですか？
A: 二つの方法がある。`0 < x < 10` や `1 <= x < 10` といった古典的なやり方と、`x in range(1, 10)` を使うやり方だ。（ただし `range` は整数の範囲にしか使えない。）

Q: `if-elif-else` ブロックにもっと多くの選択肢が必要な場合はどうすればよいですか？
A: 考えられる選択肢に対して好きなだけ `elif` ブロックを追加すればよい。

エクササイズ 32

ループとリスト

　面白いプログラムを君はこの時点でいくつか書けるはずだ。エクササイズを続けてきたなら、if 文やブール式といった、これまで学んだことをすべて組み合わせてスマートで実用的なプログラムを書くことができるだろう。

　しかし、まだプログラムに必要なことがある。それは繰り返しのあるものを扱うことだ。このエクササイズでは、for ループを使っていろいろなリストを生成したり出力したりする。このエクササイズに取り組めば、リストがどういうものか徐々にわかるだろう。この時点では詳しく説明しないので、自分自身で理解するように努力してほしい。

　for ループを使う場合、ループした結果をどこかに格納する必要がある。それに最適なものはリストだ。「リスト (list)」はその名前のとおり最初から最後に向かって順番に並んだものを格納する一種のコンテナ (container) だ。複雑ではないが新しい構文を学ぶ必要がある。リストの作り方は次のとおりだ。

```
hairs = ['茶色', '金色', '赤色']
eyes = ['茶色', '青色', '緑色']
weights = [1, 2, 3, 4]
```

　リストの開始を示す左角括弧の [を使ってリストを始め、リストに格納したい要素を関数のパラメータのようにカンマで区切って並べる。そして、リストの終了を示す右角括弧の] を使ってリストを終える。最後に、このリストに含まれるすべての要素をまとめたものを変数に代入する。

> **警告！** コードを書くことができない人にとってこれは理解しにくいことだ。世の中はフラットだとこれまで教えられてきただろう。前のエクササイズで if 文の中に if 文を書いたことを覚えているだろうか？　おそらく頭が混乱したはずだ。ほとんどの人は、ものの中にものを「入れ子（ネスト）」にすることをじっくり考えることがないからだ。プログラミングには、あらゆる所に入れ子構造がある。関数を呼び出す関数や、リストを要素にもつリストや、if 文の中にある if 文や、それらを組み合わせたものはプログラミングをやっていればすぐに目にするだろう。このような理解が難しい構造に遭遇したら、紙とペンを手に取り、理解できるまで少しずつ分解してみよう。

エクササイズ32 ループとリスト

ではfor ループを使って、いくつかリストを作り、それらを出力してみよう。

ex32.py

```
1   the_count = [1, 2, 3, 4, 5]
2   fruits = ['りんご', 'オレンジ', '梨', 'あんず']
3   change = [1, 'ペニー', 2, 'ダイム', 3, 'クォーター']
4
5   # このforループはリストの要素を順にたどる。
6   for number in the_count:
7       print(f"数: {number}")
8
9   # 上に同じ。
10  for fruit in fruits:
11      print(f"果物: {fruit}")
12
13  # 混在した要素のリストも可能。
14  for i in change:
15      print(f"小銭: {i}")
16
17  # リストを組み立てることもできる。まず空のリストから始める。
18  elements = []
19
20  # 次にrange関数を使って0から5まで数える。
21  for i in range(0, 6):
22      print(f"リストに{i}を追加")
23      # append関数はリストの関数だ。
24      elements.append(i)
25
26  # ここでリストの内容を出力する。
27  for i in elements:
28      print(f"リストの要素: {i}")
```

実行結果

ターミナルの画面

```
$ python3 ex32.py
数: 1
数: 2
数: 3
数: 4
数: 5
果物: りんご
果物: オレンジ
果物: 梨
```

```
果物：あんず
小銭：1
小銭：ペニー
小銭：2
小銭：ダイム
小銭：3
小銭：クォーター
リストに0を追加
リストに1を追加
リストに2を追加
リストに3を追加
リストに4を追加
リストに5を追加
リストの要素：0
リストの要素：1
リストの要素：2
リストの要素：3
リストの要素：4
リストの要素：5
```

演習問題

1. コードで range をどう使っているか見てみよう。range 関数を調べて理解しよう。
2. 21 行目の for ループを完全に取り除き、range(0, 6) をリストの要素として割り当てられるだろうか？
3. Python のドキュメントで list を探し、それを読んでみよう。リストに対して append 以外にどのような操作ができるだろうか？

よくある質問

Q: 二次元のリストはどうやって作るのですか？
A: リストのリストを作ればよい。たとえば次のとおり。

```
[[1, 2, 3], [4, 5, 6]]
```

Q: リストと配列は同じものですか？
A: それは言語と実装次第だ。古典的にはリストと配列は実装の観点からまったく異なるものだ。しかし、違いがないものもある。たとえば Ruby ではこ

れらを配列とよび、Python ではリストとよぶ。ここでは Python の流儀に従ってリストとよぼう。

Q: 定義されていない変数を for ループで使うことができるのはなぜですか？
A: for ループでは、ループを開始する前に変数が定義され、ループの繰り返しごとに要素の値が順番に設定される。

Q: `for i in range(1, 3):` のループ回数が三回ではなく二回なのはなぜですか？
A: range 関数は最初の値から最後の値までの数値を扱うが、最後の値自体は含まない。そのため、最初から三つ目ではなく二つ目でループが終了する。これがループを実行する最も一般的なやり方だとすぐにわかるだろう。

Q: `elements.append()` は何をするものですか？
A: これはリストの最後に値を追加するものだ。Python の対話モードを起動し、リストを作っていろいろと試してみよう。わからないことがあったときには Python の対話モードを起動して試してみよう。

エクササイズ 33

while ループ

　ここで新しいループを紹介する。while ループだ。これはブール式が真である限りその下のコードブロックを実行し続けるループだ。

　ここで使う用語は理解しているだろうか？　では説明を続けよう。：（コロン）で終わる行は新しいコードブロックを開始することを Python に伝える。次の行をインデントして新しいコードを書く。この方法でプログラムを構造化し、Python に意図を伝える。よくわからない場合はいったん戻って、このことが理解できるまで if 文や関数や for ループをもう少し使ってみよう。

　ブール代数を頭に叩き込んだのと同じように、これらの構造を理解するためのエクササイズを後で行う。

　while ループは if 文と同じように判定を行うが、コードブロックを一度だけ実行するのではなく、実行後に while の「先頭」に戻り、判定式が偽になるまでコードブロックを繰り返し実行する。

　しかし、while ループには一つ問題がある。while ループが止まらず延々と処理が続くことがたまにあることだ。宇宙の終わりまでループし続けることを意図しているなら問題ないが、たいていの場合はいずれループを終了させたいはずだ。

　while ループの問題を避けるためのルールは次のとおりだ。

1. while ループを使うことを控える。通常は for ループを使うべきだ。
2. while 文をよく見て、いずれ条件判定が偽になることを確認する。
3. それがはっきりしない場合は、条件判定している変数を while ループの最初と最後で出力して値を確認する。

　この三つのルールを確認しながら、while ループを学ぶエクササイズに取り組もう。

エクササイズ33 whileループ

ex33.py

```python
i = 0
numbers = []

while i < 6:
    print(f"ループの先頭でiは{i}")
    numbers.append(i)

    i = i + 1
    print("numbersリスト:", numbers)
    print(f"ループの末尾でiは{i}")


print("numbersリスト:")

for num in numbers:
    print(num)
```

実行結果

ターミナルの画面

```
$ python3 ex33.py
ループの先頭でiは0
numbersリスト: [0]
ループの末尾でiは1
ループの先頭でiは1
numbersリスト: [0, 1]
ループの末尾でiは2
ループの先頭でiは2
numbersリスト: [0, 1, 2]
ループの末尾でiは3
ループの先頭でiは3
numbersリスト: [0, 1, 2, 3]
ループの末尾でiは4
ループの先頭でiは4
numbersリスト: [0, 1, 2, 3, 4]
ループの末尾でiは5
ループの先頭でiは5
numbersリスト: [0, 1, 2, 3, 4, 5]
ループの末尾でiは6
numbersリスト:
0
1
2
```

```
3
4
5
```

演習問題

1. while ループを実行しているコードを関数にして、(i < 6) と判定している 6 の数値を関数のパラメータにしてみよう。
2. スクリプトを書き換えて、この関数を使って 6 以外の数値で判定してみよう。
3. 8 行目の + 1 の部分を書き換えて、増加する量を変えることができるように関数にパラメータを追加してみよう。
4. この関数を使うと何ができるのかスクリプトを書き換えて確認してみよう。
5. このループを for ループと range 関数を使って書き換えてみよう。コードの途中で数値を増加させることは必要だろうか？ そのコードを取り除かないとどうなるだろうか？ このような実験をやるときは、(おそらく) おかしな動きをすることが多いはずだ。その場合は、Ctrl キーを押しながら C キーを押す (CTRL-C) とプログラムは強制終了する。

よくある質問

Q: for ループと while ループの違いは何ですか？

A: for ループにできるのは、値の集合に対して反復 (ループ) することだ。一方、while ループはどのような種類のループでも可能だが、正しく書くことがより難しい。たいていのことは for ループで行うことができる。

Q: ループは難しいです。どうすれば理解できますか？

A: ループが理解できない主な理由は、コードが「ジャンプ」するのについていけないことだ。ループが実行されると、コードブロックを実行し、コードブロックの終わりでジャンプして先頭に戻る。このことを視覚化するには、ループのいろいろな箇所に print() を挿入し、ループのどこが実行されているのかや、どこで変数の値が変更されているのかを出力するとよい。ループの直前、コードブロックの先頭、中間、末尾に print() を書き、その出力を調べてループのジャンプを理解しよう。

エクササイズ 34

リストの要素にアクセスする

　リストはとても便利なものだが、リストから要素を取り出せないとあまり役に立たないだろう。リストの要素を順番に調べる方法はすでに学んだが、リストの5番目の要素が欲しい場合はどうすればよいだろうか？　そのためにはリストの要素にアクセスする方法が必要だ。リストの最初の要素にアクセスする方法は次のとおりだ。

```
animals = ['クマ', 'トラ', 'ペンギン', 'シマウマ']
bear = animals[0]
```

　動物のリスト (animals) に対して、1番目の要素を0を使って取得していることに気づいただろうか？　これはどのように機能するのだろうか？　Pythonは1ではなく0からリストを開始する。このことは不思議に思えるだろうし、実際、単なる決まりごとでしかないのだが、多くの利点がある。

　その理由を説明するには、普通の人とプログラマでの数の使い方の違いを示すのがよいだろう。

　このリスト (['クマ', 'トラ', 'ペンギン', 'シマウマ']) にある四匹の動物によるレースを見ているとしよう。動物たちはこのリストの順にゴールした。本当にエキサイティングなレースだった。動物たちはお互いを襲うこともなく、レースをやり遂げたからだ。そこに君の友人が遅れてやってきた。どの動物が勝ったのかを知りたいとしよう。彼は「0番目はどの動物だい？」と聞くだろうか。いいや。「最初はどの動物だい？」と聞くだろう。

　ここで重要なのは動物たちの順序だ。最初（1番目）の動物がいなければ、2番目の動物はいないし、2番目の動物がいなければ、3番目の動物もいない。0番目の動物はありえない。0は「何もない」ことを意味するからだ。レースに勝利した動物がいないことはありえない。それは意味をなさない。このような種類の数を「序数 (ordinal)」とよび、ものごとの順序を表すために使う。

しかし、プログラマはそのようには考えない。リストから任意の要素を取り出す必要があるからだ。プログラマにとって動物のリストは一組のカードのようなものだ。トラが欲しければ、それを取り出すことができるし、シマウマが欲しければ、それを取り出すこともできる。リストから任意な要素を取り出すためには、アドレス、つまり「インデックス」によって要素の場所を示す方法が必要だ。そのためにはインデックスを 0 から始めるのが最善の方法だ。なぜなら、このようにアクセスした方が数学的にも簡単だからだ。このような種類の数を「基数 (cardinal)」とよび、任意のものを示すために使う。この場合、0 の位置の要素が存在する。

この考えをリストに対してどう適用すればよいだろうか？　簡単だ。「3 番目の動物が欲しい」ときは、この「序数」である順序から 1 を引いて、「基数」であるインデックスに変換する。3 番目の動物はインデックス 2 の位置にあり、それはペンギンだ。これまで序数を使うことが多かっただろうから、この変換が必要だ。プログラムでは「基数」で考える必要がある。1 を引くだけで基数が得られる。

覚えておいてほしい。序数は順序で、1 番目から始まる。基数はカードの任意な位置を示すインデックスで、0 から始まる。

このことを練習しよう。動物のリストを使った次のエクササイズをやってみよう。指定した序数や基数で得られる動物を書き留めてみよう。忘れないでほしい。1 番目、2 番目といった場合は、序数を使っているので、1 を引く必要がある。1 の位置にある動物といった場合は、基数を使っているので、それを直接使えばよい。

```
animals = ['クマ', 'パイソン', 'クジャク', 'カンガルー', 'クジラ', 'カモノハシ']
```

1. 1 の位置の動物。
2. 3 番目の動物。
3. 最初（1 番目）の動物。
4. 3 の位置の動物。
5. 5 番目の動物。
6. 2 の位置の動物。
7. 6 番目の動物。

8. 4 の位置の動物。

それぞれのエクササイズについて、次の形式の文章を書いてみよう。「1 番目の動物は、0 の位置の動物で、それはクマだ。」次に逆にしてみよう。「0 の位置の動物は、1 番目の動物で、それはクマだ。」

Python を使って答えを確認してみよう。

演習問題

1. これら二種類の数の違いを知っていれば、「西暦 2010 年」が 2010 番目である理由を説明できるはずだ。2009 番目や 2011 番目ではなく 2010 番目で正解だろうか？（ヒント：西暦は何年から始まっているだろうか？）
2. リストをいくつか作り、序数と基数を言い換えることが確実にできるまで、そのリストでエクササイズをやってみよう。
3. Python を使って答えを確認しよう。

> **警告！** この話題についてダイクストラ (Dijkstra) の論文を読むことを勧めるプログラマがいるかもしれないが、現時点ではその論文を避けた方がよい。プログラミングを始めたばかりの人にとって、何十年も前の論文は楽しいと思えないだろう。

エクササイズ 35
分岐と関数

これまで if 文、関数、リストを学んできた。これらを一緒に使ってみよう。次のコードを入力しよう。何をしているのか理解できるだろうか。

ex35.py

```python
from sys import exit


def gold_room():
    print("この部屋は金塊でいっぱいだ。金塊をいくつ取る?")

    choice = input("> ")

    if "0" in choice or "1" in choice:
        how_much = int(choice)
    else:
        dead("数字を入力する方法を学ぼう。")

    if how_much < 50:
        print("素晴らしい。君は欲深くない。君の勝ちだ!")
        exit(0)
    else:
        dead("君は強欲なろくでなしだ!")


def bear_room():
    print("この部屋にはクマがいる。")
    print("クマはたくさんのはちみつをもっている。")
    print("その太ったクマは隣の部屋の扉の前に居座っている。")
    print("どうやってそのクマをどかそう?")
    bear_moved = False

    while True:
        choice = input("> ")

        if choice == "はちみつを奪う":
            dead("クマは君を見て、そして、君は顔を殴られた。")
        elif choice == "クマをおどかす" and not bear_moved:
            print("クマは扉の前から移動した。")
```

```
35            print("いまなら扉を通ることができる。")
36            bear_moved = True
37        elif choice == "クマをおどかす" and bear_moved:
38            dead("君はクマを怒らせて、足をかじられた。")
39        elif choice == "扉を開ける" and bear_moved:
40            gold_room()
41        else:
42            print("君が何をいっているのかわからない。")
43
44
45  def cthulhu_room():
46      print("この部屋には邪悪なクトゥルフがいる。")
47      print("そいつに見つめられて、君は気がおかしくなる。")
48      print("君は命懸けで逃げるか、自分の頭をかじるか?")
49
50      choice = input("> ")
51
52      if "逃げる" in choice:
53          start()
54      elif "頭" in choice:
55          dead("おいしかった!")
56      else:
57          cthulhu_room()
58
59
60  def dead(why):
61      print(why, "なんてことだ!")
62      exit(0)
63
64
65  def start():
66      print("君は暗い部屋にいる。")
67      print("右と左に扉がある。")
68      print("どちらの扉を開ける?")
69
70      choice = input("> ")
71
72      if choice == "左":
73          bear_room()
74      elif choice == "右":
75          cthulhu_room()
76      else:
77          dead("君は部屋のあちこちでつまずき、そして、餓死した。")
78
79
80  start()
```

実行結果

このゲームを私がやった結果が次だ。

ターミナルの画面

```
$ python3 ex35.py
君は暗い部屋にいる。
右と左に扉がある。
どちらの扉を開ける？
> 左
この部屋にはクマがいる。
クマはたくさんのはちみつをもっている。
その太ったクマは隣の部屋の扉の前に居座っている。
どうやってそのクマをどかそう？
> クマをおどかす
クマは扉の前から移動した。
いまなら扉を通ることができる。
> 扉を開ける
この部屋は金塊でいっぱいだ。金塊をいくつ取る？
> 1000
君は強欲なろくでなしだ！なんてことだ！
```

演習問題

1. ゲームの地図を描いて、ゲームがどう進むのか書き込んでみよう。
2. すべての間違いを修正しよう。スペルミスもだ。
3. 理解できない関数があれば、コメントを書いてみよう。
4. ゲームにいろいろと追加してみよう。ゲームを簡単にしたり難しくしたりするのに何をすればよいだろうか？
5. `gold_room` での数字を入力するやり方には問題がある。どのようなバグがあるだろうか？ これよりもコードをよくできるだろうか？ まず `int()` がどう動作するのか調べてみよう。

よくある質問

Q: 助けて！ このプログラムはどのように動作するのでしょうか？
A: コードを理解できないときは、すべての行の上にその行が何をしているの

かを説明するコメントを書いてみよう。コメントは短く、コードを忠実に説明するように。コードがどのように動作するのかを示す図を描いてみたり、コードを文章で詳しく説明したりするのもよいだろう。そうすればわかるようになるはずだ。

Q: `while True:` とは何ですか？
A: これは無限ループだ。

Q: `exit(0)` とは何ですか？
A: 多くのオペレーティングシステムでは、`exit(0)` でプログラムを終了できる。`exit` に渡された数値はエラーかそうでないかを示す。`exit(1)` はエラーを示すが、`exit(0)` は正常終了だ。通常のブール式では 0 が False となるので逆になる。これは異なる数値を使って異なるエラー結果を示すためだ。`exit(100)` を使えば、`exit(2)` や `exit(1)` とは異なるエラー結果を通知できる。

Q: `input()` をときどき `input('> ')` と書いているのはなぜですか？
A: `input` に渡す引数は、ユーザーの入力を取得する前に画面に出力するプロンプト文字列だ。

エクササイズ 36

コード設計とデバッグ

　これまで if 文や for ループ、while ループについて学んできた。トラブルを避けるためにこれらに関するルールを紹介する。また、プログラムに問題があったときに役立つデバッグの秘訣も紹介する。エクササイズの最後で前のエクササイズに似た簡単なゲームを考えてもらうが、少しばかり工夫が必要だ。

if 文のルール

1. if 文には必ず else 節をもたせる。
2. else 節に意味がなく決して実行されないのなら、前のエクササイズで使ったようにエラーメッセージを出力して終了する dead 関数を else 節で使う。これにより多くのエラーが見つかるだろう。
3. if 文を三つ以上の入れ子にしてはいけない。できる限り入れ子にしないように心がけること。
4. if 文を文章のように扱う。if-elif-else の各グループは一連の文章のようになるべきだ。if 文全体の前後を空行で区切ること。
5. 判定のためのブール式は単純にする。ブール式が複雑な場合は、ブール式の結果を変数に代入し、その変数を判定に使う。変数には適切な名前をつけること。

　これらのルールに従えば、たいていのプログラマよりも優れたコードを書くことができる。前のエクササイズに戻って、この本のコードがルールを守っているか確認しよう。もし守っていなければ修正しよう。

> **警告！**　決してルールの奴隷になってはいけない。頭に叩き込むためにルールに従ってもらうが、あくまで訓練が目的だ。ときどき、現実世界では、ルールがまったく無意味で馬鹿げていると思える場合がある。馬鹿げていると思うなら、そのルールに従わなくてもよい。

ループのルール

1. 無限ループが必要な場合にのみ while ループを使う。つまり while ループはできる限り使わない。このルールは Python には当てはまるが、ほかの言語では状況は異なるかもしれない。
2. それ以外のすべてのループには for ループを使う。ループの回数がわかっているか有限である場合はとくにそうだ。

デバッグの秘訣

1. 「デバッガ」を使わない。デバッガを使うことは病人の全身をスキャンするようなものだ。具体的に有用な情報ではなく、混乱を招くだけで役に立たない大量の情報しか得られない。
2. プログラムをデバッグする最良の方法は、print() を使ってプログラムのある場所での変数の値を出力し、何が間違っているのかを確認することだ。
3. プログラムを書く場合には、動作することを確認しながら少しずつ進める。大量のコードを書いてからコードを実行してはいけない。少しずつコードを書き、実行して、修正することを繰り返そう。

宿題

　前のエクササイズで作ったものと同じようなゲームを作ってみよう。どのようなゲームでも君の好きなようにしてかまわない。できるだけ面白くするために、一週間はこの宿題に取り組もう。リスト、関数、モジュールなど、いままで学んだものをできる限り使ってみよう。(モジュールのことを忘れたなら、エクササイズ 13 でやったことを思い出そう。) ゲームを動作させるために、新しい Python の機能をなるべく多く探してみよう。

　コーディングを始める前に、ゲームの地図を描いた方がよいだろう。プレイヤーが遭遇する部屋、モンスター、罠を地図上に描いてみよう。

　一通り地図を作成したら、それをコードにしてみよう。地図に何か問題を見つけたら、地図を修正して、コードに反映しよう。

　コードを作成するのに最もよいやり方は、次のように少しずつ取り組むことだ。

1. 紙かインデックスカードを用意し、ソフトウェアを完成させるためにやらなければいけない作業（タスク）を一覧にして記入する。これが君が取り組むべき To-Do リストだ。
2. そのリストから最も簡単なタスクを選ぶ。
3. ソースファイルに、そのタスクをどのように完成させるかをコメントで書き、そのコメントの下にコードを書く。
4. コードを少し書いたら、スクリプトを実行し、コードが正しく動作することを確認する。
5. コードを書き、テストするために実行し、正しく動作するまで修正することを繰り返す。
6. 完了したタスクは取り消し線を引いて To-Do リストから消し、次に簡単なタスクを選んで同じように進める。

この進め方は順序立った一貫性のある方法でソフトウェアを作成することに役立つ。コードに取り組みながら、不要なタスクを取り除いたり、必要なタスクを追加したりして To-Do リストを更新する。

エクササイズ 37
Python の用語を復習する

　これまで学んできた Python の用語（単語や記号）を復習し、以降のエクササイズのためにさらにいくつか取り上げよう。知っておくべき重要な Python の用語をすべてここに示す。

　このエクササイズでは、それぞれの用語に対してそれが何かを記憶を頼りに書き出してみよう。次にそれをオンラインで検索し、書き出した結果が正しいことを確認する。これは難しく感じるかもしれない。用語によっては検索することが難しいかもしれないが、とにかくやってみよう。

　間違って覚えていたものがあったら、正しい定義を書いたインデックスカードを作って記憶を修正しよう。

　最後に小さな Python プログラムを作って、これらの用語をできる限り使ってみよう。ここでの目的は用語が何をするものかを理解して、確実に正しく覚えることだ。覚えていなかったものは記憶を修正し、使うことで記憶に定着させよう。

キーワード

キーワード	説明	例
`and`	論理積	`(True and False) == False`
`as`	`with` 文の一部	`with X as Y:` 　　`pass`
`assert`	真であるかを確認するアサーション	`assert False, "Error!"`
`break`	ループをただちに打ち切る	`while True:` 　　`break`
`class`	クラスを定義する	`class Person(object):` 　　`pass`
`continue`	現在の処理を打ち切り、ループの先頭に戻る	`while True:` 　　`continue`

キーワード	説明	例
`def`	関数を定義する	`def X():` `    pass`
`del`	辞書から要素を削除する	`del X[Y]`

`elif`	if 文の elif 節	`if X:`
		`    pass`
		`elif Y:`
		`    pass`
		`else:`
		`    pass`

`else`	if 文の else 節	`if X:`
		`    pass`
		`else:`
		`    pass`

`except`	例外が発生した場合に処理を行う	`except ValueError as e:` `    print(e)`
`exec`	文字列を Python コードとして実行する	`exec('print("hello")')`

`finally`	例外の発生に関係なく何が起こっても実行する	`try:`
		`    pass`
		`finally:`
		`    pass`

`for`	値の集合に対してループする	`for X in Y:` `    pass`
`from`	モジュールの特定の部分をインポートする	`from X import Y`
`global`	グローバル変数を宣言する	`global X`
`if`	if 文	`if X:` `    pass`
`import`	モジュールをインポートしてその機能を使う	`import os`

`in`	for ループの一部
	
	X が Y にあるか判定する
		`for X in Y:`
		`    pass`
		`1 in [1] == True`

`is`	== のように、同一性を判定する	`1 is 1 == True`
`lambda`	短い無名関数を作成する	`s = lambda y: y ** y` `s(3)`
`not`	論理否定	`(not True) == False`

キーワード	説明	例
or	論理和	(True or False) == True
pass	空のブロック	def empty(): pass
print	画面出力	print("this string")
raise	何かおかしいときに例外を投げる	raise ValueError("No")
return	関数を終了して、指定した値を返す	def X(): return Y
try	ブロックを実行し、例外が発生した場合は except ブロックに飛ぶ	try: pass
while	while ループ	while X: pass
with	with に渡した式を使ってブロックを実行する	with X as Y: pass
yield	現在の処理を一時停止して、呼び出し元に戻る	def X(): yield Y X().next()

データ型

データ型について、それぞれの構築方法を示す。たとえば、文字列であれば文字列の生成方法を、数値であれば複数ある数値の記述方法を示す。

型	説明	例
True	真	(True or False) == True
False	偽	(False and True) == False
None	「何もない」や「値がない」ことを表す	x = None
bytes	バイト列(テキスト、画像(PNG)、ファイルなど)を格納する	x = b"hello"
str	文字列(テキストの情報)を格納する	x = "hello"
int	整数を格納する	i = 100
float	小数を格納する	i = 10.389
list	リスト(複数のデータが並んだもの)を格納する	j = [1, 2, 3, 4]

型	説明	例
dict	辞書（キーと値が対応したもの）を格納する	e = {'x': 1, 'y': 2}

文字列のエスケープシーケンス

エスケープシーケンスを実際に文字列の中で使ってみて、これらがどういうものか確実に理解しよう。

エスケープシーケンス	説明
\\	バックスラッシュ
\'	一重引用符
\"	二重引用符
\a	端末ベル
\b	バックスペース
\f	フォームフィード
\n	改行
\r	復帰
\t	水平タブ
\v	垂直タブ

文字列のフォーマット

文字列のフォーマットを実際に文字列の中で使ってみて、何をするものか確認しよう。

書式指定子	説明	例
:d	10進数（小数ではない）	"{:d}".format(45) == '45'
:b	2進数	"{:b}".format(1000) == '1111101000'
:o	8進数	"{:o}".format(1000) == '1750'
:x	16進数（小文字 a-f を使う）	"{:x}".format(1000) == '3e8'

書式指定子	説明	例
:X	16進数（大文字A-Fを使う）	"{:X}".format(1000) == '3E8'
:e	指数表記（小文字eを使う）	"{:e}".format(10.34) == '1.034000e+01'
:E	指数表記（大文字Eを使う）	"{:E}".format(10.34) == '1.034000E+01'
:f	固定小数点数表記	"{:f}".format(10.34) == '10.340000'
:F	%fと同じだが、大文字を使う	"{:F}".format(10.34) == '10.340000'
:g	%fか%eの短い方	"{:g}".format(10.34) == '10.34'
:G	%gと同じだが、大文字を使う	"{:G}".format(10.34) == '10.34'
:%	パーセント表記	"{:.2%}".format(0.1034) == '10.34%'
:c	文字	"{:c}".format(34) == '"'
:s	文字列	"{:s} there".format('hi') == 'hi there'
!r	repr表現（デバッグ用）	"{!r}".format(int) == "<class 'int'>"

　これらの書式指定子はフォーマット済み文字列でも使える。たとえば f"{1000:x}" == '3e8' だ。

文字列のフォーマット（古いスタイル）

　古いPython 2のコードでは、次のフォーマット文字を使用してフォーマット済み文字列と同等のことを行う。Python 3でも使えるので試してみよう。

書式指定子	説明	例
%d	10進数（小数ではない）	"%d" % 45 == '45'
%i	%dと同じ	"%i" % 45 == '45'
%o	8進数	"%o" % 1000 == '1750'
%x	16進数（小文字a-fを使う）	"%x" % 1000 == '3e8'
%X	16進数（大文字A-Fを使う）	"%X" % 1000 == '3E8'
%e	指数表記（小文字eを使う）	"%e" % 10.34 == '1.034000e+01'
%E	指数表記（大文字Eを使う）	"%E" % 10.34 == '1.034000E+01'
%f	固定小数点数表記	"%f" % 10.34 == '10.340000'
%F	%fと同じだが、大文字を使う	"%F" % 10.34 == '10.340000'

書式指定子	説明	例
%g	%f か %e の短い方	"%g" % 10.34 == '10.34'
%G	%g と同じだが、大文字を使う	"%G" % 10.34 == '10.34'
%c	文字	"%c" % 34 == '"'
%s	文字列	"%s there" % 'hi' == 'hi there'
%r	repr 表現（デバッグ用）	"%r" % int == "<class 'int'>"
%%	パーセント (%) そのもの	"%g%%" % 10.34 == '10.34%'

演算子

いくつかの演算子は馴染みが薄いかもしれないが、確認してみよう。それらが何をするものか調べてみよう。調べてもよくわからない場合は、後で調べられるように書き留めておこう。

演算子	説明	例
+	加算	2 + 4 == 6
-	減算	2 - 4 == -2
*	乗算	2 * 4 == 8
**	べき乗	2 ** 4 == 16
/	除算	2 / 4 == 0.5
//	切り捨て除算	2 // 4 == 0
%	剰余	2 % 4 == 2
	文字列のフォーマット	"%d" % 2 == '2'
<	より小さい	(4 < 4) == False
>	より大きい	(4 > 4) == False
<=	以下	(4 <= 4) == True
>=	以上	(4 >= 4) == True
==	等しい	(4 == 5) == False
!=	等しくない	(4 != 5) == True
( )	丸括弧	len('hi') == 2
[ ]	角括弧（リスト用）	[1, 3, 4]
{ }	波括弧（辞書用）	{'x': 5, 'y': 10}
@	@（デコレータ）	@classmethod
,	カンマ	range(0, 10)
:	コロン	def X():
.	ピリオド	self.x = 10

演算子	説明	例
=	代入	x = 10
;	セミコロン	print("hi"); print("there")
+=	累算加算代入	x = 1; x += 2
-=	累算減算代入	x = 1; x -= 2
*=	累算乗算代入	x = 1; x *= 2
/=	累算除算代入	x = 1; x /= 2
//=	累算切り捨て除算代入	x = 1; x //= 2
%=	累算剰余代入	x = 1; x %= 2
**=	累算べき乗代入	x = 1; x **= 2

このエクササイズに一週間は費やしてほしい。しかし、早く終わったならそれはすごいことだ。ここでの目的は、これらすべての用語を確実に頭の中に入れることだ。知らなかったものを把握することも大事だ。そうすれば後で覚えることができる。

コードを読む

Python コードをいくつか探して読んでみよう。できるだけ多くのコードを読んで、そこで見つけたアイデアを自分のものにしよう。コードを理解するのに十分な知識をもっていても、何をしているのか理解できないコードに遭遇することもある。他人の書いたコードを理解するために、これまで学んだことをどのように適用すればよいかをこのエクササイズで学ぼう。

まず理解したいコードをプリントアウトする。そう、実際に印刷しよう。コンピュータの画面よりもプリントアウトしたものを読む方が目や脳にとって慣れているからだ。印刷するときは一度に数ページずつにしよう。

次に、印刷したものに目を通して、次のことをノートに書いてみよう。

1. 関数とその関数が行うことは何か。
2. 各変数に最初に値を与えている場所。つまり、変数の初期値。
3. プログラムの異なる場所で、同じ名前が使われている変数。後々これが問題になる可能性がある。
4. `else` 節のない `if` 文。それは本当に正しいだろうか？
5. 終了しない可能性のある `while` ループ。

6. その他、理解できないコード。

　これらをすべて書き終えたら、コードを読み進めながら自分自身に説明するつもりになってコメントを書いてみよう。関数がどのように使われているのか、その関数にどの変数が関係しているのかを説明してみよう。コードを理解するためにできることは何でもやろう。

　それでも理解できない難しい部分があれば、行ごとや関数ごとに変数の値を追跡してみよう。その部分を新たにプリントアウトして、追跡が必要な変数の値を余白に書き込むとよい。

　コードが何をするのかを理解できたら、コンピュータに戻りもう一度それを読んでみて、ほかに理解できないコードがないか確認しよう。ほかのコードを探して、同じことをプリントアウトが不要になるまでやってみよう。

演習問題

1. 「フローチャート」が何であるか調べて、いくつか描いてみよう。
2. 読んでいるコードにエラーを見つけたら、それを修正し、作者にその修正内容を送ってみよう。
3. 紙を使っていないときに使える別のテクニックとして、コードにコメントとして注釈を付け加えることがある。そのコメントが次にコードを読む人の助けとなるだろう。

よくある質問

Q: これらをオンラインでどのように検索するのですか？
A: 検索したい言葉の前に「python3」と付け加えて検索しよう。たとえば、「yield」を検索する場合は「python3 yield」と入力する。

エクササイズ 38
リストを使う

　リストについてはすでに学んでいる。while ループについて学んでいるときに、リストの末尾に数値を追加し、それらを出力した。Python ドキュメントでリストに対して可能な操作を調べる演習問題にも取り組んだ。これらは少し前だったので、忘れているようなら、それらのエクササイズを見直そう。

　思い出しただろうか。では先に進もう。前のエクササイズでは、すでにリストがあり、そのリストに対して append 関数を「呼び出し」た。しかし、これだけでは理解するのは難しいだろうから、リストに対してできることをこれから見ていこう。

　mystuff.append('hello') と書いたときには、Python の内部で mystuff リストに対する一連のイベントが発生している。それは次のとおりだ。

1. Python は mystuff が使われていることを知って、その変数を調べようとする。そのためには実行したコードをさかのぼって調べる必要があるだろう。= を使って代入したものかもしれないし、関数のパラメータかもしれない。もしかしたらグローバル変数かもしれない。いずれにしても、まず mystuff を見つける必要がある。
2. mystuff が見つかれば、次に．(ピリオド) を読み取り、変数である mystuff の内部を調べる。mystuff はリストであり、たくさんの関数をもっていることがわかる。
3. 次に append を見て、mystuff がもつすべての名前と比較する。append が見つかれば Python はそれを使おうとする。
4. 次に Python は左丸括弧の (を見て、「これは関数だ」と認識する。この時点で、通常と同じように関数を呼び出す。(関数を起動する、関数を実行するともいう。) ただし、追加の引数を指定して関数を呼び出す。
5. その追加の引数は mystuff 自身だ！　これが奇妙に思えるのはわかっている。しかし、これが Python の仕組みであり、そういうものだと考えるのが

一番だ。つまり、`mystuff.append('hello')` と書いたときに起こったことは、`append(mystuff, 'hello')` という関数呼び出しのようなものだ。

ほとんどの場合、このことを知らなくてもよいが、次のようなエラーメッセージを Python が表示したときには役に立つだろう。

ターミナルの画面

```
$ python3
Python 3.7.1 (v3.7.1:260ec2c36a, Oct 20 2018, 03:13:28)
[Clang 6.0 (clang-600.0.57)] on darwin
Type "help", "copyright", "credits" or "license" for more information.
>>> class Thing(object):
...     def test(message):
...         print(message)
...
>>> a = Thing()
>>> a.test("hello")
Traceback (most recent call last):
  File "<stdin>", line 1, in <module>
TypeError: test() takes 1 positional argument but 2 were given
>>>
```

一体何が起こったのだろうか？ ここでは、Python の対話モードを使ってちょっとした魔法を見せている。クラスについてはまだ説明していないが、後でそれを取り上げる。いまのところ Python が `test() takes 1 positional argument but 2 were given` といっていることに注目してほしい。つまり「`test()` は引数を一つしか取らないが二つ渡された」といっている。このメッセージを見たときは、Python が `a.test("hello")` を `test(a, "hello")` に変更するが、a のためのパラメータを `test()` に追加することを誰かが忘れたということだ。

このことを理解するためには多くのことに取り組む必要がある。いくつかのエクササイズを通して、これらの概念をしっかりと頭の中に叩き込もう。手始めに文字列とリストを使ったエクササイズをやってみよう。

ex38.py

```
1  ten_things = "りんご みかん カラス 電話 ライト 砂糖"
2
3  print("ちょっと待て。リストには要素が10個ない。それを修正しよう。")
```

```python
 4
 5   stuff = ten_things.split(' ')
 6   more_stuff = ["昼", "夜", "歌", "フリスビー",
 7                 "トウモロコシ", "バナナ", "ガール", "ボーイ"]
 8
 9   while len(stuff) != 10:
10       next_one = more_stuff.pop()
11       print("追加:", next_one)
12       stuff.append(next_one)
13       print(f"現在、要素は{len(stuff)}個。")
14
15   print("このとおり:", stuff)
16
17   print("stuffに対していろいろとやってみよう。")
18
19   print(stuff[1])
20   print(stuff[-1])   # ワォ！ すごくない?
21   print(stuff.pop())
22   print(' '.join(stuff))    # なんてクールだ!
23   print('#'.join(stuff[3:5]))   # 素晴らしい!
```

実行結果

ターミナルの画面

```
$ python3 ex38.py
ちょっと待て。リストには要素が10個ない。それを修正しよう。
追加: ボーイ
現在、要素は7個。
追加: ガール
現在、要素は8個。
追加: バナナ
現在、要素は9個。
追加: トウモロコシ
現在、要素は10個。
このとおり: ['りんご', 'みかん', 'カラス', '電話', 'ライト', '砂糖', 'ボーイ', ↵
'ガール', 'バナナ', 'トウモロコシ']
stuffに対していろいろとやってみよう。
みかん
トウモロコシ
トウモロコシ
りんご みかん カラス 電話 ライト 砂糖 ボーイ ガール バナナ
電話#ライト
```

リストで何ができるのか

　ゴーフィッシュ (Go Fish) のようなカードゲームをベースとしたコンピュータゲームを作ることを考えてみよう。ゴーフィッシュがどんなゲームか知らなければ、いますぐインターネットで調べてみよう。これを作るには「カードの組 (deck of cards)」という概念を Python のプログラムとして表す方法が必要だ。この想像上のカードの組を操作するコードも必要だ。そうすれば、たとえ物理的にカードが存在しなくても、ゲームをプレイする人は本当のカードを扱っているように思えるだろう。ここで必要なものは「カードの組」を表す構造だ。プログラマはこのようなものをデータ構造とよぶ。

　データ構造とは何だろうか？　データ構造とは現実に存在するあるデータを整理して構造化するためのもの、つまり、情報をまとめるための形式的な方法でしかない。それは本当に単純なものだ。データ構造によってはかなり複雑なものもあるが、どれも情報をプログラムの中に格納するだけだ。単に情報にアクセスする方法が違う。このことをデータを構造化するという。

　次のエクササイズでさらにデータ構造を取り上げる。とにかく、リストはプログラマが使う最も一般的なデータ構造の一つだ。これは「格納したいもの」の「順序つきリスト」であり、「任意の要素にアクセス」することも「順番に要素にアクセス」することもできる。そのためには「インデックスを使う」。わからないようなら、これまでの説明を思い出してほしい。プログラマが「リストはリストだ」といっているからといって、実世界に存在するリストよりも複雑だというわけではない。リストの例としてカードの組を見てみよう。

1. 値をもつカードがいくつか手許にある。
2. これらのカードは積み重なっている。つまり、カードが上から下に順番に並んだリストになっている。
3. カードは上からでも、下からでも、あるいは真ん中からでも、好きなカードを自由に抜き出すことができる。
4. 特定のカードを探したいときには、カードの組を手に取り一枚ずつ調べることができる。

　先ほどのリストの説明と照らし合わせてみよう。

「格納したいもの」
: 格納したいものはカードだ。

「順序つきリスト」
: カードの組は最初から最後に向かって順に並んでいる。

「任意の要素にアクセス」
: カードの組のどこからでもカードを抜き出すことができる。

「順番に要素にアクセス」
: 特定のカードを見つけたいときは最初から順番に調べることができる。

「インデックスを使う」
: カードの組をもっている場合、インデックス 19 のカードを抜き出すには順番にカードを数える必要がある。Python のリストであれば、指定したインデックスにジャンプしてすぐにアクセスできる。

これがリストにできることのすべてだ。このことがプログラミングにおけるリストの概念の理解に役立つはずだ。一般的にプログラミングの概念は現実世界と何らかの関係をもっている。少なくとも何かの役に立つものだ。現実世界にある類似したものを理解すれば、それを使ってデータ構造で何ができるのか理解できる。

いつリストを使うべきか

リストのデータ構造がもつ便利な機能が必要なら、いつでもリストを使うことができる。

1. 順序を維持する必要がある場合。要素は挿入順に並んでいるが、ソート（整列）されていないことに注意すること。リストは自動的に要素を整列させることはしない。
2. 数値のインデックスを使って任意の要素にアクセスする必要がある場合。このインデックスは 0 から始まる基数が使われていることに注意すること。
3. 最初から最後へと順番に要素を走査する必要がある場合。これがまさに `for` ループが行うことだ。

これらがリストを使うべきときだ。

演習問題

1. これまで呼び出した関数について、Python の内部で行われている関数呼び出しの手順に従って変換してみよう。たとえば、`more_stuff.pop()` は `pop(more_stuff)` だ。
2. 先ほど変換したこれらの二つの関数呼び出しを言葉で表してみよう。たとえば、`more_stuff.pop()` は「`more_stuff` の `pop` 関数を呼び出す」で、`pop(more_stuff)` は「`more_stuff` という引数で `pop` 関数を呼び出す」だ。これらは実際には同じものだ。
3. 「オブジェクト指向プログラミング」をオンラインで調べてみよう。混乱したかな？　私もそうだった。だから、何も心配はいらない。これからその厄介なものを十分に学ぶことになる。そのことについて後ほどゆっくりと詳しく学ぼう。
4. Python のクラスが何なのかを調べてみよう。ほかのプログラミング言語での「クラス」という言葉は参考にしない方がよい。混乱を招くだけだ。
5. ここでいっていることがわからなくても心配はいらない。プログラマは自分がスマートだと思っており、OOP (Object Oriented Programming) とよばれる「オブジェクト指向プログラミング」を考え出したのだが、それを使いすぎている。それが難しいと感じるなら「関数型プログラミング」を使ってみるのもよいだろう。
6. 現実世界でリストが適切な事例を 10 個見つけてみよう。その事例を使ってスクリプトをいくつか書いてみよう。

よくある質問

Q: while ループを使わないようにといいませんでしたか？
A: 確かにそういった。しかし、正当な理由があればそのルールを破ってもよいことは忘れないでほしい。考えることなくルールに縛られたままでいるのは愚かなことだ。

Q: `join(' ', stuff)` がうまくいかないのはなぜですか？
A: 演習問題 1 でやったような変換方法では `join` を呼び出すことはできない。

これは Python 内部で行われていることを説明しているが、実際に動作するわけではない。リストを結合したい場合は、挿入する文字列に対して join 関数を呼び出す。' '.join(stuff) と書き直そう。

Q: while ループを使っているのはなぜですか？
A: それを for ループで書き直してみて、どちらが簡単か考えてみよう。

Q: stuff[3:5] とは何ですか？
A: これは stuff リストの要素 3 から要素 4 までのリストの一部、つまり「スライス (slice)」というものを抽出する。リストの要素 5 は含まない。これは range(3, 5) の動作と似ている。

エクササイズ 39
辞書、なんて便利な辞書

　いよいよ、Python の辞書（ディクショナリ）というデータ構造について学ぶときがきた。辞書 (`dict`) はリストのようにデータを格納できるものだ。しかし、データを取得するのに数値のインデックスしか使えないリストと違って、辞書ではほとんど何でも使うことができる。つまり、データを格納したり整理したりするためのデータベースとして辞書を使うことができる。

　辞書にできることとリストにできることを比べてみよう。まず、リストを使ってできることは次のとおりだ。

Python 対話モードの出力

```
>>> things = ['a', 'b', 'c', 'd']
>>> print(things[1])
b
>>> things[1] = 'z'
>>> print(things[1])
z
>>> things
['a', 'z', 'c', 'd']
```

　リストのインデックスには数値を使う。つまり、数値を使ってリストの中にあるものを見つけることができる。リストについて学んできたので、すでにこのことは知っていると思うが、数値のインデックスでしかリストから要素を取り出せないことをしっかりと理解しておこう。

　辞書は要素の取り出しに数値以外も使うことができる。つまり、辞書を使えばあるものを別のものに関連づけることができる。それが何であってもだ。さっそく見てみよう。

Python 対話モードの出力

```
>>> stuff = {'名前': 'Zed', '年齢': 39, '身長': 6 * 12 + 2}
>>> print(stuff['名前'])
Zed
>>> print(stuff['年齢'])
```

```
39
>>> print(stuff['身長'])
74
>>> stuff['市'] = "サンフランシスコ"
>>> print(stuff['市'])
サンフランシスコ
```

stuff 辞書からデータを取得するために数値ではなく文字列を使っていることに注目しよう。新しいデータを辞書に挿入するために文字列を使うこともできる。使えるのは文字列だけではない。次のような使い方も可能だ。

Python 対話モードの出力

```
>>> stuff[1] = "ウォ"
>>> stuff[2] = "素晴らしい"
>>> print(stuff[1])
ウォ
>>> print(stuff[2])
素晴らしい
```

このコードでは数値を使った。つまり、辞書のキーとして数字と文字列の両方を使って、辞書に格納したデータを取得して出力している。キーには何でも使うことができる。実際には使えないものもあるが、現時点ではほとんどのものが使えると考えてよいだろう。

要素を挿入することしかできないなら、辞書は使い物にならない。キーワード del を使って要素を削除できる。その方法は次のとおりだ。

Python 対話モードの出力

```
>>> del stuff['市']
>>> del stuff[1]
>>> del stuff[2]
>>> stuff
{'名前': 'Zed', '年齢': 39, '身長': 74}
```

辞書の例

ではエクササイズに取り組もう。コードを入力し、何が起こるのかをしっかりと理解しながら注意深くエクササイズを進めよう。辞書にデータを入れる箇所や辞書からデータを取得する箇所だけでなく、ここで使っているすべての操作に注

意を払おう。州の名前と略称の対応づけや、略称と都市名の対応づけにも注目しよう。「対応づけ」（「マッピング」もしくは「関連づけ」ともいう）は辞書の重要な概念だ。しっかりと覚えよう。

ex39.py

```python
# 州と略称とのマッピングを作成する
states = {
    'オレゴン': 'OR',
    'フロリダ': 'FL',
    'カリフォルニア': 'CA',
    'ニューヨーク': 'NY',
    'ミシガン': 'MI'
}

# 州とその州の都市との基本セットを作成する
cities = {
    'CA': 'サンフランシスコ',
    'MI': 'デトロイト',
    'FL': 'ジャクソンビル'
}

# いくつかの都市を追加する
cities['NY'] = 'ニューヨーク'
cities['OR'] = 'ポートランド'

# いくつかの都市を出力する
print('-' * 10)
print("NY州の都市:", cities['NY'])
print("OR州の都市:", cities['OR'])

# いくつかの州を出力する
print('-' * 10)
print("ミシガン州の略称:", states['ミシガン'])
print("フロリダ州の略称:", states['フロリダ'])

# states辞書の値を取得し、それをcities辞書で使う
print('-' * 10)
print("ミシガン州の都市:", cities[states['ミシガン']])
print("フロリダ州の都市:", cities[states['フロリダ']])

# すべての州の略称を出力する
print('-' * 10)
for state, abbrev in list(states.items()):
    print(f"{state}州の略称は{abbrev}")
```

```python
40
41  # 州の都市を出力する
42  print('-' * 10)
43  for abbrev, city in list(cities.items()):
44      print(f"{abbrev}州の都市は{city}")
45
46  # これらを同時にやってみる
47  print('-' * 10)
48  for state, abbrev in list(states.items()):
49      print(f"{state}州の略称は{abbrev}")
50      print(f"そして、その州の都市は{cities[abbrev]}")
51
52  print('-' * 10)
53  # 存在しないかもしれない州の略称を安全に取得する
54  state = states.get('テキサス')
55
56  if not state:
57      print("残念だが、テキサスは登録されていない。")
58
59  # デフォルト値を使って都市を取得する
60  city = cities.get('TX', '未登録')
61  print(f"'TX'州の都市: {city}")
```

実行結果

```
$ python3 ex39.py
----------
NY州の都市: ニューヨーク
OR州の都市: ポートランド
----------
ミシガン州の略称: MI
フロリダ州の略称: FL
----------
ミシガン州の都市: デトロイト
フロリダ州の都市: ジャクソンビル
----------
オレゴン州の略称はOR
フロリダ州の略称はFL
カリフォルニア州の略称はCA
ニューヨーク州の略称はNY
ミシガン州の略称はMI
----------
CA州の都市はサンフランシスコ
```

```
MI州の都市はデトロイト
FL州の都市はジャクソンビル
NY州の都市はニューヨーク
OR州の都市はポートランド
----------
オレゴン州の略称はOR
そして、その州の都市はポートランド
フロリダ州の略称はFL
そして、その州の都市はジャクソンビル
カリフォルニア州の略称はCA
そして、その州の都市はサンフランシスコ
ニューヨーク州の略称はNY
そして、その州の都市はニューヨーク
ミシガン州の略称はMI
そして、その州の都市はデトロイト
----------
残念だが、テキサスは登録されていない。
'TX'州の都市: 未登録
```

辞書で何ができるのか

　辞書はデータ構造の別の例であり、リストと同様、プログラミングで最も一般的に使われるデータ構造の一つだ。辞書は格納したいものと、それを取得するために必要なキーを関連づけるために使われる。実際の辞書のように多くの単語を集録したものでなければ、プログラマは「辞書」とはいわない。実世界での辞書の使い方の例を見てみよう。

　「honorificabilitudinitatibus」という言葉の意味を調べることを考えてみよう。現在では、その言葉を検索エンジンにコピー & ペーストすれば、答えがすぐに見つかるだろう。検索エンジンのことをオックスフォード英語大辞典 (OED) のような辞書のさらに巨大で複雑なものと考えてもよいだろう。検索エンジンが存在する前であれば、次のような手順で調べただろう。

1. 図書館に行って「辞書」を手に取る。その辞書が OED だとしよう。
2. 「honorificabilitudinitatibus」は文字「H」で始まるので、辞書の側面の「H」のラベルがついているページを探す。
3. 「hon」で始まるページ付近までページを流し読みする。
4. 「honorificabilitudinitatibus」が見つかるまで、さらにページを流し読みす

る。もし、見つからずに「hp」から始まる単語に当たったなら、OED にはこの単語がないことがわかる。
5. その単語を見つけたら、その定義を読んで意味を理解する。

この手順は Python の辞書の動作とほとんど同じだ。つまり、Python の辞書は「honorificabilitudinitatibus」という単語とその定義を「マッピング」しているだけだ。ちょうど、実世界における OED といった辞書のようなものだ。

演習問題

1. 都市と州や地域とのマッピングと同じようなマッピングを、君の国やほかの国に対してやってみよう。
2. Python ドキュメントで dict（辞書）を見つけ、いろいろなことを辞書に対してやってみよう。
3. 辞書にできないことを探してみよう。できないことの一つは、辞書は順序をもたないことだ。そのことを試してみよう。（訳注：Python 3.7 から辞書は挿入順を保つようになった。）

よくある質問

Q: リストと辞書の違いは何ですか？
A: リストとはデータが順番に並んだもの、つまり、順序つきリストだ。辞書とはある項目をほかの項目にマッピングするもの、つまり、「キー」とよばれる項目を「値」とよばれる項目に対応づけるものだ。

Q: 辞書を使うのはどういう場合ですか？
A: ある値を使って別の値を探す（ルックアップする）必要がある場合に辞書を使う。実際、辞書は「ルックアップテーブル」ともよばれる。

Q: リストを使うのはどういう場合ですか？
A: 順番に並べる必要のある一連のデータに対してリストを使う。データを探す場合は数値のインデックスを使う必要がある。

Q: 辞書が必要なだけでなく、順序も必要な場合はどうすればよいですか？
A: Python の `collections.OrderedDict` というデータ構造を調べてみよう。オンラインでマニュアルを検索するとよい。

エクササイズ 40

モジュール、クラス、オブジェクト

　Pythonは「オブジェクト指向プログラミング言語」だ。Pythonには「クラス(class)」とよばれるものがあり、そのクラスを使ってソフトウェアを構築する。クラスを使えばプログラムに一貫性をもたせて、より安全でわかりやすいコードを書くことができる。少なくとも理論的にはそうだ。

　ここでは辞書やモジュールといったすでに学んだことを使って、オブジェクト指向プログラミング、クラス、オブジェクトの基本を学ぶ。「オブジェクト指向プログラミング（object-oriented programming または OOP）」は簡単なものではない。真剣に取り組む必要がある。コードを入力して内容を理解しよう。次のエクササイズでさらに詳しく説明する。

　では始めよう。

モジュールは辞書に似ている

　辞書の作り方や使い方はすでに知っているはずだ。あるものを別のものに対応づけるために辞書が使われる。appleというキーをもつ辞書があり、その辞書からappleに対応する値を取得するコードは次のとおりだ。

ex40a.py
```
stuff = {'apple': "りんご!"}
print(stuff['apple'])
```

　「XからYを取得する」という考えを頭の中に入れておこう。次にモジュールについて考える。これまでにモジュールをいくつか作ったので、次のことは知っているはずだ。

1. モジュールとはPythonのファイルであり、関数や変数を含む。
2. モジュールはインポートできる。
3. モジュールの関数や変数にアクセスするには．（ピリオド）演算子を使う。

エクササイズ 40　モジュール、クラス、オブジェクト

mystuff という名前のモジュールがあり、そこに apple という関数があるとしよう。次が mystuff.py モジュールの内容だ。

mystuff.py

```
1  # これはmystuff.pyの中だ
2  def apple():
3      print("りんご!")
```

このコードがあれば mystuff モジュールをインポートして apple 関数を使うことができる。

ex40b.py

```
1  import mystuff
2
3  mystuff.apple()
```

モジュールに tangerine という名前の変数を入れることもできる。

mystuff.py

```
1  # これはmystuff.pyの中だ
2  def apple():
3      print("りんご!")
4
5  # これは単なる変数
6  tangerine = "Living reflection of a dream"
```

変数にアクセスする方法も同じだ。

ex40b.py

```
1  import mystuff
2
3  mystuff.apple()
4  print(mystuff.tangerine)
```

先ほどの辞書と比べると、モジュールと辞書は似ているが構文が違うことがわかる。これらを並べて比較してみよう。

```
stuff['apple']       # 辞書からappleを取得
mystuff.apple()      # モジュールからappleを取得
mystuff.tangerine    # 同じだが、これは変数
```

Python には次に示す一般的なパターンがある。

1. キーと値のペアをもつ入れ物がある。
2. キーに対応する値をその入れ物から取得する。

辞書の場合、キーは文字列で構文は [key] だ。モジュールの場合、キーは識別子で構文は .key だ。それ以外はほとんど同じだ。

クラスはモジュールに似ている

モジュールは Python のコードを格納する特別な辞書と考えることができる。ただし、モジュールの場合は．(ピリオド) 演算子を使ってそれらにアクセスする。これとは別に、Python には同じような目的に使えるクラスとよばれるものもある。クラスはその内部に関数とデータをもち、．(ピリオド) 演算子を使ってそれらにアクセスする。

mystuff モジュールと同じようなものを、クラスを使って作ると次のようになる。

ex40c.py
```
1  class MyStuff(object):
2      def __init__(self):
3          self.tangerine = "And now a thousand years between"
4  
5      def apple(self):
6          print("りんごクラス!")
```

モジュールと比べるとクラスは複雑に見えるかもしれない。実際に比べてみると多くの違いがある。しかし、これは apple 関数をもつ MyStuff という「ミニモジュール」だと考えることができる。混乱する原因は、__init__() と、tangerine 変数を設定している self.tangerine の箇所だろう。

モジュールの代わりにクラスが使われる理由は次のとおりだ。MyStuff クラスを使えば、そのミニモジュールのようなものを数多く作ることができる。望むなら何百万個でもだ。しかも、それぞれが互いに影響することなく独立している。モジュールをインポートした場合は (特殊なことを行わない限り) そのモジュールはプログラム全体で一つしか存在しない。

このことを理解するには「オブジェクト (object)」というものを理解する必要

がある。そして mystuff モジュールの使い方を知ったのと同じように、MyStuff クラスの使い方も知る必要がある。

オブジェクトはインポートに似ている

クラスが「ミニモジュール」のようなものだとすると、インポートと同じような仕組みがクラスにも必要だ。このことを「インスタンス化」するというが、あまり聞き慣れた言葉ではないだろう。もっと単純に、何かを「作り出す」と考えた方がよいだろう。クラスをインスタンス化して得られたものがオブジェクトだ。

クラスをインスタンス化してオブジェクトを生成するには、クラスを関数のように呼び出す。それは次のとおりだ。

ex40c.py
```
 9   thing = MyStuff()
10   thing.apple()
11   print(thing.tangerine)
```

最初の行は「インスタンス化 (instantiate)」を行う操作であり、関数呼び出しと見た目は同じだ。しかし、その背後でいろいろなことを Python は実行している。MyStuff のコードを使ってそのことを説明しよう。

1. Python は MyStuff を探し、それがクラスとして定義されたものであることを発見する。
2. そのクラス定義の中で def によって定義された関数をすべてもつ空のオブジェクトを生成する。
3. 次に「魔法の」 __init__ 関数が定義されているか調べ、定義されていれば、新しく生成された空のオブジェクトを初期化するためにその関数を呼び出す。
4. MyStuff クラスの __init__ 関数は self という変数をパラメータにもつ。これは先ほど Python が生成した空のオブジェクトであり、辞書やモジュールと同じようにその内部に変数をもつことができる。
5. __init__ 関数内で、self.tangerine に値（ここでは歌詞）を設定してオブジェクトを初期化する。self.tangerine のことをインスタンス変数と

いう。

6. 最後にPythonは新たに生成されたオブジェクトをthing変数に割り当てる。

これがクラスを関数のように呼び出したときにPythonが「ミニインポート」を行う基本的な考えだ。クラスそのものを取得するのではなく、クラスを設計図として使って、そのクラスのオブジェクトのコピーを生成することを忘れないように。

クラスを理解できるように、すでに知っているモジュールに基づいて説明したが、少し不正確な説明になっていることに注意してほしい。実際、クラスとオブジェクトが別々に存在するという点でモジュールとは異なるものだ。正しく説明すると次のようになるだろう。

- クラスは、新しいミニモジュールを生成するための設計図のようなもの、つまり、定義だ。
- インスタンス化は、このミニモジュールを一つ作成し、同時にインポートするようなものだ。「インスタンス化」は単にクラスからオブジェクトを生成することを意味する。
- 生成したミニモジュールはオブジェクトとよばれ、このオブジェクトを変数に割り当てて操作する。

このように、オブジェクトはモジュールとは異なるものだ。クラスとオブジェクトの理解を助けるために、モジュールを使って説明したと考えてほしい。

内部にあるものを取得する

ここまで、入れ物の内部にあるものを取得する方法を三つ見てきた。それを次に示す。

```
# 辞書スタイル
print(stuff['apple'])

# モジュールスタイル
mystuff.apple()
print(mystuff.tangerine)
```

```
# クラススタイル
thing = MyStuff()
thing.apple()
print(thing.tangerine)
```

はじめてのクラス

これら三つの入れ物の類似点はわかっただろう。このようにキーと値のペアをもつ入れ物のことをコンテナ (container) ともいう。しかし、疑問点もたくさんあるはずだ。次のエクササイズで「オブジェクト指向の用語」を詳しく説明する。そのときまで疑問点は取っておこう。次に進む前に、エクササイズに取り組んで、もう少し経験を積んでおこう。次のコードを入力し動作させよう。

ex40.py

```
 1  class Song(object):
 2      def __init__(self, lyrics):
 3          self.lyrics = lyrics
 4
 5      def sing_me_a_song(self):
 6          for line in self.lyrics:
 7              print(line)
 8
 9
10  happy_bday = Song(["Happy birthday to you",
11                     "I don't want to get sued",
12                     "So I'll stop right there"])
13
14  bulls_on_parade = Song(["They rally around tha family",
15                          "With pockets full of shells"])
16
17  happy_bday.sing_me_a_song()
18  bulls_on_parade.sing_me_a_song()
```

実行結果

ターミナルの画面

```
$ python3 ex40.py
Happy birthday to you
I don't want to get sued
```

```
So I'll stop right there
They rally around tha family
With pockets full of shells
```

演習問題

1. Song クラスを使って、インスタンスをいくつか生成してみよう。文字列のリストを使って歌詞を渡していることに注目しよう。
2. 歌詞を新しい変数に代入して、その変数をクラスに渡すように変更してみよう。
3. Song クラスを改良して、より多くのことができるかやってみよう。見当がつかなくても、とにかくやってみて何が起こるか確認しよう。心配はいらない。たとえうまくいかなくて、壊したり捨てたりしても、怪我をすることはない。
4. 「オブジェクト指向プログラミング」をオンラインで検索してみよう。頭がパンクするまで、それらを読んでみよう。まったく理解できなくても心配はいらない。私も半分くらいしかわからない。

よくある質問

Q: クラス内で `__init__` やほかの関数を定義するときに、`self` が必要なのはなぜですか？

A: `self` がなければ `cheese = 'Frank'` といったコードはあいまいになるだろう。このコードでは、インスタンスの属性である `cheese` なのかローカル変数の `cheese` なのかはっきりしない。`self.cheese = 'Frank'` ならインスタンスの属性である `self.cheese` であることは明白だ。

エクササイズ 41
オブジェクト指向の用語を学ぶ

　このエクササイズでは「オブジェクト指向」の用語について学ぶ。まず知っておくべきいくつかの用語とその定義を説明する。次にこれらの用語を理解するために穴埋め問題をやってもらう。最後に覚えた用語を使って文を完成させる長めのエクササイズに取り組む。

用語ドリル

クラス (class)
　　新しい型を作ることを Python に伝える。

オブジェクト (object)
　　二つの意味がある。最も基本的な型の意味と、任意のインスタンスの意味だ。

インスタンス (instance)
　　クラスに対して生成を指示したときに得られるもの。

`def`
　　クラスの内部で関数を定義する。

`self`
　　クラスで定義した関数の中でインスタンス自身にアクセスするために使う変数。

継承 (inheritance)
　　あるクラスが別のクラスの特性を受け継ぐこと。たとえば親子関係。

コンポジション (composition)
　　ほかのクラスのインスタンスを部品としてもつクラスを構成すること。たとえば車は車輪をもつ。

属性 (attribute)
　　クラスのインスタンスがもっているプロパティ。コンポジションとして構成され、通常はインスタンス変数。

is-a 関係

あるものを継承する場合に使われる関係。たとえば「サケは魚だ (a salmon is-a fish)」。

has-a 関係

何かほかのものから構成される場合や、ある特性をもつ場合に使われる関係。たとえば「サケには口がある (a salmon has-a mouth)」。

インデックスカードを作って、これらの用語を覚えよう。本当にわかったと思えるようになるのは、ここでのエクササイズを終えた後かもしれない。まず基本的な用語を理解することが大事だ。

慣用句ドリル

次は Python のコードスニペット（コードの断片）と、その意味を説明したものだ。

`class X(Y):`

X という名前のクラスを作成する。このクラスは Y クラスを継承する。

`class X(object):`
    `def __init__(self, J):`

X クラスは `__init__` 関数をもつ。この関数のパラメータは `self` と J だ。

`class X(object):`
    `def M(self, J):`

X クラスは M という名前の関数をもつ。この関数のパラメータは `self` と J だ。

`foo = X()`

foo に X クラスのインスタンスを設定する。

`foo.M(J)`

foo の関数である M を `self` と J を引数にして呼び出す。

`foo.K = Q`

foo の属性である K に Q を設定する。

この説明で使ったX、Y、M、J、K、Q、およびfooをそれぞれ空欄として扱うことができる。たとえば空欄 [ ] を使って次のような文章を書くことができる。

1. [ ] という名前のクラスを作成する。このクラスは [ ] クラスを継承する。
2. [ ] クラスは __init__ 関数をもつ。この関数のパラメータは self と [ ] だ。
3. [ ] クラスは [ ] という名前の関数をもつ。この関数のパラメータは self と [ ] だ。
4. [ ] に [ ] クラスのインスタンスを設定する。
5. [ ] の関数である [ ] を self と [ ] を引数にして呼び出す。
6. [ ] の属性である [ ] に [ ] を設定する。

これらもインデックスカードを使って練習しよう。Pythonコードの断片を表面に、説明文を裏面に書く。このカードを見て、いつでも正しい説明がいえるようになろう。同じような説明ではなく、まったく同じ説明をだ。

組み合わせドリル

最後のドリルは用語と慣用句の組み合わせだ。ここで取り組むべきことは次のとおり。

1. 慣用句のカードを使って練習する。
2. そのカードを裏返して文章を読み、そこにある単語で用語ドリルで学んだもののカードを手に取る。
3. その文章に出てきた単語をその用語カードを使って練習する。
4. この練習を飽きるまでやる。その後、休憩を取り、もう一度同じ練習をする。

コードを説明する

ちょっとしたPythonスクリプトをここに用意した。このスクリプトはドリルを無限に繰り返すものだ。単純なスクリプトなので何をやっているのかわかるだろう。しかし urllib パッケージを使って単語の一覧をダウンロードしている部分ははじめて見るだろう。では oop_test.py というファイルに次のコードを入

190 エクササイズ 41 オブジェクト指向の用語を学ぶ

力して、このスクリプトを動作させてみよう。

oop_test.py

```
1   import random
2   from urllib.request import urlopen
3   import sys
4
5   WORD_URL = "https://learncodethehardway.org/words.txt"
6   WORDS = []
7
8   PHRASES = {
9       "class %%%(%%%):":
10          "%%%という名前のクラスを作成する。このクラスは%%%クラスを継承する。",
11      "class %%%(object):\n    def __init__(self, ***):":
12          "%%%クラスは__init__関数をもつ。この関数のパラメータはselfと***だ。",
13      "class %%%(object):\n    def ***(self, @@@):":
14          "%%%クラスは***関数をもつ。この関数のパラメータはselfと@@@だ。",
15      "*** = %%%()":
16          "***変数に%%%クラスのインスタンスを設定する。",
17      "***.***(@@@)":
18          "***の関数である***をselfと@@@を引数にして呼び出す。",
19      "***.*** = '***'":
20          "***の属性である***に'***'を設定する。"
21  }
22
23  # 慣用句を練習するかどうか?
24  if len(sys.argv) == 2 and sys.argv[1] == "japanese":
25      PHRASE_FIRST = True
26  else:
27      PHRASE_FIRST = False
28
29  # ウェブサイトから単語を読み込む
30  for word in urlopen(WORD_URL).readlines():
31      WORDS.append(str(word.strip(), encoding="utf-8"))
32
33
34  def convert(snippet, phrase):
35      class_names = [w.capitalize() for w in
36                     random.sample(WORDS, snippet.count("%%%"))]
37      other_names = random.sample(WORDS, snippet.count("***"))
38      results = []
39      param_names = []
40
41      for i in range(0, snippet.count("@@@")):
42          param_count = random.randint(1, 3)
```

```
43          param_names.append(', '.join(
44              random.sample(WORDS, param_count)))
45
46      for sentence in snippet, phrase:
47          result = sentence
48
49          # クラス名を置き換える
50          for word in class_names:
51              result = result.replace("%%%", word, 1)
52
53          # それ以外を置き換える
54          for word in other_names:
55              result = result.replace("***", word, 1)
56
57          # パラメータリストを置き換える
58          for word in param_names:
59              result = result.replace("@@@", word, 1)
60
61          results.append(result)
62
63      return results
64
65
66  # CTRL-Dを入力するまで繰り返す(Windowsの場合はCTRL-Z)
67  try:
68      while True:
69          snippets = list(PHRASES.keys())
70          random.shuffle(snippets)
71
72          for snippet in snippets:
73              phrase = PHRASES[snippet]
74              question, answer = convert(snippet, phrase)
75              if PHRASE_FIRST:
76                  question, answer = answer, question
77
78              print(question)
79
80              input("> ")
81              print(f"{answer}\n\n")
82  except EOFError:
83      print("\n終わり")
```

このスクリプトを実行し、「オブジェクト指向の慣用句」を日本語で説明してみよう。PHRASES辞書は慣用句のコードとその説明を両方もっている。正しい

コードに言い換える

次に japanese（日本語）を引数に指定してスクリプトを実行し、慣用句の説明をコードに言い換えるドリルに取り組もう。（訳注：慣用句のコードを答えるときは class X(object): def __init__(self, J): のように一行で入力する必要がある。入力が：で終わる場合に追加の行を入力できるようにスクリプトを修正するのはよい演習だ。）

ターミナルの画面

```
$ python3 oop_test.py japanese
```

このドリルで意味のない単語を使っているのには理由がある。コードをうまく読むコツの一つは変数やクラスの名前の意味を考えすぎないことだ。コードを読んでいるときに「Cork」といった言葉を見て脱線する人がよくいる。その言葉の意味を考えてしまうからだ。ここでの「Cork」という名前はクラスの名前として無作為に選んだものだ。言葉の意味を深く考えずに、ここで示されたものをパターンとして受け止めよう。

より多くのコードを読む

では新しい課題に取り組もう。さらに多くのコードを読んで、これまで学んだ慣用句のパターンを見つけよう。クラスを含むファイルをいくつか探して、次のことをやってみよう。

1. 各クラスについて、そのクラスの名前とそのクラスが継承しているクラスの名前を書き出す。
2. 書き出した名前の下に、そのクラスがもつ関数とその関数のパラメータのリストをすべて書き出す。
3. self を通して使っている属性をすべて書き出す。
4. それぞれの属性の型であるクラスの名前を書き出す。

ここでの目的は、実際のコードに対してこれまで学んだ慣用句のパターンがどのように使われているのかを学ぶことだ。この課題にしっかり取り組めば、これ

まで意識しなかったコード内のパターンに自然と気づくようになるだろう。

よくある質問

Q: このスクリプトを実行させるのは難しいです！

A: スクリプトを入力し動作させることはできるはずだ。少しばかりのテクニックは必要だが複雑なことは何もない。スクリプトをデバッグするためにこれまでに学んだことをすべてやってみよう。一行ずつ入力し、この本のコードとまったく同じであるか確認しよう。知らないものがあればオンラインで調べよう。（訳注：たとえば 35 行目は知らないものだろう。「リスト内包表記 (list comprehension)」を調べてみよう。）

Q: それでもまだ難しいです！

A: 大丈夫。君ならできる。ゆっくりと時間をかけて一文字ずつ入力すればよい。ただし、正確に入力し、それが何であるかを理解しながら進めること。

エクササイズ 42

is-a、has-a、オブジェクト、クラス

　クラスとオブジェクトの違いを理解することは、とても重要だ。ここでの問題はクラスとオブジェクトには本質的な「違い」がないということだ。実のところ、これらは同じものであり、異なる視点から見た違いでしかない。そのことを禅の公案で示そう。

　「魚とサケの違いは何か？」

　混乱しただろうか？　このことについて少し考えてみよう。確かに魚とサケは違うものだ。しかし、同じだといっても間違いではないだろう。サケは魚の一種 (a kind of) であり、その点で両者に違いはない。しかし、サケはある特定の種類の魚 (a type of) でもあり、ほかの魚とは明確に異なる。それゆえサケはサケでありオヒョウ（大ヒラメ）ではない。つまりサケと魚は同じものでもあり同じものでもない。奇妙に感じるだろうか？

　この質問がややこしいのは、ほとんどの人はそのようにものごとを考えないからだ。しかし、直観的にそのことを理解している。魚とサケの関係はすでに知っており、両者の違いについて考えることはほとんどない。そして、サケは魚の一種であり、ほかの種類の魚がいることも無意識のうちに知っている。

　この話にもう一歩踏み込んでみよう。カゴの中に三匹のサケがいて、フランク、ジョー、メアリーと名前をつけたとしよう。ここで次の質問について考えてみよう。

　「メアリーとサケの違いは何か？」

　これも奇妙な質問と感じるだろう。しかし、先ほどの魚とサケの質問よりは簡単だ。メアリーがサケであることはすでにわかっており、両者に違いはない。単にメアリーはサケの「インスタンス (instance)」にすぎない。同様にジョーとフランクもサケのインスタンスだ。つまりこれらのインスタンスは「サケ」から作られたもので、サケの属性をもつ現実に存在するものだ。

　この奇妙な考えを整理してみよう。魚はクラスであり、サケもクラスであり、

メアリーはオブジェクトだ。少し時間をかけて、そのことについて考えてみよう。ゆっくりと一つずつ分けて考え、理解できたか確かめよう。

魚がクラスであるとは、実在する魚を意味するのではない。同じような属性をもつもの（インスタンス）を結び付けるためにクラスという言葉が使われる。ひれをもっているか？　えらをもっているか？　水中に住んでいるか？　そうであれば、おそらくそれは魚だ。

ここで博士号をもっている教授がやってきたとしよう。その教授はこういった。「この魚は実際には学名 Salmo salar という生物だ。一般的にはサケとして知られているがね。」そして、その教授は魚をさらに分類し、より特有な属性をもつ「サケ」というクラスを新たに作り出した。長い鼻をもち、身が赤く、体が大きく、海水や淡水に住んでいる。そして味がよいか？　そうであれば、おそらくそれはサケだ。

その後、料理人がやってきて教授にこういった。「あなたが見ているこのサケを私はメアリーと名づけましょう。そして、切り身にしておいしいソースで料理するつもりです。」このサケはメアリーというサケのインスタンスとして（魚のインスタンスでもある）、お腹を満たしてくれる実在するものとなった。つまりオブジェクトになったのだ。

つまりこういうことだ。メアリーはサケの一種で、サケは魚の一種だ。オブジェクトはあるクラスの一種であり、そのクラスも別のクラスの一種だ。

コードにするとどうなるか

新しいクラスを作るときやクラスを使うときには、この奇妙な概念を意識する必要がある。ここで何がクラスであり、何がオブジェクトであるかを理解するのに役立つ二つのテクニックを示そう。

まず「is-a（～は～である）」と「has-a（～は～をもつ）」という二つの重要な概念を理解しよう。is-a を使うのは、クラス関係において互いに関連づけられているオブジェクトやクラスについて話すときであり、has-a を使うのは、単に相手を参照しているだけのオブジェクトやクラスについて話すときだ。

では次のコードを読み、そこにある「## ??」というコメントを次の行が is-a なのか has-a なのか、そしてどのような関係なのかを示すコメントで書き換えてみよう。コードの最初の方にいくつか例を示している。残りを書いてみよう。

次のことを忘れないように。魚とサケの関係が is-a で、サケとえらの関係が has-a だ。

ex42.py

```
1   ## Animalはobject(is-a)、objectが何かは後で説明する
2   class Animal(object):
3       pass
4
5   ## ??
6   class Dog(Animal):
7
8       def __init__(self, name):
9           ## ??
10          self.name = name
11
12  ## ??
13  class Cat(Animal):
14
15      def __init__(self, name):
16          ## ??
17          self.name = name
18
19  ## ??
20  class Person(object):
21
22      def __init__(self, name):
23          ## ??
24          self.name = name
25
26          ## Personはpetをもつ(has-a)
27          self.pet = None
28
29  ## ??
30  class Employee(Person):
31
32      def __init__(self, name, salary):
33          ## ?? この暗号みたいなものは何だろう?
34          super().__init__(name)
35          ## ??
36          self.salary = salary
37
38  ## ??
39  class Fish(object):
40      pass
41
```

```
42  ## ??
43  class Salmon(Fish):
44      pass
45
46  ## ??
47  class Halibut(Fish):
48      pass
49
50
51  ## roverはDog(is-a)
52  rover = Dog("ローバー")
53
54  ## ??
55  satan = Cat("サタン")
56
57  ## ??
58  mary = Person("メアリー")
59
60  ## ??
61  mary.pet = satan
62
63  ## ??
64  frank = Employee("フランク", 120000)
65
66  ## ??
67  frank.pet = rover
68
69  ## ??
70  flipper = Fish()
71
72  ## ??
73  crouse = Salmon()
74
75  ## ??
76  harry = Halibut()
```

class Name(object) について

　Python 3 ではクラス名の後ろに (object) を追加する必要はない。しかし、Python コミュニティの考えは「暗黙的なものより明示的な方がよい (explicit is better than implicit)」だ。したがって、私を含む Python のエキスパートたちは明示するほうを好んでいる。クラス名の後ろに (object) をもたないコー

ドを実行することはできる。これらのクラスは完全に正しく、クラス名の後ろに (object) をもつものと同じ動作をする。つまり単にドキュメントとして (object) が追加されているだけであり、クラスの動作には影響しない。

Python 2 ではクラス名の後ろに (object) をもつかどうかで違いがあったが、Python 3 ではどちらも同じであり、そのことを心配しなくてもよい。単に class Name(object) のことを「単純で基本的なクラス」と考えればよい。

最後に一言だけいっておこう。将来、Python プログラマのスタイルや好みが変わり、(object) を明示することが、よくないプログラマの兆候とみなされるかもしれない。もしそうなったとしても、単にそれを使うのをやめるか、「Python の禅では『暗黙的なものより明示的なほうがよい』だ」といえばよい。

演習問題

1. この object という奇妙なクラスを Python が導入した理由と、その意味を調べてみよう。
2. クラスをオブジェクトのように使うことは可能だろうか？
3. このエクササイズの Animal、Fish、Person の各クラスに、新しい関数を追加してみよう。関数が Animal のような「基底クラス (base class)」にある場合と、Dog にある場合を比べてみよう。何が起こるだろうか？
4. 他人のコードを見て、そこにある is-a と has-a をすべて見つけてみよう。
5. リストや辞書を使って「has-many」という新しい関係をもたせてみよう。
6. 「is-many」という関係はあるだろうか？「多重継承」について調べてみよう。これを使うのはできる限り避けること。

よくある質問

Q: ## ?? というコメントは何ですか？
A: これは、is-a と has-a の概念のふさわしい方を記入するための「空欄コメント」だ。このエクササイズを読み返し、ほかのコメントを見れば、何をすべきかわかるだろう。

Q: self.pet = None とは何ですか？
A: そのクラスの pet 属性のデフォルト値として None を設定している。

Q: super().__init__(name) とは何ですか？

A: これは基底クラスの __init__ 関数を正しく呼び出す方法だ。「python3 super」を検索して、いろいろなアドバイスを読んでみよう。役に立つものもあれば、有害なものもあるだろう。（訳注：super().__init__(name) は super(__class__, self).__init__(name) の省略形だ。これは「暗黙的なものより明示的なほうがよい」というルールを破ってもよいケースだろう。）

エクササイズ 43

オブジェクト指向分析設計の基礎

　Pythonで何かを作りたいときに使うオブジェクト指向プログラミング(OOP)による一連のプロセスを説明しよう。「プロセス」とは順番に行う一連の作業手順のことだが、考えなしに従うべき手順でもないし、あらゆる問題に対してうまくいくとも限らない。これはいろいろなプログラミングの問題に使える、よい出発点でしかない。問題を解決する唯一の方法だとは考えないでほしい。それを実行する方法の一つにすぎない。

　そのプロセスは次のとおりだ。

1. 問題について文章を書いてみたり図を描いてみたりする。
2. その結果から主要なコンセプトを抽出し、それらについて調べる。
3. コンセプトからクラス階層とオブジェクトマップを作る。
4. クラスのコードを書いて、それをテストする。
5. このプロセスを繰り返して改善する。

　ここに示したプロセスは「トップダウン (top down)」とよばれるものだ。抽象的で大まかなアイデアから始め、アイデアを磨いて、コードとして書けるようになるまで、ゆっくりと一歩ずつ改善していく方法だ。

　私の場合、まず問題（実現したいこと）をノートに書いて、その問題に対して何かできるかを考えることから始める。いくつか図を描いたり、ある種の地図を描いたり、問題を説明する電子メールを自分自身に送ったりするだろう。そうすることで問題の主要なコンセプトを表現する方法がわかり、知っていることも明らかになる。

　そして、これらのメモ書きや図、説明文を読み返して、主要なコンセプトを抽出する。これを行うためのちょっとしたコツは、これらの文や図から名詞と動詞をすべて抽出した一覧を作り、これらがどのように関連しているのかを書き出すことだ。これにより次のステップで必要になるクラスやオブジェクト、関数の

候補名の一覧が得られる。そして、このコンセプトの一覧の中で理解していないものを調査し、必要であればコンセプトをさらに洗練させる。

コンセプトの一覧ができたら、そのコンセプトを簡単な概要や階層構造を使って表し、それらがクラスとしてどう関連しているのかを書き込む。名詞の一覧を使って次のことを自問自答することが多い。「これと同じようなものが一覧にないだろうか？ もしあれば共通の基底クラスをもつかもしれない。それは何とよばれるだろうか？」このようなことを繰り返しながら、先ほどの簡単な概要や階層構造をクラス階層として洗練させる。次に動詞の一覧を使い、それぞれのクラスに対して関数名としてその動詞が使えるか考え、それをクラスの階層構造に入れる。

クラス階層が明確になったら、基本的な雛形コードを書く。そのコードはクラスと関数からなり、中身は空っぽだ。そしてこのコードをテストするコードを書き、作成したクラスが意図したとおり正しく動くことを確認する。場合によってはコードより先にテストを書くこともあるし、テストとコードを交互に少しずつ書いてコードが完成するまでそれを続けることもある。

結局のところ、このプロセスを繰り返して少しずつ改善を続けて、多くのコードを実装する前にできる限り明確にしようと努める。考慮漏れにより予期せぬ場所で行き詰まったときには、その部分にこのプロセスを使って、問題をよりよく理解してから次に進む。

ではこのエクササイズ用に考えたゲームとゲームエンジンに対して、このプロセスを実際に使ってみよう。

単純なゲームエンジンのための分析

これから作るゲームは「第25惑星パーカルのゴーソン」という宇宙を舞台にしたアドベンチャーゲームだ。まだそのコンセプトは頭の中にしかないが、そのアイデアを練って面白いゲームにする方法を考えていこう。

問題について書いたり描いたりする

ゲームの内容を簡単に説明しよう。「エイリアンが宇宙船に侵入した。主人公はエイリアンを倒しながら、迷路のような宇宙船の中を通り、脱出用ポッドを使って眼下の惑星に脱出しなければならない。このゲームはZorkやAdventure

のようなテキストベースのアドベンチャーゲームで、主人公がやられたときにはユーモアのあるメッセージを出力する。このゲームには、部屋や場面から構成される地図上を動き回るためのゲームエンジンが必要だ。ゲームエンジンはプレイヤーが部屋に入ると部屋の状況を説明する文章を表示し、プレイヤーは次に進む部屋や次の行動をエンジンに伝える。」

現時点で、ゲームがどのようなものでどう動くのかについてちょっとしたアイデアがある。それぞれの場面について説明しよう。

ゲームオーバー (Death)
  プレイヤーがやられた後の場面。何かユーモアのあるメッセージを出力する。

中央廊下 (Central Corridor)
  ゲームの最初の場面。目の前にゴーソンが立っていて、プレイヤーはジョークをいってゴーソンを倒さなければ次に進めない。

レーザー武器庫 (Laser Weapon Armory)
  プレイヤーが脱出用ポッドを使って脱出する前に、宇宙船を爆破するための中性子爆弾を手に入れる場面。爆弾を取り出すには暗証番号が必要で、プレイヤーはその数字を当てなければならない。

ブリッジ (The Bridge)
  ゴーソンとのもう一つの戦闘場面。プレイヤーはこの場所に爆弾を置かなければならない。

脱出用ポッド (Escape Pod)
  プレイヤーが宇宙船から脱出する場面。プレイヤーは正しい脱出用ポッドを選ばなければならない。

この時点で、これらのことを地図に描き足したり、それぞれの部屋についてもっと詳しい説明を書き足したりする。問題を考えているときに頭に浮かんだことのすべてをだ。

主要なコンセプトを抽出し調査する

いくつかの名詞を抽出したので、クラス階層を分析するための情報が十分にある。まず名詞の一覧を作成する。

- エイリアン (Alien)
- プレイヤー (Player)
- 宇宙船 (Ship)
- 迷路 (Maze)
- 部屋 (Room)
- 場面 (Scene)
- ゴーソン (Gothon)
- 脱出用ポッド (Escape Pod)
- 惑星 (Planet)
- 地図 (Map)
- ゲームエンジン (Engine)
- ゲームオーバー (Death)
- 中央廊下 (Central Corridor)
- レーザー武器庫 (Laser Weapon Armory)
- ブリッジ (The Bridge)

ここで一通り動詞を調べて、それらが関数名としてふさわしいかどうかを調べることもできるが、いまはその作業は後回しにしよう。

この時点でこれらのコンセプトを調査したり、現時点でよく知らないものを調べたりする。たとえば同じようなタイプのゲームをいくつかプレイしてみて、そのゲームの仕組みについて研究する。宇宙船をどのようにデザインすべきで、爆弾をどう扱うべきかといったことも知っておくべきだし、ゲームの状態をどのようにデータベースに格納するかといった技術的なことも調べるべきだろう。これらの調査を終えたら、新しく得られた情報に基づいて最初のステップからやり直して、問題の説明を書き直したり新しいコンセプトを抽出したりする。

クラス階層とオブジェクトマップを作成する

名詞の一覧ができたら、次にそれを使ってクラス階層を作成する。そして次のようなことを自問自答してみる。「これと同じようなものが一覧にないか？」「これは一覧にあるほかのものを言い換えただけではないか？」

すぐに「部屋 (Room)」と「場面 (Scene)」は基本的に同じもので、何をしたいかによって使い分けていたことに気づくだろう。このゲームでは「場面」を使うことにする。次に一覧にある具体的な「部屋」を見てみよう。たとえば「中央廊下 (Central Corridor)」は単なる「場面」だし、「ゲームオーバー (Death)」も「場面」の方がふさわしい。このことから「部屋」よりも「場面」の方が適切だといえるだろう。確かに「ゲームオーバー」を「部屋」というのは少し不自然だ。「迷路 (Maze)」と「地図 (Map)」も基本的に同じものだが、「地図」を使っていることが多いので、ここでは「地図」を使おう。現時点では戦闘システムを作りたいとは思わないので「エイリアン (Alien)」と「プレイヤー (Player)」のことはいったん忘れて、後で考えるときのために取っておこう。「惑星 (Planet)」も何か特別なものではなく単なる「場面」だ。

このような思考プロセスを終えた後、テキストエディタを使って次のようなクラス階層を作成する。

- 地図 (Map)
- ゲームエンジン (Engine)
- 場面 (Scene)
    - ゲームオーバー (Death)
    - 中央廊下 (Central Corridor)
    - レーザー武器庫 (Laser Weapon Armory)
    - ブリッジ (The Bridge)
    - 脱出用ポッド (Escape Pod)

次に問題の記述にある動詞に基づいて、それぞれの名詞に対してどのような行動が必要であるかを洗い出す。たとえば問題の記述から、ゲームエンジン (Engine) を使って「プレイする (play)」方法や、地図 (Map) から「次の場面 (next scene)」や「開始場面 (opening scene)」を取得する方法と、それぞれの場

面に「入る (enter)」方法が必要なことがわかる。それらをクラス階層に付け加える。

- 地図 (Map)
    - 次の場面 (next scene)
    - 開始場面 (opening scene)
- ゲームエンジン (Engine)
    - プレイする (play)
- 場面 (Scene)
    - 入る (enter)
  - ゲームオーバー (Death)
  - 中央廊下 (Central Corridor)
  - レーザー武器庫 (Laser Weapon Armory)
  - ブリッジ (The Bridge)
  - 脱出用ポッド (Escape Pod)

場面 (Scene) のすぐ下に「入る (enter)」と記述していることに注目してほしい。「入る」がこの場所にあるのは、すべての場面が場面 (Scene) を継承し、「入る」をオーバーライドする必要があるからだ。

クラスのコードを書いてテストする

このクラス階層と関数があれば、テキストエディタでソースファイルを開き、このコードを書くことができる。通常このクラス階層をソースファイルにコピー＆ペーストし、それを編集してクラスにすることが多い。次に示すものはクラスがどのようになるのかを示す例だ。ファイルの最後には簡単なテストコードもある。

ex43_classes.py

```
1  class Scene(object):
2
3      def enter(self):
4          pass
5
6
7  class Engine(object):
```

```python
    def __init__(self, scene_map):
        pass

    def play(self):
        pass


class Death(Scene):

    def enter(self):
        pass



class CentralCorridor(Scene):

    def enter(self):
        pass




class LaserWeaponArmory(Scene):

    def enter(self):
        pass



class TheBridge(Scene):

    def enter(self):
        pass



class EscapePod(Scene):

    def enter(self):
        pass



class Map(object):

    def __init__(self, start_scene_name):
        pass

    def next_scene(self, scene_name):
        pass

```

```
54      def opening_scene(self):
55          pass
56
57
58  a_map = Map('中央通路')
59  a_game = Engine(a_map)
60  a_game.play()
```

このファイルを見れば、クラス階層をそのまま写しただけであることに気づくだろう。ファイルの最後にコードを少し追加しているが、これはこの基本的な骨組みコードが動作することを確認するためのテストコードだ。このエクササイズの後半で先ほど示したゲームの内容に一致するようにコードの残りの部分を書いていく。

このプロセスを繰り返して改善する

このプロセスの最後のステップは一つの手順というより while ループのようなものだ。一度で完璧なものができることはなく、プロセスの最初に戻って、これまでに理解したことに基づいて改善する必要がある。たとえば三番目の作業に取り組んでいるときに一番目や二番目の作業をもう少しやるべきだったと気づくことがある。その場合は現在の作業をいったん中断し、戻ってその作業をやり直す。素晴らしい考えがひらめいて、途中の作業を飛ばして頭に浮かんだ解決策をコードとして書く場合もある。しかし、その作業が終われば、考えられるすべての可能性を検討するためにもとの作業に戻る。

このプロセスを適用する別の考え方は、全体に対して順番に作業を行うのではなく、ある特定の問題に対してすべての作業を一気に行うことだ。たとえば Engine クラスの play 関数をどう書けばよいかはっきりとわかっていないとしよう。その場合は現在の作業を中断し、どのように書けばよいかを理解するためにこの関数に対してプロセス全体を実施する。

トップダウン対ボトムアップ

ここで使ったプロセスは「トップダウン (top down)」とよばれるものだ。最も抽象的なコンセプト（トップ）から始め、実際の実装に向けて詳細化（ダウン）する。この本で取り組む問題を分析するときには、ここで説明したプロセ

スを使ってほしい。しかし、プログラミングの問題を解決するための別の方法があることも知っておくべきだ。それはコード（ボトム）から始めて、抽象的なコンセプト（アップ）に向かって作業を進める。このプロセスは「ボトムアップ (bottom up)」とよばれるものだ。ボトムアップを行うための一般的なプロセスは次のとおりだ。

1. 問題の一部を取り出し、その部分に対してコードを書き、なんとか実行できるようにする。
2. クラスを使ってコードを整理したり自動テストを使ったりしてコードを改善する。
3. そこで使っている主要なコンセプトを抽出し、それらを調査する。
4. 実際に行っていることを説明する文を書く。
5. コードに戻ってさらに磨きをかける。場合によっては、すべて捨てて最初からやり直す。
6. これらのことを繰り返す。そして問題のほかの部分に手をつける。

このプロセスが向いているのはプログラミングに詳しくて問題に対して自然とコードで考えることができる場合だ。全体のパズルの小さな部分を知っているならこのプロセスは非常に役に立つが、全体のコンセプトについて十分な情報を得られない危険性もある。小さな部分に分解してコードで試してみることが、ゆっくりと確実に問題を解決することに役に立つかもしれない。しかし、無駄が多くぎこちないものになる可能性にも注意が必要だ。だからこそ、この本で紹介したプロセスには、戻って、調査し、学んだことに基づいて仕上げることが含まれている。

「第25惑星パーカルのゴーソン」のためのコード

先ほどの問題に対する最終的な解決策をこれから示すが、ちょっと待ってほしい。これらのコードを何も考えずに入力してはいけない。ここで学んだプロセスを使って、荒削りの雛形コードを書き、問題の説明に従ってそれが動作するように取り組もう。自分自身の解決策を書いたら、戻ってきてこの本のコードと比べてほしい。

では ex43.py という最終的なファイルを示す。すべてのコードを一度に示すの

ではなく、それぞれの部分に分けて説明する。

ex43.py
```
1  from sys import exit
2  from random import randint
3  from textwrap import dedent
```

これは基本的なインポートであり、このゲームに必要なものだ。唯一の新しいことは textwrap モジュールから dedent 関数をインポートしている箇所だ。この小さな関数は """（三重引用符）文字列を使ってゲームの場面の説明を書いている部分で役に立つ。これは文字列内のそれぞれの行の先頭にある空白を削除する。これがないと """ スタイル文字列を使っている部分は Python コードと同じレベルでインデントされ、表示がおかしくなるだろう。

ex43.py
```
6  class Scene(object):
7
8      def enter(self):
9          print("この場面はまだ構成されていない。")
10         print("このクラスをサブクラス化してenter()を実装すること。")
11         exit(1)
```

これは雛形コードで見たように、場面の基底クラスとなる Scene だ。すべての場面クラスで共通するものをもっている。この基底クラスではやるべきことは何もない。それぞれの場面クラスで行うべきことを示している。

ex43.py
```
14 class Engine(object):
15
16     def __init__(self, scene_map):
17         self.scene_map = scene_map
18
19     def play(self):
20         current_scene = self.scene_map.opening_scene()
21         last_scene = self.scene_map.next_scene('ゲームクリア')
22
23         while current_scene != last_scene:
24             next_scene_name = current_scene.enter()
25             current_scene = self.scene_map.next_scene(next_scene_name)
26
```

```
27      # 最後の場面は必ず出力すること。
28      current_scene.enter()
```

次は Engine（ゲームエンジン）クラスだ。このクラスで Map（地図）クラスの雛形コードで作成した opening_scene（開始場面）と next_scene（次の場面）という関数を使っていることがわかるだろう。前もって少し設計しておいたので、Map クラスを完成させる前にこれらの関数を使うことができる。

ex43.py
```
31  class Death(Scene):
32
33      quips = [
34          "君は死んだ。なんて下手くそなんだ。",
35          "母親は君のことを誇りに思うだろう。彼女がもっと賢ければね。",
36          "君は負け犬だ。",
37          "君よりも私の犬の方が賢い。",
38          "父親の冗談の方がましだ。"
39      ]
40
41      def enter(self):
42          print(Death.quips[randint(0, len(Death.quips) - 1)])
43          exit(1)
```

最初の場面は Death（ゲームオーバー）という名前の少し変わった場面だ。これは最も単純な場面だ。

ex43.py
```
46  class CentralCorridor(Scene):
47
48      def enter(self):
49          print(dedent("""
50              第25惑星パーカルのゴーソンが君たちの宇宙船に侵入し、乗組
51              員全員がやられてしまった。最後の生き残りが君だ。君の最後
52              の任務は武器庫にある中性子爆弾をブリッジに設置し、宇宙船
53              を爆破する前に脱出用ポッドで脱出することだ。
54
55              君が武器庫に向かって中央通路を駆け下りたそのとき、一匹の
56              ゴーソンが目の前に現れた。そいつは赤い鱗状の肌と汚れた黒
57              い歯をもち、邪悪な道化師のようなコスチュームをその憎悪に
58              満ちた身にまとっていた。そして、武器庫のドアの前に居座り、
59              君に銃を向けていまにも引き金を引こうとしている。
60              """))
```

```
61
62              action = input("> ")
63
64              if action == "撃つ":
65                  print(dedent("""
66                      君はすばやくブラスターを抜き、ゴーソンに向けてレーザーを
67                      発砲した。しかし、そいつの道化師のようなコスチュームが体
68                      の周りを流れるように動き回り、コスチュームをかすっただけ
69                      でゴーソンを打ちそこなってしまった。母親に買ってもらった
70                      新しいコスチュームをダメにしたことで、ゴーソンを完全に怒
71                      らせてしまった。そいつは君の顔めがけて何発もブラスターを
72                      発砲し、それは君が死ぬまで続いた。そして、君はゴーソンに
73                      食べられてしまった。
74                      """))
75                  return 'ゲームオーバー'
76
77              elif action == "身をかわす":
78                  print(dedent("""
79                      世界クラスのボクサーのように君はすばやく身をかわし、ゴー
80                      ソンのブラスターから放たれたレーザーを間一髪でよけた。君
81                      は巧みなステップで身をかわしていたが、足を滑らせてしまい、
82                      金属の壁で頭を強打し一瞬気を失ってしまった。気づいたとき
83                      には、ゴーソンに頭を踏みつけられ、君は食べられてしまった。
84                      """))
85                  return 'ゲームオーバー'
86
87              elif action == "ジョークをいう":
88                  print(dedent("""
89                      幸運なことに、君は訓練学校でゴーソンの下品なジョークを学
90                      んでいた。そこで覚えたジョークをゴーソンに向かっていった。
91                      「Lbhe zbgure vf fb sng, jura fur fvgf nebhaq gur ubhfr,
92                       fur fvgf nebhaq gur ubhfr」
93                      ゴーソンは一瞬動きを止め、笑いをこらえていたが、ついに笑
94                      い転げて身動きできなくなってしまった。その隙をついて、君
95                      はゴーソンに駆け寄り、そいつの頭を打ち砕いた。そして、武
96                      器庫のドアを開けた。
97                      """))
98                  return 'レーザー武器庫'
99
100             else:
101                 print("失敗だ!")
102                 return '中央通路'
```

次に作成したのは`CentralCorridor`（中央通路）クラスだ。これはゲームの開始場面だ。`Map`クラスを作成する前にゲームの場面クラスを作る必要がある。

なぜなら Map クラスの中でこれらのゲームの場面を参照するからだ。また 49 行目を見れば、dedent 関数をどのように使っているのかもわかるはずだ。後で、dedent を削除するとどうなるのか確認しよう。

ex43.py

```
105     class LaserWeaponArmory(Scene):
106
107         def enter(self):
108             print(dedent("""
109                 君は武器庫に転がり込み、身をかがめて、ほかにもゴーソンが
110                 隠れていないか部屋の中を探った。何の気配もなく、ひっそり
111                 と静まり返っていた。君は立ち上がり、部屋の奥まで駆け寄っ
112                 て、中性子爆弾の容器を見つけた。その容器はロックがかかっ
113                 ており、爆弾を入手するには暗証番号が必要だ。十回間違える
114                 と永遠にロックされ、爆弾を手に入れることはできない。暗証
115                 番号は三桁の数字だ。
116                 """))
117
118             code = f"{randint(1,9)}{randint(1,9)}{randint(1,9)}"
119             guess = input("[暗証番号]> ")
120             guesses = 0
121
122             while guess != code and guesses < 10:
123                 print("ブッブー!")
124                 guesses += 1
125                 guess = input("[暗証番号]> ")
126
127             if guess == code:
128                 print(dedent("""
129                     音を立てて容器が開き、封印がとかれた。君は中性子爆弾をつ
130                     かみ、その爆弾を正しい場所に置くために全速力でブリッジに
131                     向かった。
132                     """))
133                 return 'ブリッジ'
134             else:
135                 print(dedent("""
136                     最後の警告音が鳴り、容器が永遠にロックされたことを告げる
137                     不快な音が聞こえた。君はその場所にへたり込んでしまった。
138                     そして、ゴーソンは宇宙船を爆破し、君も宇宙の藻屑と消えた。
139                     """))
140                 return 'ゲームオーバー'
141
142
143     class TheBridge(Scene):
```

```python
    def enter(self):
        print(dedent("""
            君は中性子爆弾を手にブリッジに姿を現した。そこには、先ほ
            どよりももっと醜い道化師のようなコスチュームを身にまとっ
            た五匹のゴーソンが宇宙船をコントロールしようとしていた。
            ゴーソンたちは驚いたが、君の手の中にある爆弾に気づき、手
            にしている武器を使えないでいた。
            """))

        action = input("> ")

        if action == "爆弾を投げる":
            print(dedent("""
                パニックに陥った君はゴーソンに向かって爆弾を投げ、ドアに
                向かって慌てて逃げようとした。爆弾を投げると同時に、君は
                ゴーソンから背中を撃たれてしまった。死ぬ間際に一匹のゴー
                ソンが必死になって爆弾の起爆装置を解除しようとしているの
                が見えた。おそらく爆弾は爆発し、ゴーソンたちも宇宙船もろ
                とも宇宙の藻屑と消えるだろう。
                """))
            return 'ゲームオーバー'

        elif action == "爆弾を置く":
            print(dedent("""
                君は手にもった爆弾にブラスターを向けた。ゴーソンは額に汗
                をにじませて手を上げている。君はドアに向かって少しずつ後
                ろに下がり、ドアを開けて慎重に爆弾を床の上に置いた。爆弾
                に向かってブラスターを構えながらドアの外に向かってジャン
                プし、スイッチを押してドアを閉じた。そして、ゴーソンが外
                に出られないようにブラスターでそのスイッチを撃った。爆弾
                はブリッジに設置した。この宇宙船から脱出するために君は脱
                出用ポッドに向かって走った。
                """))
            return '脱出用ポッド'

        else:
            print("失敗だ!")
            return "ブリッジ"


class EscapePod(Scene):

    def enter(self):
        print(dedent("""
            宇宙船が爆発する前に脱出用ポッドへ行くため、君は大急ぎで
```

```
190                  船の中を駆け抜けた。ほかのゴーソンは船にはいないようだ。
191                  誰にも邪魔されずに脱出用ポッドのある部屋に到着した。いく
192                  つかのポッドは破損しているかもしれないが調べる時間はない。
193                  脱出用ポッドは全部で五台ある。どれかを選ばなければならな
194                  い。
195                  """))
196
197         good_pod = randint(1, 5)
198         guess = input("[ポッド番号]> ")
199
200         if int(guess) != good_pod:
201             print(dedent(f"""
202                  君は{guess}番ポッドに飛び乗り、脱出ボタンを押した。ポッドは宇
203                  宙空間に向かって滑り出した。その後ポッドは崩壊し、君の体
204                  もジャムのように押しつぶされた。
205                  """))
206             return 'ゲームオーバー'
207
208         else:
209             print(dedent(f"""
210                  君は{guess}番ポッドに飛び乗り、脱出ボタンを押した。ポッドは眼
211                  下の惑星に向かって宇宙空間に滑り出た。振り返ると、宇宙船
212                  が崩壊した次の瞬間、明るい星のように爆発した。ちょうどそ
213                  の時、爆発した宇宙船からゴーソンの宇宙船が逃れるのが見え
214                  た。君の任務は完了した!
215                  """))
216             return 'ゲームクリア'
217
218
219  class Finished(Scene):
220
221      def enter(self):
222          print("よくやった。君の勝ちだ!")
223          return 'ゲームクリア'
```

　これらはゲームに必要な残りの場面クラスだ。これらの場面が必要であることはわかっているし、どのように場面がつながるのかもすでに考えているので、これらのクラスを直接コーディングできる。

　このコードをすべて一度に入力したわけではない。段階的に少しずつ作成するようにアドバイスしたことを覚えているだろうか。ここで示しているコードはその最終結果だ。

```
class Map(object):

    scenes = {
        '中央通路': CentralCorridor(),
        'レーザー武器庫': LaserWeaponArmory(),
        'ブリッジ': TheBridge(),
        '脱出用ポッド': EscapePod(),
        'ゲームオーバー': Death(),
        'ゲームクリア': Finished(),
    }

    def __init__(self, start_scene_name):
        self.start_scene_name = start_scene_name

    def next_scene(self, scene_name):
        scene = Map.scenes.get(scene_name)
        return scene

    def opening_scene(self):
        return self.next_scene(self.start_scene_name)
```

その次は Map（地図）クラスだ。このクラスで各場面をその名前に関連づけて辞書に格納している。その辞書を参照するのが Map.scenes だ。Map クラスを場面クラスの後に書くのは、この辞書で各場面を参照しているからだ。参照するためには先に場面クラスが存在している必要がある。

```
a_map = Map('中央通路')
a_game = Engine(a_map)
a_game.play()
```

最後がゲームを実行するコードだ。まず Map を作成し、Engine にその Map インスタンスを渡す。そして、ゲームを動作させるために Engine インスタンスの play（プレイする）関数を呼び出す。

実行結果

作りたいゲームをしっかりと理解し、自分自身でコードを書くことにまず挑戦してみよう。行き詰まったら、この本のコードをちらっと見てもよいが、その後

は自分自身で解決する努力を続けてほしい。この本のゲームを実行すると次のようになる。

ターミナルの画面

```
$ python3 ex43.py
```

第25惑星パーカルのゴーソンが君たちの宇宙船に侵入し、乗組員全員がやられてしまった。最後の生き残りが君だ。君の最後の任務は武器庫にある中性子弾をブリッジに設置し、宇宙船を爆破する前に脱出用ポッドで脱出することだ。

君が武器庫に向かって中央通路を駆け下りたそのとき、一匹のゴーソンが目の前に現れた。そいつは赤い鱗状の肌と汚れた黒い歯をもち、邪悪な道化師のようなコスチュームをその憎悪に満ちた身にまとっていた。そして、武器庫のドアの前に居座り、君に銃を向けていまにも引き金を引こうとしている。

> 身をかわす

世界クラスのボクサーのように君はすばやく身をかわし、ゴーソンのブラスターから放たれたレーザーを間一髪でよけた。君は巧みなステップで身をかわしていたが、足を滑らせてしまい、金属の壁で頭を強打し一瞬気を失ってしまった。気づいたときには、ゴーソンに頭を踏みつけられ、君は食べられてしまった。

君は死んだ。なんて下手くそなんだ。

演習問題

1. コードを変更してみよう！　もしかすると君はこのゲームが気に入らないかもしれない。ちょっと暴力的だし、SFに興味がないかもしれない。ゲームを壊さずに好きなように変更してみよう。これは君のコンピュータだ。君の好きなようにすればよい。
2. この本のコードにはバグがある。暗証番号を11回も試すことができる理由を説明できるだろうか。
3. 次の場面を `return` しているコードが動作する仕組みを説明してみよう。
4. 難しい場面をクリアできるようにゲームにチートコード（ちょっとしたズルをするコード）を追加してみよう。簡単なコードでそれができる。
5. ゲームの説明と分析の部分に戻って、プレイヤーが各場面で遭遇したゴーソ

ンと戦うための簡単な戦闘システムを作ってみよう。
6. 実は、これは「有限状態機械」とよばれるものだ。有限状態機械について調べてみよう。最初はよくわからないかもしれないが、とにかくやってみよう。

よくある質問

Q: ゲームのストーリーをどこで見つけることができますか？

A: 君ならゲームのストーリーを考え出すことができる。そのストーリーを友人に話すつもりで考えてみよう。君が好きな本や映画を参考にすれば、いろいろな場面を考えることができるだろう。

エクササイズ 44

継承とコンポジション

　主人公が邪悪な悪役を倒す物語には暗い森のような場所が出てくる。それは、洞窟や森や別の惑星といった通常であれば主人公が足を踏み入れないような場所だ。しかし、その悪役を倒すために主人公はその恐ろしい森に行くはめになる。そして、この邪悪な森の中で命の危険にさらされてしまうのだ。

　そのような物語には危険な状況を避ける賢さをもつ主人公は出てこない。主人公が次のようなことをいうこともないだろう。「ちょっと待てよ。愛するキンポウゲを残して一攫千金を狙ってこの大海原に出ると、私は命を落とすかもしれない。そうするとキンポウゲは邪悪なフンバーディンク親王と結婚しなければならないだろう。あのフンバーディンクと！　私はここにとどまって、農夫向けレンタルビジネスでも始めた方がましだ。」

　そのような主人公なら、火の沼に行くこともないし、死と蘇生もない。剣の戦いもなければ、大男も出てこない。物語に必要なありとあらゆるものが出てこないだろう。そのため、どうあがいても主人公を引きずり込むブラックホールのような存在として、このような森が必要なのだ。

　オブジェクト指向プログラミングでは継承は邪悪な森だ。経験豊富なプログラマはこの邪悪な継承を避けるべきことを知っている。なぜなら、継承という暗い森の奥深くに多重継承という邪悪な女王がいることを知っているからだ。邪悪な女王は大きくて複雑な歯でもってソフトウェアとプログラマを食い尽くす恐ろしいやつだ。しかし、森はとても強力で魅力的であり、ほとんどのプログラマは一人前のプログラマになる前にその中に足を踏み入れてしまう。そして、命からがら邪悪な女王の魔の手から逃げ出すことになる。継承の森の誘惑に抵抗することは難しく、君も足を踏み入れてしまうだろう。その経験を経て、その邪悪な森を避けることを学ぶ。もし再び足を踏み入れる必要に迫られたなら、軍隊を引き連れて行くだろう。

　「継承を注意深く使うべきだ」と教えることはあまり一般的ではなく、少し変

わっていると思うかもしれない。いままさに森の中で邪悪な女王と戦っているプログラマは君の助けを求めて君に来てほしいといってくるだろう。しかし、そのプログラムはあまりにも複雑で始末に負えない可能性が高い。だから、次のことを頭にとどめておいてほしい。

継承を使っているほとんどの状況は、コンポジションを使うことでより簡単なものに置き換えることができる。そして、いかなる犠牲を払ってでも多重継承は避けるべきだ。

継承とは何か？

継承とは、あるクラスが基底クラスにあるほとんど（もしくは、すべて）の機能を取り入れるために使うものだ。`class Foo(Bar)` と書くことは「Bar クラスを継承する Foo クラスを作成する」ことを意味する。この場合、Foo のインスタンスに対する操作は Bar のインスタンスに対して行われたかのように動作する。これにより、Foo クラスに対して一般的な機能を Bar クラスから取り込み、必要に応じて機能を特化できる。

このような特化を行う場合、基底クラス（親クラスやベースクラスともいう）と派生クラス（子クラスやサブクラスともいう）の相互作用は三種類ある。

1. 派生クラスに対する操作は、基底クラスの処理を暗黙的に引き継ぐ。
2. 派生クラスに対する操作は、基底クラスの処理をオーバーライド（上書き）する。
3. 派生クラスに対する操作は、基底クラスの処理の前後に何らかの処理を付け加える。

この三種類の方法を順番に実演し、そのコードを示そう。

暗黙的な継承

まず、親クラスで関数を定義し、子クラスでその関数を定義しない場合である暗黙の継承を示そう。

ex44a.py

```
1   class Parent(object):
2
3       def implicit(self):
4           print("Parent.implicit()が呼ばれた")
5
6   class Child(Parent):
7       pass
8
9   dad = Parent()
10  son = Child()
11
12  dad.implicit()
13  son.implicit()
```

Childクラスでpassを使っているが、これは空のブロックをPythonに指示する方法だ。Childという名前のクラスを作成しているが、このクラスでは新しいことは何も定義しない。代わりにParentクラスという基底クラスからすべての機能を継承する。このコードを実行すると、次の結果が得られる。

ターミナルの画面

```
$ python3 ex44a.py
Parent.implicit()が呼ばれた
Parent.implicit()が呼ばれた
```

13行目でson.implicit()を呼び出しているが、Childクラスではimplicit関数を定義していない。それにもかかわらず呼び出しは成功し、Parentクラスで定義された関数が呼び出されていることに注目してほしい。基底クラス（Parentクラス）に定義した関数があれば、派生クラス（Childクラス）は自動的にその関数を使うことができる。同じコードが多くのクラスで必要なら、これはとても重宝する。

明示的にオーバーライドする

暗黙的に呼び出される関数がある場合に問題になるのが、派生クラスで異なる処理をしたい場合がときどきあることだ。この場合、派生クラスでその関数をオーバーライドして処理を置き換える。そのためには単に派生クラスで同じ名前の関数を定義するだけだ。例を示そう。

ex44b.py

```
1   class Parent(object):
2
3       def override(self):
4           print("Parent.override()が呼ばれた")
5
6   class Child(Parent):
7
8       def override(self):
9           print("Child.override()が呼ばれた")
10
11  dad = Parent()
12  son = Child()
13
14  dad.override()
15  son.override()
```

この例では両方のクラスに override という名前の関数がある。実行するとどうなるか見てみよう。

ターミナルの画面

```
$ python3 ex44b.py
Parent.override()が呼ばれた
Child.override()が呼ばれた
```

14 行目が実行されると Parent.override 関数が実行される。なぜなら dad 変数は Parent クラスのインスタンスだからだ。15 行目が実行されると Child.override 関数でオーバーライドしたメッセージが出力されている。なぜなら son 変数は Child クラスのインスタンスであり、Child クラスはその関数を独自に定義したものでオーバーライドしているからだ。

少し休憩を取り、先に進む前にこの二つの方法をいろいろと試してみよう。

前後に処理を付け加える

継承を使用する三つ目の方法はオーバーライドの特殊なケースだ。つまり Parent クラスの関数の前や後に何らかの処理を付け加えたい場合だ。先ほどの例のように関数をオーバーライドするが、Python の組み込み関数である super を使って基底クラスにある同じ名前の関数を呼び出す。次がその例だ。このコードを見れば、何をいっているのか理解できるだろう。

ex44c.py

```
1   class Parent(object):
2
3       def altered(self):
4           print("Parent.altered()が呼ばれた")
5
6   class Child(Parent):
7
8       def altered(self):
9           print("ChildでParent.altered()の呼び出し前")
10          super().altered()
11          print("ChildでParent.altered()の呼び出し後")
12
13  dad = Parent()
14  son = Child()
15
16  dad.altered()
17  son.altered()
```

重要なのは9行目から11行目だ。son.altered()が呼び出されたときにChildで行っていることは次のとおりだ。

1. Parent.altered をオーバーライドしたので Child.altered が実行される。その結果、期待通りに9行目が実行される。
2. 前後に処理を追加したいので、Parent.altered を取得するために super を使う。
3. 10行目で super().altered() を呼び出している。これは継承を認識して Parent クラスの altered() を呼び出す。「super を呼び出して、それが返したものに対して altered 関数を呼び出す」と読むことができるだろう。
4. この時点で Parent.altered 関数が実行され、Parent クラスのメッセージが出力される。
5. 最後に Parent.altered から戻り、Child.altered 関数は後のメッセージを出力する。

これを実行すると、次の結果が得られる。

ターミナルの画面

```
$ python3 ex44c.py
Parent.altered()が呼ばれた
```

```
ChildでParent.altered()の呼び出し前
Parent.altered()が呼ばれた
ChildでParent.altered()の呼び出し後
```

これら三つをすべて組み合わせる

これまでのことを実演するために、継承におけるすべての相互作用を一つのファイルで行う最終バージョンを示す。

ex44d.py

```python
class Parent(object):

    def override(self):
        print("Parent.override()が呼ばれた")

    def implicit(self):
        print("Parent.implicit()が呼ばれた")

    def altered(self):
        print("Parent.altered()が呼ばれた")

class Child(Parent):

    def override(self):
        print("Child.override()が呼ばれた")

    def altered(self):
        print("ChildでParent.altered()の呼び出し前")
        super().altered()
        print("ChildでParent.altered()呼び出し後")

dad = Parent()
son = Child()

dad.implicit()
son.implicit()

dad.override()
son.override()

dad.altered()
son.altered()
```

このコードのそれぞれの行を調べて、その行が何をしているのか、それがオーバーライドしているかどうかを説明するコメントを書いてみよう。コメントを書いたら、実行して、コメントに書いたとおりになっているか確かめよう。

ターミナルの画面

```
$ python3 ex44d.py
Parent.implicit()が呼ばれた
Parent.implicit()が呼ばれた
Parent.override()が呼ばれた
Child.override()が呼ばれた
Parent.altered()が呼ばれた
ChildでParent.altered()の呼び出し前
Parent.altered()が呼ばれた
ChildでParent.altered()呼び出し後
```

super()の使い方

ここまでは当たり前のように思えたはずだ。しかし、いずれは多重継承の問題に悩まされることになるだろう。多重継承とは二つ以上のクラスを継承するクラスを定義することだ。次にそれを示す。

```
class SuperFun(Child, BadStuff):
    pass
```

これは「`Child`クラスと`BadStuff`クラスを同時に継承する`SuperFun`というクラスを作成する」といっているようなものだ。

この場合、`SuperFun`インスタンスに対してこのクラスで定義していない関数の呼び出しがあるたびに、`Child`と`BadStuff`の両方のクラス階層をたどって呼び出し可能な関数を検索する必要がある。しかも一貫した順序で行わなければならない。そのためにPythonが内部で使用するものが、MROという「メソッド解決順序 (Method Resolution Order)」とC3というアルゴリズムだ。

MROは複雑であり、明確に定義されたアルゴリズムを使う必要がある。MROを正しく保つことをプログラムに任せる代わりに、`super()`という関数をPythonは提供している。`Child.altered`で行ったように、`super()`を使うことで、基底クラスの処理を呼び出す場面で正しい順序で処理を呼び出せる。MROについて心配する必要はない。`super()`を使えばプログラムに代わってPythonが適切な関数を見つけてくれる。

__init__ の中で super() を使う

super() が使われるのは、派生クラスの __init__ 関数内がほとんどだ。これは通常、基底クラスの初期化を行い、その後、派生クラスで必要なことをする場所だ。Child クラスでそれを行う例は次のとおりだ。

```
class Child(Parent):
    def __init__(self, stuff):
        super().__init__()
        self.stuff = stuff
```

先ほどの Child.altered の例とほとんど同じだが、super().__init__ を使って基底クラスを初期化してから、インスタンス変数である stuff を設定している。

コンポジション

継承は便利だが、まったく同じことを行う別の方法がある。暗黙的な継承に頼るのではなく、ほかのクラスやモジュールを使う方法だ。継承を利用する三つの方法を見てみると、その中の二つの方法で機能を置き換えたり、変更したりするために新しいコードを書く必要があった。これから紹介する方法では、モジュールの関数を呼び出すだけで同じようなことが簡単に実現できる。その例を次に示す。

ex44e.py

```
 1  class Other(object):
 2
 3      def override(self):
 4          print("Other.override()が呼ばれた")
 5
 6      def implicit(self):
 7          print("Other.implicit()が呼ばれた")
 8
 9      def altered(self):
10          print("Other.altered()が呼ばれた")
11
12  class Child(object):
13
14      def __init__(self):
15          self.other = Other()
```

```
16
17      def implicit(self):
18          self.other.implicit()
19
20      def override(self):
21          print("Child.override()が呼ばれた")
22
23      def altered(self):
24          print("ChildでOther.altered()の呼び出し前")
25          self.other.altered()
26          print("ChildでOther.altered()の呼び出し後")
27
28  son = Child()
29
30  son.implicit()
31  son.override()
32  son.altered()
```

このコードでは Parent を使っていない。なぜなら Child は Parent と is-a 関係ではないからだ。ここで使っているのは has-a 関係だ。つまり Child は Other をもっていて、何かをするために Other を使っている。このコードを実行すると、次の結果が得られる。

ターミナルの画面

```
$ python3 ex44e.py
Other.implicit()が呼ばれた
Child.override()が呼ばれた
ChildでOther.altered()の呼び出し前
Other.altered()が呼ばれた
ChildでOther.altered()の呼び出し後
```

Child と Other を使ったコードは、Parent と Child を使ったコードとほとんど同じだ。唯一の違いは、Other.implicit を実行するために Child.implicit 関数を定義しなければいけないことだ。もし Other がほかでも使えるなら、other.py という名前のモジュールとして Other クラスを提供することを考える。

継承とコンポジションの使い分け

「継承かコンポジションか」という問題は、再利用可能なコードをどうやって達成するかという問題と同じだ。ソフトウェアのあちこちにコードを重複させたくはないだろう。コードが雑然とし、効率的でもないからだ。継承は基底クラスにある暗黙の機能を使ってこの問題を解決する。コンポジションはモジュールを使い、そのモジュールにあるほかのクラスの関数を呼び出すことでこの問題を解決する。

どちらの方法も再利用の問題を解決するなら、どの状況でどちらを使うべきだろうか？ 個人的な意見だが、どちらを使うべきかについて三つのガイドラインを示そう。

1. できる限り多重継承を避ける。正しく使うには多重継承はあまりにも複雑すぎる。多重継承を使っていると、問題に遭遇したときに、クラス階層を確認してすべてがどこから来ているのか時間をかけて調べる必要があるだろう。
2. コンポジションを使ってモジュール内にコードをまとめる。そうすればいろいろな場所や状況でそのモジュールを使うことができる。
3. 継承を使うのは、ある共通的な概念において明らかに関連している再利用可能なコードがある場合か、使っているものの制約により継承を使わざるを得ない場合かのどちらかだ。

ただし、このようなガイドラインやルールの奴隷になってはいけない。オブジェクト指向プログラミングは、関連するコードを一か所にまとめて共有するためにプログラマが作った単なる社会的慣習でしかないことを忘れないでほしい。そのような慣習だが、Python で体系化された慣習でもある。一緒に働いている人からこのガイドラインやルールに従わないようにいわれることもあるだろう。そのような場合はオブジェクト指向がどのように使われているのかを見極めて、その状況にうまく適応してほしい。

演習問題

ここでの演習問題は一つだけだが、長大だ。PEP 8 という Python コードのスタイルガイド (https://www.python.org/dev/peps/pep-0008/) を読んで、コー

ドスタイルをチェックするツールである pycodestyle を君のコードに対して使ってみよう。（訳注：以前はツール名も pep8 だったが、pycodestyle というわかりやすい名前に変わった。）その中のいくつかは、この本で学んだこととは異なることに気づくだろう。しかし、君はもうこれらの推奨事項を理解し、自分のコードでそれらを使うことができるはずだ。この本の残りのコードにもこれらのスタイルガイドに従っていないものがある。それはコードがわかりにくくなるかどうか次第だ。君も同じようにすることをお薦めする。難解なスタイルルールの知識を人に自慢するよりも、理解できるコードにすることの方がはるかに重要だ。

よくある質問

Q: どうすればはじめて見る問題を解決できますか？

A: 問題をうまく解決するための唯一の方法は、できる限り多くの問題を自分自身で解決することだ。普通の人は困難な問題にぶつかったときには急いでその解決策を見つけようとする。物事を早く終わらせなければならないときにはそのやり方でもよいが、時間的余裕があるなら、時間を確保してその問題に取り組んでみよう。立ち止まって、できる限り時間をかけて問題に真剣に向き合ってみよう。それを解決できるまで（もしくは降参するまで）、考えられることは何でも試してみよう。その後、その解決策を探してみよう。そうすれば、見つけた解決策をより深く理解でき、問題を解決する能力も伸ばすことができるだろう。

Q: オブジェクトはクラスのコピーですか？

A: いくつかの言語（JavaScript など）ではそのとおりだ。これらの言語はプロトタイプ言語とよばれ、オブジェクトとクラスにほとんど差はなく、使い方が違うだけだ。しかし、Python ではクラスは新しいオブジェクトを「作り出す」テンプレートとして機能する。それは金型（クラス）からコイン（オブジェクト）が鋳造されることに似ている。

エクササイズ 45

君自身のゲームを作ろう

　そろそろ自分自身を鍛える方法を学んでもよい頃だ。この本に取り組んでいれば、必要な情報はすべてインターネット上にあることをすでに学んでいるはずだ。しかし検索すべき適切な言葉を思いつくのは簡単ではない。その感覚を養う必要がある。そのためには大きなプロジェクトで苦闘し、うまく進めるために努力する必要がある。

　これから君がやるべきことは次のとおりだ。

1. この本で作ったゲームとは違うゲームを作る。
2. 複数のファイルを使って、それらをインポート (`import`) する。どのように動作するのかを理解すること。
3. ゲームの場面をいくつか考え、それぞれに一つずつクラスを書く。目的に合ったクラス名を考えること。たとえば黄金の部屋 (`GoldRoom`) や日本庭園 (`KoiPondRoom`) だ。
4. これらの場面を参照して実行するためのゲームエンジンクラスを作る。いろいろな方法があるが、各場面で次の場面を返す方法や次の場面を変数に設定する方法をまず考える。

　後は君に任せる。現時点で君ができる最高のゲームにするために一週間は費やしてほしい。クラス、関数、辞書、リストはもちろん、使えるものは何でも使おう。このエクササイズの目的は、クラスを構造化する方法、つまりそのクラスからほかのファイルにあるクラスを使う方法を学ぶことだ。

　次のことを忘れないでほしい。この本では君がすべきことをこと細かく教えることはしない。君自身が考えて取り組む必要があるからだ。自分で考えよう。プログラミングとは問題を解決することであり、試したり、実験したり、失敗したり、それまでやったことを捨てて最初からやり直したりすることが不可欠だ。行き詰まったら、書いたコードを人に見てもらって助けを求めよう。親身になって

くれない人は無視すればよい。親身になって助けてくれる人に相談しよう。よくなるまで続けよう。できるだけきれいにしよう。そして、もっとすごい人に見てもらおう。

幸運を祈る。一週間後にまた会おう。君のゲームを楽しみにしている。

ゲームを評価する

このエクササイズでは君が作ったゲームを君自身が評価する。もしかすると途中までしかできていなかったり、行き詰まっていたりするかもしれない。かろうじて動いている状態かもしれない。いずれにせよ、知っておくべきたくさんのことを君のゲームの中でできているか確認しよう。適切なクラスの記述方法や、クラスを使うときの一般的な慣習だけでなく、たくさんの「教科書」的な知識を学ぼう。

まず自分自身でやってみて、それから正しいやり方を確認しよう。今後、この本では君が自立できるように注力するつもりだ。これまで手取り足取り教えてきたが、いつまでも一緒にいられるわけではない。やるべきことを示すので、君自身でそれをやってほしい。その後、君がやったことを改善する方法を示す。

最初はもがき苦しみストレスを感じるだろう。しかし、それをやり通してほしい。そうすれば問題を解決する能力が身につくだろう。教科書にある解決方法をコピーするのではなく、問題の創造的な解決方法を自分で見つけることができるようになろう。

関数のスタイル

よい関数を作るために、これまで示したルールを適用するのはもちろんだが、追加すべきルールがある。それを次に示す。

- クラスの関数のことをメソッドとよぶプログラマも多い。この本では関数を使っていることが多いが、どちらを使ってもかまわない。しかし、「関数」というたびに「メソッド」だと訂正を迫られるときがある。あまりにもイライラさせられるなら、その人に「メソッドと関数の違いを数学的に説明してほしい」といってみよう。そうすればその人を黙らせることができるだろう。
- クラスを使って何かするときには、時間をかけて、そのクラスが「する」こ

とを考える。関数がすることを関数の名前にするのではなく、クラスに対する指示となる名前をつけること。たとえばリストの最後の要素を取り出す場合は、pop（ポップせよ）という名前を使い、remove_from_end_of_list（リストの最後の要素を取り除く）という名前を使わない。この名前はやっていることを示しているが、リストに対する指示ではない。
- 関数を小さくシンプルに保つ。クラスについて学び始めたばかりの人は、このことをよく忘れてしまう。

クラスのスタイル

- クラス名には SuperGoldFactory のような「キャメルケース」を使う。super_gold_factory のような「スネークケース」は使わない。（訳注：単語の区切りに大文字を使うものをラクダのこぶに見立ててキャメルケースといい、アンダースコアを使うものを蛇に見立ててスネークケースという。）
- __init__ 関数で多くのことをやらない。多くのことをやるとそのクラスは使いにくくなる。
- 関数名にはスネークケースを使う。たとえば my_awesome_hair を使い、myawesomehair や MyAwesomeHair は使わない。
- 関数の引数の順序に一貫性をもたせる。あるクラスが user、dog、cat を使う必要があるなら、とくに理由がない限りその順序を維持する。関数の引数として (dog, cat, user) を使うものと (user, cat, dog) を使うものが混在していると間違いやすい。
- モジュール変数やグローバル変数を使わない。それらの変数は自己完結した存在であるべきだ。
- 愚かな一貫性は狭い心の現れだ。一貫性はよいことだが、ほかの誰もが使っているからといって、何も考えずにそれに従うのは馬鹿げている。自分自身で考えよう。

コードのスタイル

- 空行を使ってコードを関連するブロックに分けて、読みやすくする。合理的なコードを書くことができるのに、空行を使わないひどいプログラマを見か

けることがたまにある。それはどのプログラミング言語であっても悪いスタイルだ。人間の目や脳は目に見えるものをスキャンし、それらを分離することに長けている。空行を使わないことはコードにカモフラージュを施すのと同じことだ。

- 声に出して読むことができなければ、そのコードは読むのに苦労するだろう。使いやすくすることが難しいコードに遭遇したら、声に出して読んでみよう。声に出すことで、ゆとりをもって精読できるだけでなく、読みにくい箇所を見つけて、それを読みやすくするヒントも得られるだろう。
- 自分自身のスタイルが見つかるまで、他人が使っているPythonのスタイルを試してみよう。
- 自分自身のスタイルが見つかっても、それに固執しすぎて時間を無駄に過ごさないように。他人が書いたコードを扱うことはプログラマの仕事の一部だが、君にとってそのコードは楽しくないかもしれない。しかし君のコードも他人から見れば同じだ。しかも君はそのことに気づいていないかもしれない。
- 君の好きなスタイルでコードを書く人がいれば、その人のスタイルをまねてみよう。

よいコメントを書く

- 「君のコードは十分に読みやすいのでコメントを書く必要はないよ。だからコメントやドキュメンテーションはいらないね」と君にいうプログラマがいるかもしれない。一見まともそうに聞こえるが、そのようなプログラマは他人がコードを使えないようにして多くの報酬を受け取ろうとするコンサルタントか、他人とは決して仕事をしようとしない無能な人だ。そんな人は無視してコメントを書こう。
- コメントを書くときは、なぜコードをそうしたのかを書く。何をどのようにするのかはコード自体が示している。コードをそう書いた理由が重要だ。
- 関数のドキュメンテーションコメントを書くときには、そのコードを使う人が必要とする情報を書く。難しく考える必要はない。その関数を使ってできることを説明する短いコメントが最も役に立つ。

- コメントは有益だが、あまりにも多すぎるコメントはよくない。多すぎるコメントは保守するのも大変だ。コメントをなるべく短く保ち、要点を絞ること。関数を変更するときには、コメントを見直して、そのコメントが正しいことを確認するように。

ゲームを評価する

　私になったつもりで自分のゲームを評価しよう。コードを印刷し、赤ペンをもって、厳しい目で見つけたすべての間違いに印をつける。エクササイズで学んだことや、これまでに君が読んだガイドラインも活用しよう。その作業を終えたら、自分の考えた方法でそれらすべてを修正する。この作業を何度も繰り返そう。コードをよくするためならどんなことでも採用しよう。この本で学んだいろいろなテクニックを使って、コードを小さく理解可能な単位に分解しよう。

　このエクササイズの目的はクラスの詳細に注意を向けることだ。君自身のコードに対してこれをやり終えたら、他人のコードを探して同じことをやってみよう。コードの一部を印刷し、君が見つけたすべての間違いやスタイルの誤りに印をつけてみよう。それらを修正して、そのプログラムを壊さずに修正できたか確認しよう。

　この一週間はほかのことには目もくれないでコードを評価し修正することに費やしてほしい。自分のコードだけでなく他人のコードに対してもやってみよう。簡単なことではないが、それをやり遂げることができれば、ボクサーが拳を操るように君の脳はプログラムを操ることができるだろう。

エクササイズ 46
プロジェクトの雛形

プロジェクトの「雛形 (skeleton)」ディレクトリでプロジェクトを準備する方法を学ぼう。このディレクトリの雛形には、新しいプロジェクトを始めるのに必要となる基本的なものがすべて含まれている。プロジェクトのレイアウト、自動テスト、モジュール、それにインストールスクリプトだ。新しいプロジェクトを作成するには、このディレクトリを新しい名前でコピーし、ファイルを編集することから始める。

macOS/Linux での準備

このエクササイズに取り組む前に、Python 用のソフトウェアをインストールする必要がある。これは「パッケージ (package)」とよばれるもので、関連するモジュールなどをひとまとめにしたものだ。新しいモジュール（パッケージ）をインストールするには pip3 （または単に pip）というツールを使う。Python 3 をインストールすると、pip3 コマンドも一緒に含まれているはずだ。そのことを次のコマンドで確認しよう。（訳注：Linux の場合は python3-pip や python3-venv パッケージをインストールする必要があるかもしれない。）

ターミナルの画面

```
$ pip3 list
Package    Version
---------- -------
pip        10.0.1
setuptools 39.0.1
$
```

pip のバージョンに関する警告メッセージが表示されたとしても無視してかまわない。ほかのパッケージがインストールされているかもしれないが、pip と setuptools が入っていればよい。そのことが確認できれば必要なツールをインストールできる。

その前に「仮想的な」Python インストール環境を構築しておこう。これにより、プロジェクトごとにバージョンの異なるパッケージを容易に管理できる。まず次のコマンドを実行する。このコマンドが何をするのかはそれから説明する。

ターミナルの画面

```
$ mkdir ~/.venvs
$ python3 -m venv --system-site-packages ~/.venvs/lpthw
$ . ~/.venvs/lpthw/bin/activate
(lpthw) $
```

コマンドを一つずつ説明しよう。

1. ホームディレクトリ（~/）に仮想環境を格納するための .venvs というディレクトリを作成した。
2. `python3 -m venv` コマンドを実行した。`--system-site-packages` を指定して、システムにインストールしたパッケージを含めることと、`~/.venvs/lpthw` に仮想環境を構築することを指示した。
3. lpthw 仮想環境での作業を開始するために、Bash の . コマンド（ドットコマンド）に `~/.venvs/lpthw/bin/activate` を指定して仮想環境を有効化 (activate) した。(訳注：仮想環境での作業を終了するには `deactivate` コマンドを実行する。)
4. プロンプトが (lpthw) を含むものに変わった。これによりその仮想環境を使っていることがわかる。

インストールされた場所を確認しよう。

ターミナルの画面

```
(lpthw) $ which python
/Users/zedshaw/.venvs/lpthw/bin/python
(lpthw) $ python
Python 3.7.1 (v3.7.1:260ec2c36a, Oct 20 2018, 03:13:28)
[Clang 6.0 (clang-600.0.57)] on darwin
Type "help", "copyright", "credits" or "license" for more information.
>>> quit()
(lpthw) $
```

ここで実行された Python は、もとの場所にあるものではなく /Users/zedshaw/.venvs/lpthw/bin/python にインストールされたものだ。仮想環

境では python3 に加えて python もインストールされるので、python でなく python3 と入力しなければいけなかった問題も解消される。python3 の場所も確認しておこう。

ターミナルの画面

```
(lpthw) $ which python3
/Users/zedshaw/.venvs/lpthw/bin/python3
(lpthw) $
```

pip コマンドも同じであることがわかるだろう。ではこの準備の締めくくりとして、これ以降のエクササイズで使うテストフレームワーク pytest をインストールしよう。

ターミナルの画面

```
(lpthw) $ pip install pytest
Collecting pytest
  Downloading https://files.pythonhosted.org/packages/19/80/1ac71d332302a89e8637↵
456062186bf397abc5a5b663c1919b73f4d68b1b/pytest-4.0.2-py2.py3-none-any.whl (217k↵
B)
    100%  |████████████████████████████████| 225kB 1.0MB/s
:

Successfully installed atomicwrites-1.2.1 attrs-18.2.0 more-itertools-4.3.0 plug↵
gy-0.8.0 py-1.7.0 pytest-4.0.2 six-1.12.0
(lpthw) $
```

（訳注：仮想環境にインストールしたパッケージのドキュメントを見る場合は、pydoc コマンドではなく python -m pydoc を使う必要がある。）

Windows での準備

Windows でのインストールは Linux や macOS より簡単だ。ただし、インストールされている Python のバージョンが一つの場合に限る。Python 3 と Python 2 の両方がインストールされている場合は複数のインストールを管理することはとても難しい。自力でなんとかしてほしい。この本の手順に従っていれば、Python 3 しかインストールしていないはずだ。そうであれば、次にやるべきことはホームディレクトリに移動し、正しいバージョンの Python が実行されることを確認することだ。

エクササイズ 46　プロジェクトの雛形

ターミナル (PowerShell) の画面

```
> cd ~
> python
Python 3.7.1 (v3.7.1:260ec2c36a, Oct 20 2018, 14:57:15) [MSC v.1915 64 bit (AMD6
4)] on win32
Type "help", "copyright", "credits" or "license" for more information.
>>> quit()
```

次に pip を実行して、基本的なものがインストール済みであることを確認する。

ターミナル (PowerShell) の画面

```
> pip list
Package    Version
---------- -------
pip        10.0.1
setuptools 39.0.1
>
```

pip のバージョンに関する警告メッセージは無視してもかまわない。pip と setuptools が入っていれば、ほかのパッケージがインストールされていてもかまわない。次に、後で必要になる仮想環境を構築しよう。

（訳注：Windows 日本語版で PowerShell（バージョン 5 以下）を使っている場合は次の点に注意が必要だ。

- 仮想環境の構築には日本語を含まないディレクトリを指定する。
- PowerShell スクリプトの実行ポリシーを RemoteSigned にする。

アカウントに日本語を含む場合は、ホームディレクトリ (~/) ではなく、C:¥venvs といった別のディレクトリに仮想環境を構築する。後述する Activate コマンドを実行してスクリプトの実行が無効になっているというエラーに遭遇した場合は、実行ポリシーが Restricted なので、Set-ExecutionPolicy RemoteSigned -Scope CurrentUser コマンドで実行ポリシーを変更する。このコマンドは一度だけ実行すればよい。)

.venvs ディレクトリを作成し、そこに仮想環境を構築する。

ターミナル (PowerShell) の画面

```
> mkdir .venvs


    ディレクトリ: C:¥Users¥zedshaw


Mode                LastWriteTime         Length Name
----                -------------         ------ ----
d-----       2018/12/16     16:58                .venvs


> python -m venv --system-site-packages .venvs¥lpthw
>
```

この二つのコマンドで、仮想環境を格納するための .venvs ディレクトリを作成し、その中に lpthw という名前の最初の仮想環境用ディレクトリを作成した。仮想環境とはソフトウェアをインストールするための「仮想的な」環境であり、バージョンの異なるパッケージをプロジェクトごとにもつことができる。仮想環境を設定したら、それを有効化 (activate) する。

ターミナル (PowerShell) の画面

```
> .¥.venvs¥lpthw¥Scripts¥activate
(lpthw) >
```

PowerShell 上で `Activate` コマンドを実行している。これは現在のターミナルで lpthw 仮想環境での作業を開始するものだ。今後、この本のコードを実行するときには仮想環境を有効化することが前提だ。有効化すると、現在使っている仮想環境を示す (lpthw) が PowerShell プロンプトに追加される。(訳注：仮想環境での作業を終了するには `deactivate` コマンドを実行する。) では、後でテストするのに必要な `pytest` をインストールしよう。

ターミナル (PowerShell) の画面

```
(lpthw) > pip install pytest
Collecting pytest
  Downloading https://files.pythonhosted.org/packages/19/80/1ac71d332302a89e8637↲
456062186bf397abc5a5b663c1919b73f4d68b1b/pytest-4.0.2-py2.py3-none-any.whl (217k↲
B)
```

```
100%  |████████████████████████████████| 225kB 1.0MB/s
:
Successfully installed atomicwrites-1.2.1 attrs-18.2.0 colorama-0.4.1 more-itert↵
ools-4.3.0 pluggy-0.8.0 py-1.7.0 pytest-4.0.2 six-1.12.0
(lpthw) >
```

ここで pip を使って pytest をインストールしたのは、メインのシステムパッケージディレクトリではなく、仮想環境の .venvs¥lpthw だ。これにより、メインのシステム構成に影響を与えることなく、作業しているプロジェクトごとに Python パッケージの異なるバージョンをインストールできる。

プロジェクトの雛形ディレクトリを作成する

次のコマンドを使って、雛形ディレクトリを構築する。

ターミナルの画面

```
$ mkdir projects
$ cd projects/
$ mkdir skeleton
$ cd skeleton
$ mkdir bin NAME tests docs
```

projects という名前のディレクトリに、取り組んでいるすべてのプロジェクトを格納する。そのディレクトリの中にプロジェクトの基礎となる雛形ディレクトリを用意する。雛形を使うときには、NAME というディレクトリ名をプロジェクトのメインモジュールの名前に変更する。続いていくつかの初期ファイルを作成する。macOS/Linux でそれを行う方法は次のとおりだ。

ターミナルの画面

```
$ touch NAME/__init__.py
$ touch tests/__init__.py
```

Windows PowerShell の場合は次のとおりだ。

ターミナル (PowerShell) の画面

```
> new-item -type file NAME¥__init__.py
> new-item -type file tests¥__init__.py
```

コードを格納する空の Python モジュールディレクトリを作成した。次にプロジェクトをパッケージとしてインストールするのに必要な setup.py ファイルを作成する。

setup.py

```
try:
    from setuptools import setup
except ImportError:
    from distutils.core import setup

config = {
    'name': 'projectname',
    'packages': ['NAME'],
    'version': '0.1',
    'description': 'My Project',
    'author': 'My Name',
    'author_email': 'My email.',
    'url': 'URL to get it at.',
    'download_url': 'Where to download it.',
    'install_requires': ['pytest'],
    'scripts': [],
}

setup(**config)
```

このファイルを編集し、君の連絡先の情報を書いておこう。そうすればコピーしてすぐに利用できる。

次に tests/test_NAME.py というテスト用のシンプルな雛形ファイルを作成する。

test_NAME.py

```
import NAME


def setup_function():
    print("前処理!")


def teardown_function():
    print("後処理!")


def test_basic():
    print("テストが実行された!")
```

最終的なディレクトリ構成

これらをすべて設定すると、ディレクトリは次のようになる。

```
skeleton/
    NAME/
        __init__.py
    bin/
    docs/
    setup.py
    tests/
        test_NAME.py
        __init__.py
```

今後 pytest などのコマンドを実行するときはこのディレクトリの中で行う。コマンドが実行できなければ、pwd や ls を使って正しいディレクトリにいることを確認しよう。もし、先ほどと違うディレクトリ構成が表示されたなら間違った場所にいる。コードのテストを実行するためには、プロジェクトのディレクトリ直下にいる必要がある。たとえば NAME ディレクトリでテストを実行しようとすると次のようになる。

ターミナルの画面

```
(lpthw) $ cd NAME   # これは間違い!
(lpthw) $ pytest
=========================== test session starts ============================
platform darwin -- Python 3.7.1, pytest-4.0.2, py-1.7.0, pluggy-0.8.0
rootdir: /Users/zedshaw/lpthw/projects/skeleton, inifile:
collected 0 items

======================= no tests ran in 0.01 seconds =======================
(lpthw) $
```

これは間違いだ！ 一つ上のディレクトリでテストを実行しなければいけない。この間違いに気づいたら、次のコマンドで正しい場所に移動してテストを実行する。

ターミナルの画面

```
(lpthw) $ cd ..     # NAME/の一つ上に移動する
(lpthw) $ ls        # OK! 正しい場所にいる
```

```
NAME              bin            docs           setup.py         tests
(lpthw) $ pytest
========================= test session starts =========================
platform darwin -- Python 3.7.1, pytest-4.0.2, py-1.7.0, pluggy-0.8.0
rootdir: /Users/zedshaw/lpthw/projects/skeleton, inifile:
collected 1 item

tests/test_NAME.py .                                           [100%]

======================= 1 passed in 0.08 seconds ======================
(lpthw) $
```

よく間違うので、忘れないように。

準備ができたことを確認する

すべてのインストールが完了すれば、次のコマンドが実行できる。

ターミナルの画面

```
(lpthw) $ pytest
========================= test session starts =========================
platform darwin -- Python 3.7.1, pytest-4.0.2, py-1.7.0, pluggy-0.8.0
rootdir: /Users/zedshaw/lpthw/projects/skeleton, inifile:
collected 1 item

tests/test_NAME.py .                                           [100%]

======================= 1 passed in 0.08 seconds ======================
(lpthw) $
```

次のエクササイズで、pytest が何をしているのか説明するつもりだ。出力結果が同じでないなら、おそらく何かを間違えている。その場合は、NAME ディレクトリと tests ディレクトリに __init__.py ファイルがあることと、tests/test_NAME.py の内容が正しいことを確認しよう。

雛形を使う

雛形で、ヤクの毛刈り (yak shaving) のような面倒なことの大部分はすでに片付いている。そのため、新しいプロジェクトを始めるには、次のことをすればよい。

1. 雛形ディレクトリのコピーを作り、新しいプロジェクトにちなんだ名前をつける。
2. `NAME` ディレクトリの名前を、プロジェクトの名前か、つけようと考えているモジュールの名前に変更する。
3. `setup.py` を編集して、プロジェクトの情報を書く。
4. `tests/test_NAME.py` の `NAME` も同じように変更する。
5. `pytest` を使って、雛形プロジェクトと同じようにすべてが正しく動作することを確認する。
6. コーディングを始める。

クイズ

このエクササイズには演習問題はない。その代わりに次のクイズに取り組んでみよう。

1. ここでインストールしたものの使い方を調べる。
2. `setup.py` ファイルとそれに関連するものについて調べる。忠告：うまく書かれたソフトウェアではないので、これの使い方は奇妙に感じるだろう。
3. プロジェクトを作り、コードをモジュールに収め、モジュールとして機能させる。
4. `bin` ディレクトリに実行可能なスクリプトを置くために、使っているシステムで実行可能な Python スクリプトを作成する方法を調べる。
5. `bin` に置いたスクリプトがインストールされるように `setup.py` を書く。
6. `setup.py` を使って、作成したモジュールをインストールし、それが正しく動作することを確認する。その後 `pip` を使ってアンインストールする。

よくある質問

Q: これらの手順は Windows でも動作しますか？
A: 動作する。ただし、Windows のバージョンによっては動作させるためのセットアップに少し苦労するかもしれない。できるまで調査したり、試したりしてみよう。Python と Windows に詳しい友人がいれば助けを求めよう。

Q: `setup.py` の `config` には何を入れればよいですか？
A: https://docs.python.org/distutils/setupscript.html にある `distutils` のドキュメントを読もう。(訳注：日本語訳は https://docs.python.org/ja/3/distutils/setupscript.html)

Q: `NAME` モジュールを読み込めないようです。`ImportError` になりました。
A: `NAME/__init__.py` ファイルがあることを確認しよう。Windows の場合は `NAME/__init__.py.txt` という名前になっていないか確認しよう。テキストエディタによっては、デフォルトで `.txt` という拡張子を追加することがある。

Q: `bin` ディレクトリが必要なのはなぜですか？
A: これはモジュールを置く場所ではなく、コマンドラインで実行されるスクリプトを置く標準的な場所だ。

Q: `pytest` を実行すると一つのテストが実行されます。これで正しいのでしょうか？
A: それで正しい。この本の結果もそうなっている。

エクササイズ 47
自動テスト

　ゲームが正しく動作していることを何度もコマンドを入力して確認しなければいけないとしたら、とても面倒だ。ちょっとしたコードを書いて、コードのテストをさせるのはどうだろうか？　そうすれば、プログラムを変更したり、新しいものを付け加えたりしたときに「テストを実行する」だけで、プログラムを壊しておらず、正しく動作していることを確認できる。このような自動テストはすべてのバグを検出するわけではないが、コードを何度も実行する時間と手間を減らしてくれる。

　これ以降のエクササイズでは、「実行結果」ではなく、「テスト結果」を示す。これからコードを書くときは必ず自動テストも書こう。そうすれば君はさらに優れたプログラマになるだろう。

　自動テストを書くべき理由を説明するつもりはないが、これだけはいっておく。プログラマになることを考えているなら、退屈でつまらないことを自動化しよう。それがプログラマだ。ソフトウェアのテストは間違いなく退屈でつまらない作業だ。そのためのコードを自分自身のために書こう。

　これが君に必要な説明になっているはずだ。君のプログラマ脳をより強くすることが「単体テスト (unit test)」を書く理由だ。この本を通じてこれまでたくさんのコードを書いてきたが、次の一歩を踏み出して、これからは書いたコードを「テストするコード」も書こう。書いたコードをテストするプロセスは、いま書いたコードをしっかりと理解することにつながる。そのコードが何をするのか、なぜ動作するのかを確実に理解することで、細部に注意を払うという次のレベルに進むことができる。

テストケースを書く

　これからちょっとしたコードとそれをテストする簡単なコードを書く。プロジェクトの雛形をもとに新しいプロジェクトを作成し、そこでこの小さなテスト

コードを実行する。

まずプロジェクトの雛形を使って ex47 プロジェクトを作成する。次がその手順だ。入力しなければいけないコマンドを示すのではなくその手順を文章で示すので、具体的にどんなコマンドを投入すべきかを自分で考えよう。

1. プロジェクトの雛形をコピーして ex47 というディレクトリ名に変更する。
2. すべてのファイル名にある NAME を ex47 に変更する。
3. すべてのファイル内の NAME という単語を ex47 に変更する。
4. すべての __pycache__ ディレクトリを削除して、不要なものを取り除く。

行き詰まったら、エクササイズ 46 に戻ろう。簡単にできるようになるまで繰り返し練習してほしい。

> **警告！** テストを実行するには pytest コマンドを使う。python tests/test_ex47.py ではない。

では ex47/game.py というファイルを作成して、これをテストしてみよう。次がそのテスト対象となる小さなクラスのコードだ。

game.py
```python
class Room(object):

    def __init__(self, name, description):
        self.name = name
        self.description = description
        self.paths = {}

    def go(self, direction):
        return self.paths.get(direction, None)

    def add_paths(self, paths):
        self.paths.update(paths)
```

このファイルを作成したら、単体テストの雛形を次のように変更する。

ex47_tests.py
```python
from ex47.game import Room


```

```
 4   def test_room():
 5       gold = Room("黄金の部屋",
 6                   "この部屋は黄金がいっぱいだ。北側に扉がある。")
 7       assert gold.name == "黄金の部屋"
 8       assert gold.paths == {}
 9
10   def test_room_paths():
11       center = Room("中央の部屋", "中央の部屋(テスト用)")
12       north = Room("北側の部屋", "北側の部屋(テスト用)")
13       south = Room("南側の部屋", "南側の部屋(テスト用)")
14
15       center.add_paths({'北': north, '南': south})
16       assert center.go('北') == north
17       assert center.go('南') == south
18
19   def test_map():
20       start = Room("スタート地点",
21                   "西に行くことも、穴の中を下ることもできる。")
22       west = Room("森",
23                   "ここには木がたくさんある。君は東に行くことができる。")
24       down = Room("迷宮",
25                   "ここは真っ暗だ。君は上に行くことができる。")
26
27       start.add_paths({'西': west, '下': down})
28       west.add_paths({'東': start})
29       down.add_paths({'上': start})
30
31       assert start.go('西') == west
32       assert start.go('西').go('東') == start
33       assert start.go('下').go('上') == start
```

先ほど作成した ex47.game モジュールの Room クラスをインポートしてテストを行う。test_ で始まる関数が一連のテストケースだ。それぞれのテストケースにあるコードはほんの少しだ。部屋 (Room) をいくつか生成し、それらが期待通り正しく動作することを確認する。まず Room クラスの基本的な機能を確認し、次に部屋と部屋を結ぶ通路 (paths) を確認し、最後に地図全体を確認する。

ここで重要なのは assert 文だ。これは、変数の値が設定したとおりであることや、部屋に設定した通路が意図したとおりになっていることを確認するためのものだ。間違った結果になった場合、pytest はエラーメッセージを出力するので、何が間違っていたのかを知ることができる。

テストのガイドライン

テストを行うときは、次に示す大まかなガイドラインに従うとよい。

1. テストファイルは tests 配下に配置し test_ で始まる名前をつける（たとえば test_blah.py だ）。そうしないと pytest はテストを見つけることができない。また、テストとほかのコードの名前が衝突することも防ぐ。
2. 作成したモジュールごとに一つのテストファイルを作る。
3. テストケースとなる関数を短く保つ。少しばかり煩雑でもかまわない。テストケースは多少ごちゃごちゃしているものだ。
4. テストケースは煩雑でもよいといったが、できるだけきれいに保ち、繰り返しを避ける。重複したコードがあれば、それを取り除くヘルパー関数を作成する。後でコードに変更を加えてテストも変更するときがくるだろう。そのときに大いに助かるはずだ。テストコードであっても、重複したコードはテストの変更をより難しくする。
5. 最後に一言。テストにあまり固執しすぎないように。何かを再設計するとき、すべてを削除してやり直した方が最善なことも多い。

テスト結果

ターミナルの画面

```
(lpthw) $ pytest
=========================== test session starts ============================
platform darwin -- Python 3.7.1, pytest-4.0.2, py-1.7.0, pluggy-0.8.0
rootdir: /Users/zedshaw/lpthw/projects/ex47, inifile:
collected 3 items

tests/test_ex47.py ...                                               [100%]

========================= 3 passed in 0.02 seconds =========================
(lpthw) $
```

すべてがうまくいけば、このように出力されたはずだ。次に、わざとエラーになるようにしてどのように出力されるのか確認し、それを修正してみよう。

演習問題

1. pytest について調べてみよう。その代替策についても調べよう。
2. Python の doctest について調べてみよう。君はそれが気に入るだろうか？
3. Room クラスを発展させ、追加した機能を使ってゲームを再構築しよう。単体テストも忘れずに。

よくある質問

Q: pytest を実行すると、構文エラーが発生します。
A: まずエラーメッセージを確認しよう。エラーの行かその上の行を修正する必要があるだろう。pytest のようなツールは、コードとテストコードを実行するので、Python を実行したときと同じ構文エラーを検出する。

Q: ex47.game をインポートできません。
A: ex47/__init__.py ファイルと tests/__init__.py ファイルを作成しているか確認しよう。何をどうすればよいのかはエクササイズ 46 を参照してほしい。これで問題が解決しなければ、python -m pytest を使ってテストを実行してみよう。

エクササイズ 48
高度な入力

　これまでのゲームでは、ユーザーの入力が期待する文字列かどうかを判定していた。ゲームが「run」を期待していれば、ユーザーは正確に「run」と入力する必要があった。つまり「run fast」といった類似の文では機能しなかった。ここで必要なことは、ユーザーが入力したさまざまな文をコンピュータが理解できるものに変換することだ。たとえば、次のような文をすべて機能するようにしたいということだ。(訳注：このエクササイズと次のエクササイズでは英語を処理するコードを扱う。)

- open door
- open the door
- go THROUGH the door
- punch bear
- Punch The Bear in the FACE

　文として認識できるものを入力してゲームが正しく動作することを期待するのはユーザーにとって自然なことだ。そのことを行うためにこれからモジュールを書く。このモジュールには協調しながら動作する複数のクラスがある。これらのクラスがユーザーからの入力を処理し、ゲームが確実に動作するように入力を変換する。

　英語という言語を単純化すると、次の要素を含むと考えられる。

- 単語 (word)：空白で区切られたもの
- 文 (sentence)：単語から構成されるもの
- 文法 (grammar)：文を意味のあるものに構成するもの

　まず取り組むことは、ユーザーが入力した単語を取得し、その単語の種類 (type) を把握することだ。

ゲームの語彙

このゲームのために「語彙」を作る必要がある。次が語彙として許容される単語の一覧だ。

- direction（方向）: north、south、east、west、down、up、left、right、back
- verb（動詞）: go、stop、kill、eat
- stop word（ストップワード）: the、in、of、from、at、it
- noun（名詞）: door、bear、princess、cabinet
- number（数値）: 0〜9 の文字から構成される文字列

ゲームの部屋によっては、ほかの名詞が必要になるかもしれない。いまのところこの名詞の一覧を使い、必要になったら後で追加することにしよう。

文を単語に分ける

語彙の一覧ができたら、文の意味を把握できるように文を単語に分解する。文は「空白で区切られた単語の並び」なので、それを行うだけだ。

```
stuff = input('> ')
words = stuff.split()
```

当面はこれで十分だろう。

語彙のタプル

文を単語に分ける方法はわかった。次は単語のリストを調べて、それぞれの単語の「種類 (type)」を把握する。そのために「タプル (tuple)」という Python のデータ構造が役に立つ。タプルとは変更できないリストのようなもので、カンマで区切ったデータを丸括弧の内側に入れて作る。たとえば、次のとおりだ。

```
first_word = ('verb', 'go')
second_word = ('direction', 'north')
third_word = ('direction', 'west')

sentence = [first_word, second_word, third_word]
```

このコードでは (TYPE, WORD) といった種類と単語のペア (pair) を作っている。今後、このペアを使って処理をする。

これは単なる例だが、基本的には最終結果でもある。ユーザーから入力をそのまま受け取り、`split` を使って単語に分け、これらの単語を分析して、その種類を判定し、文を組み立てる。

入力を走査する

入力を読み取るスキャナ (Scanner) を書く準備がこれで整った。このスキャナはユーザーから入力された文字列をそのまま受け取り、文 (Sentence) を返す。この文は (TYPE, WORD) というタプル（TYPE と WORD のペア）のリストだ。語彙に含まれない単語の場合もタプルを返すが、エラーを示す TYPE を使う。このエラーは何か間違いがあったことをユーザーに通知するために使われる。

ここからが面白いところだ。しかし、どうすればよいかはこの本では示さない。代わりに「単体テスト」を示すので、その単体テストがパスするようにスキャナを書いてみよう。

例外と数値

その前に一つ伝えておきたいことがある。それは数値への変換についてだ。ここでは少し手を抜いて、例外を使って数値への変換を行うつもりだ。「例外 (exception)」とは、実行した関数から返されるかもしれないエラーのことだ。エラーが発生すると、関数が例外を発生させる。関数を呼び出したコードは、その例外を処理しなければならない。たとえば Python に次のコードを入力すると例外が発生する。

ターミナルの画面

```
$ python3
Python 3.7.1 (v3.7.1:260ec2c36a, Oct 20 2018, 03:13:28)
[Clang 6.0 (clang-600.0.57)] on darwin
Type "help", "copyright", "credits" or "license" for more information.
>>> int("hell")
Traceback (most recent call last):
  File "<stdin>", line 1, in <module>
ValueError: invalid literal for int() with base 10: 'hell'
>>>
```

この ValueError は int() が投げた例外だ。int() に渡したものが数字ではないからだ。int() は整数を返すため、エラーを示す値を返すことは難しい。た

とえばエラーとして -1 を返すことはできない。-1 も整数だからだ。`int()` はエラーが発生したときに、何らかの値を返すのではなく `ValueError` 例外を発生させる。`int()` を呼び出した場合は、その例外を処理する必要がある。

例外を扱うには、キーワード `try` と `except` を使う。

```
def convert_number(s):
    try:
        return int(s)
    except ValueError:
        return None
```

`try` ブロックの中に例外が発生する可能性があるコードを書き、`except` ブロックの中にエラーが発生したときに実行するコードを書く。ここでは数字でない可能性がある文字列（単語）に対して `int()` を呼び出すが、エラーが発生した場合は例外を捕捉 (catch) して `None` を返す。これから君が書くスキャナで、単語が数字であるかどうかをこの関数を使ってテストする。単語が語彙に含まれるかチェックした後でエラーを返す前にこの関数を呼び出すとよいだろう。

はじめてのテストファースト

「テストファースト (test first)」とはプログラミングの一つの戦術、つまり進め方だ。まずコードが正しい場合にパスする自動テストを書き、そのテストを実際にパスするコードを書く。どのようにコードを実装すべきか考えがまとまっていないが、どのようにコードが動作すべきかわかっているときに使えるやり方だ。たとえば、あるモジュールに新たに作ろうと考えているクラスについて、そのクラスの使い方はわかっているが、実装する方法がわかっていないときにテストファーストで進めることができる。

ここに示したテストを使って、このテストをパスするコードを書いてみよう。このエクササイズを行う手順は次のとおりだ。

1. ここに示したテスト（テストケースともいう）を一つ選んで、そのコードを入力する。
2. テストを実行し、失敗することを確認する。これにより機能が正しく実装されたかをテストで確かめることができる。
3. ソースファイル `lexicon.py` に移動し、このテストをパスするコードを

書く。
4. すべてのテストがパスするコードを実装するまでこれを繰り返す。

手順3では、ほかの方法を組み合わせてコードを書くこともできる。

1. 必要になる関数やクラスの「空定義」を作成する。
2. その関数やクラスがどのように動作するのかを説明するコメントを書く。
3. コメントの記述内容に従ってコードを書く。
4. コードに書いたことと同じ内容のコメントを削除する。

このコードの書き方は「擬似コード (pseudo code)」とよばれる戦術だ。どう実装すべきかわからないが、何をすべきか説明できるときに使うとうまくいく。「テストファースト」と「擬似コード」の戦術を組み合わせると次に示す手順になる。

1. 失敗するテストを書く。
2. テストに必要になる関数／モジュール／クラスの空定義を書く。
3. その空定義に、どのように動作するのかを自分自身の言葉で説明するコメントを書く。
4. コメントをコードに置き換えてテストをパスさせる。
5. それを繰り返す。

このエクササイズでは `lexicon.py` モジュールに対してテストを実際に実行させてこの手順を学ぼう。

テスト結果

次がこれから使うテストケースを含む `tests/test_lexicon.py` だ。しかし、まだ入力しないでほしい。

`tests/test_lexicon.py`

```
1   from ex48 import lexicon
2
3   def test_directions():
4       assert lexicon.scan("north") == [('direction', 'north')]
5       result = lexicon.scan("north south east")
6       assert result == [('direction', 'north'),
```

```
                     ('direction', 'south'),
                     ('direction', 'east')]

def test_verbs():
    assert lexicon.scan("go") == [('verb', 'go')]
    result = lexicon.scan("go kill eat")
    assert result == [('verb', 'go'),
                      ('verb', 'kill'),
                      ('verb', 'eat')]

def test_stops():
    assert lexicon.scan("the") == [('stop', 'the')]
    result = lexicon.scan("the in of")
    assert result == [('stop', 'the'),
                      ('stop', 'in'),
                      ('stop', 'of')]

def test_nouns():
    assert lexicon.scan("bear") == [('noun', 'bear')]
    result = lexicon.scan("bear princess")
    assert result == [('noun', 'bear'),
                      ('noun', 'princess')]

def test_numbers():
    assert lexicon.scan("1234") == [('number', 1234)]
    result = lexicon.scan("3 91234")
    assert result == [('number', 3),
                      ('number', 91234)]

def test_errors():
    assert lexicon.scan("ASDFADFASDF") == [('error', 'ASDFADFASDF')]
    result = lexicon.scan("bear IAS princess")
    assert result == [('noun', 'bear'),
                      ('error', 'IAS'),
                      ('noun', 'princess')]
```

エクササイズ47でやったように、プロジェクトの雛形を使用してまず新しいプロジェクトを作成する。その後このテストファイルとテスト対象の`lexicon.py`ファイルをこのプロジェクトに作る。テストファイルの先頭部分を見て、モジュールがどこにあり、どのようにインポートしているのか理解するように。次に先ほどの手順に従って一度に少しずつテストケースを書く。たとえば次のとおりだ。

1. 先頭部分にインポート文を書き、テストがパスすることを確認する。
2. まず、`test_directions` という空のテストケース（関数）を書く。実行してエラーにならないことを確認する。
3. `test_directions` に、テストケースの最初の行を書く。実行すると失敗してエラーになるはずだ。
4. `lexicon.py` ファイルに移動し、空の `scan` 関数を作成する。
5. テストを実行する。まだテストは失敗するが、少なくとも `scan` が実行されていることが確認できる。
6. `test_directions` をパスさせるために `scan` がどう機能すべきかを擬似コードのコメントで書く。
7. コメントに一致するコードを書くことを `test_directions` がパスするまで続ける。
8. `test_directions` に戻って、残りのテストを書く。
9. `lexicon.py` の `scan` に戻って、新しいテストコードをパスさせるために同じように取り組む。
10. 最初のテストケースがすべてパスしたら次のテストケースに進む。

少しずつこの手順を繰り返すことで、大きな問題をより小さく解決しやすい問題に分割できる。それは山登りに似ている。小さな山々を一つずつ乗り越えて、大きな山の頂に到着するようなものだ。

演習問題

1. 単体テストを改善し、`lexicon` に対してより多くのテストをしてみよう。
2. `lexicon` に機能を追加し、単体テストを更新しよう。
3. ユーザー入力の大文字／小文字を区別せず処理できるようにスキャナを改善してみよう。テストを更新して、テストがパスすることを確認しよう。
4. 数値に変換する別のやり方を調べてみよう。
5. 演習問題 4 に対する私の解決策は 37 行だった。君の解決策はどれくらいの長さだろうか？　私のより短いだろうか？

よくある質問

Q: ImportError が毎回出るのはなぜですか？
A: 間違ったディレクトリにいるか、スペルを間違って、違うモジュールをインポートしようとしていないだろうか。

Q: `try-except` と `if-else` の違いは何ですか？
A: `try-except` は関数から投げられた例外を処理するために使われる。`if-else` の代わりとして使えないし、使うべきでもない。

Q: ユーザーの入力を待っている間、ゲームを実行し続ける方法はありますか？
A: おそらくユーザーがすぐに反応しなければモンスターが攻撃してくることを君は考えているのだろう。それは可能だが、この本の範囲を超えるモジュールとテクニックが必要だ。

エクササイズ 49
文を組み立てる

　これから完成させるゲーム用の小さなスキャナ lexicon を実行すると次のようなリストが得られる。

ターミナルの画面

```
$ python3
Python 3.7.1 (v3.7.1:260ec2c36a, Oct 20 2018, 03:13:28)
[Clang 6.0 (clang-600.0.57)] on darwin
Type "help", "copyright", "credits" or "license" for more information.
>>> from ex48 import lexicon
>>> lexicon.scan("go north")
[('verb', 'go'), ('direction', 'north')]
>>> lexicon.scan("kill the princess")
[('verb', 'kill'), ('stop', 'the'), ('noun', 'princess')]
>>> lexicon.scan("eat the bear")
[('verb', 'eat'), ('stop', 'the'), ('noun', 'bear')]
```

　これは次のような長い文でも機能する。

　lexicon.scan("open the door and smack the bear in the nose")

　これをゲームで使えるものに直していこう。これを Sentence（文）クラスとして実装する。文は次のような単純な構造であることを学校で習ったはずだ。

　主語 (subject) 述語 (verb) 目的語 (object)

　実際の文はもっと複雑であり、学校の授業では文の構造を解明するのに何日も悩まされたことだろう。ここで必要なものは先ほどのタプルのリストを subject（主語）、verb（述語）、および object（目的語）をもつ Sentence オブジェクトに変換することだ。

先読みして一致するか判定する

　そのためには次に示す五つのものが必要だ。

1. スキャンして得られた単語のリスト（正確には種類と単語のタプルからなるリスト）をループする。これは難しくない。
2. 次の単語が期待する種類に「一致 (match)」するか判定する。単語のリストは主語 (subject)、述語 (verb)、目的語 (object) の順に並んでいるはずだ。
3. 何らかの判断を行うために、次の単語を「先読み (peek)」する。
4. ストップワードのような関係ないものを「読み飛ばす (skip)」。
5. これらの結果を Sentence オブジェクトに格納する。

必要な関数を ex48.parser という名前のモジュール、つまり ex48/parser.py というファイルに書き、テストする。peek 関数を使ってタプルのリストにある次の要素を先読みし、その要素が期待するものに一致するか判断する。

文法

コードを書く前に基本的な文法を理解する必要がある。これから書く構文解析ツールであるパーサ (Parser) は次に示す三つの属性をもつ Sentence オブジェクトを生成する。

Sentence.subject
> 文に対する主語であり、名詞 (noun) だ。省略されることがほとんどで、暗黙の主語は「player（プレイヤー）」だ。たとえば「run north」という文は「player run north」を意味し、「player」がそれにあたる。

Sentence.verb
> 文に対する行動を示す述語であり、動詞 (verb) だ。たとえば「run north」という文では「run」がそれにあたる。

Sentence.object
> 目的語も名詞 (noun) であり、動詞が働きかける何かを示す。このゲームでは方向 (direction) を別の語彙として扱っているが、これも目的語だ。たとえば「run north」という文では「north」が、「hit bear」という文では「bear」がそれにあたる。

パーサは先ほど説明した関数（peek、match、skip）を使って、スキャンされた文を対応するSentenceオブジェクトに変換する。

例外を発生させる

例外の扱いについては少し学んだが、例外を発生させる方法はまだ知らないだろう。パーサのコードの先頭に書いているParserErrorを使ってその方法を示す。ParserErrorはException型を継承するクラスとして定義する。例外を発生させるためにraiseキーワードを使っていることに注目しよう。

テストではこの例外を処理する方法が必要だ。その方法も後で示そう。

パーサのコード

もし大きな挑戦に取り組みたいなら、本を読むのをやめて先ほどの説明に基づいてコードを書いてみよう。行き詰まったら、本に戻ってきてコードを見ればよい。いずれにしても、パーサを自分で実装しようとするのはよい心構えだ。これから順を追ってコードを示すので、**ex48/parser.py**に少しずつコードを入力して進めるとよい。最初は構文解析エラーが発生したときに使う例外のコードだ。

parser.py
```
1  class ParserError(Exception):
2      pass
```

独自の例外クラスであるParserErrorを作っているのがこのコードだ。次にSentenceオブジェクトが必要だ。

parser.py
```
4  class Sentence(object):
5
6      def __init__(self, subject, verb, obj):
7          # ('noun', 'princess')といったタプルからSentenceを組み立てる
8          self.subject = subject[1]
9          self.verb = verb[1]
10         self.object = obj[1]
```

いまのところ、大したコードではない。単純なクラスを作っているだけだ。

問題の説明で書いたとおり、単語のリストを先読みしてどの種類の単語であるかを返すpeek関数が必要だ。

parser.py

```
12   def peek(word_list):
13       if word_list:
14           word = word_list[0]
15           return word[0]
16       else:
17           return None
```

この関数が必要なのは、次の単語が何であるかによって扱う文の種類を決める必要があるからだ。その後、その単語を読み込んで、別の関数を呼び出して処理を続ける。

単語の読み込みには match 関数を使う。この関数は次にくる単語が想定した種類であることを確認し、その単語をリストから取り出して返す。

parser.py

```
19   def match(word_list, expecting):
20       if word_list:
21           word = word_list.pop(0)
22   
23           if word[0] == expecting:
24               return word
25           else:
26               return None
27       else:
28           return None
```

このコードもかなり単純だが、何をやっているのかを確実に理解し、なぜこのようになっているのかを考えてほしい。これから扱う文の種類を決めるためには、リストにある単語を先読みする必要がある。そして、これらの単語を使って Sentence を作る。

次は Sentence に必要のない単語を読み飛ばす方法だ。必要のない単語とは the、and、a といった単語のことでストップワードとよばれるものだ。これらを stop という種類として扱う。

parser.py

```
30   def skip(word_list, word_type):
31       while peek(word_list) == word_type:
32           match(word_list, word_type)
```

skip 関数が読み飛ばす単語は一つだけではなく、見つけたストップワードをすべて読み飛ばすことに注意しよう。たとえば scream at the bear と入力すると、scream と bear が残る。

これらが基本的な構文解析に必要な関数のすべてだ。これらの関数を使って、単語のリストに対して構文解析する。これらの関数のおかげでパーサは非常にシンプルだ。残りの関数はすべて短い。

まず動詞 (verb) を解析する関数から始めよう。

parser.py

```
34   def parse_verb(word_list):
35       skip(word_list, 'stop')
36
37       if peek(word_list) == 'verb':
38           return match(word_list, 'verb')
39       else:
40           raise ParserError("次の単語がverbではない。")
```

この関数はストップワードを読み飛ばして次の単語が「動詞 (verb)」であるか確認する。動詞でなければ、エラー理由を含んだ例外 ParserError を投げる。動詞であれば、その単語を読み込んで、リストから取り除く。目的語 (object) を扱う関数もよく似たものだ。

parser.py

```
42   def parse_object(word_list):
43       skip(word_list, 'stop')
44       next_word = peek(word_list)
45
46       if next_word == 'noun':
47           return match(word_list, 'noun')
48       elif next_word == 'direction':
49           return match(word_list, 'direction')
50       else:
51           raise ParserError("次の単語がnounでもdirectionでもない。")
```

ここでもストップワードを読み飛ばし、次の単語を先読みしてその単語が文として正しいかを判断している。しかし parse_object 関数では、「名詞 (noun)」と「方向 (direction)」の両方の単語を目的語 (object) として扱う必要がある。

parser.py

```
53  def parse_subject(word_list):
54      skip(word_list, 'stop')
55      next_word = peek(word_list)
56
57      if next_word == 'noun':
58          return match(word_list, 'noun')
59      elif next_word == 'verb':
60          return ('noun', 'player')
61      else:
62          raise ParserError("次の単語がnounでもverbでもない。")
```

主語を扱う parse_subject 関数も似たようなものだが、省略可能な player という暗黙の主語があるため、ここでも peek 関数を使う必要がある。

すべての準備が整った。最後の parse_sentence 関数は非常に単純だ。

parser.py

```
64  def parse_sentence(word_list):
65      subj = parse_subject(word_list)
66      verb = parse_verb(word_list)
67      obj = parse_object(word_list)
68
69      return Sentence(subj, verb, obj)
```

パーサを試してみる

これらがどのように機能するかを試してみるには、Python の対話モードを起動して次のように実行する。

ターミナルの画面

```
$ python3
Python 3.7.1 (v3.7.1:260ec2c36a, Oct 20 2018, 03:13:28)
[Clang 6.0 (clang-600.0.57)] on darwin
Type "help", "copyright", "credits" or "license" for more information.
>>> from ex48.parser import *
>>> x = parse_sentence([('verb', 'run'), ('direction', 'north')])
>>> x.subject
'player'
>>> x.verb
'run'
>>> x.object
```

```
'north'
>>> x = parse_sentence([('noun', 'bear'), ('verb', 'eat'), ('stop', 'the'),
...                     ('noun', 'honey')])
>>> x.subject
'bear'
>>> x.verb
'eat'
>>> x.object
'honey'
```

種類と単語が正しいペアになるように文を構成する必要がある。たとえば the bear run south という文はどう構成すればよいだろうか？

テスト結果

このエクササイズでは、すべてのコードが正しく機能することを確認する完全なテストを書く。前のエクササイズのテストと同じように `test/test_parser.py` にテストを書く。このテストには、パーサに誤った文を与えることによって例外が発生するテストも含めるように。

例外を確認するテストを書くために、`pytest` のドキュメントにある `pytest.raises` 関数を使う。`pytest.raises` 関数の使い方を学べば、前もって失敗するとわかっているテストを書くことができる。これはとても重要なテストだ。`pytest` のドキュメントを読んで、ほかの関数についても学ぼう。

この作業が終わったら、ほかの人が書いたコードに対して、どのように動作するのかを理解し、そのテストをどう書けばよいかを学ぶべきだ。信じてほしい。これは本当に必要なスキルだ。

演習問題

1. `parse_` 関数を、関数ではなくクラスのメソッドにしてみよう。どちらの設計がよいと思うだろうか？
2. パーサをエラーに対してより強固にしてみよう。`lexicon` 関数が理解できない単語をユーザーが入力しても、ユーザーを悩ませないようにしよう。
3. 数字を扱えるようにするなど、文法を改善してみよう。
4. ゲームの中で `Sentence` クラスをどのように使えば、ユーザーの入力に対してもっと面白いことができるか考えてみよう。

よくある質問

Q: pytest.raises が正しく動作しているように見えません。

A: pytest.raises(exception, func(args)) と書いていないだろうか。pytest.raises(exception, func, args) と書く必要がある。最初の書き方は、関数を呼び出してその結果を pytest.raises に渡そうとしているが、これでは例外を確認する前に例外が発生するため間違いだ。pytest.raises には呼び出す関数とその引数を渡す必要がある。同じことをするためには、次のように書いてもよい。

```
with pytest.raises(exception):
    func(args)
```

(訳注：この二つのエクササイズが理解できたなら、これを日本語対応させることは難しくはない。そのためのヒントを次に示す。

- 日本語を英語のように語ごとに分割することを「わかち書き」という。そのためのパッケージとして Janome や MeCab という形態素解析エンジンがある。調べてみよう。
- 「てにをは」のような助詞をストップワードとする。
- 単語のリストは目的語 (**object**)、述語 (**verb**) の順に並んでいるものとする。主語 (**subject**) は必ず省略されると考えればよい。

日本語を処理するプログラムを書く場合、形態素解析が使えると便利なことが多い。ぜひマスターしてほしい。)

> **エクササイズ 50**
はじめての Web アプリケーション

　これから最後までの三つのエクササイズはかなりハードだ。十分に時間をかけて取り組んでほしい。このエクササイズでは君が作ったゲームのシンプルな Web バージョンを作る。そのためにはエクササイズ 46 を完了していることが必要だ。pip が正しく動作しており、パッケージをインストールする方法と雛形プロジェクトディレクトリを作成する方法は理解しているだろうか。その方法を覚えていなければ、エクササイズ 46 に戻ってもう一度やり直そう。

Flask をインストールする

　Web アプリケーションを作成する前に Flask とよばれる「Web フレームワーク」をインストールする。「フレームワーク (framework)」とは「何かをやりやすくするためのパッケージ」だ。Web アプリケーションの世界には、Web サイトを作るときに遭遇する困難な問題を解決するために作られた「Web フレームワーク」がある。このような共通的な問題の解決に役立つフレームワークは、ダウンロード可能なパッケージとして提供されている。プロジェクトを早急に立ち上げるためにフレームワークが使われる。

　ここでは Flask フレームワークを使うが、ほかにも選択肢は本当にたくさんある。Flask を学んだ後は、別のフレームワークに手を広げてもよいし、そのまま Flask を使い続けてもかまわない。

　では pip を使って Flask をインストールしよう。

ターミナルの画面

```
(lpthw) $ pip install flask
Collecting flask
   Downloading https://files.pythonhosted.org/packages/7f/e7/08578774ed4536d3242b↵
14dacb4696386634607af824ea997202cd0edb4b/Flask-1.0.2-py2.py3-none-any.whl (91kB)
     100%  |████████████████████████████████| 92kB 11.0MB/s
:
```

```
Successfully installed Jinja2-2.10 MarkupSafe-1.1.0 Werkzeug-0.14.1 click-7.0 fl↵
ask-1.0.2 itsdangerous-1.1.0
```

うまくいかなかったら、エクササイズ 46 に戻って、確実にできるようになってからもう一度やってみよう。

シンプルな「ハローワールド」プロジェクトを作成する

Flask を使って「ハローワールド」Web アプリケーションのシンプルな初期バージョンを作る。まずプロジェクトディレクトリを準備しよう。

ターミナルの画面

```
(lpthw) $ cd projects
(lpthw) $ mkdir gothonweb
(lpthw) $ cd gothonweb
(lpthw) $ mkdir bin gothonweb tests docs templates
(lpthw) $ touch gothonweb/__init__.py
(lpthw) $ touch tests/__init__.py
```

これからエクササイズ 43 で作ったゲームを Web アプリケーションにする。名前は gothonweb だ。その前に最も基本的な Flask のアプリケーションを作成しよう。app.py に次のコードを入力する。

app.py

```python
from flask import Flask

app = Flask(__name__)

@app.route('/')
def index():
    greeting = "ハローワールド!"
    return greeting
```

そして次のようにアプリケーションを実行する。(訳注：Flask はデフォルトで wsgi.py か app.py を読み込もうとする。別のファイルを指定するには、後述する環境変数 FLASK_ENV のように環境変数 FLASK_APP で指定する。詳細は Flask のドキュメントを参照してほしい。)

ターミナルの画面

```
(lpthw) $ flask run
 * Environment: production
   WARNING: Do not use the development server in a production environment.
   Use a production WSGI server instead.
 * Debug mode: off
 * Running on http://127.0.0.1:5000/ (Press CTRL+C to quit)
```

Web ブラウザを使って http://localhost:5000/ にアクセスすると、二つのことが確認できるだろう。ブラウザに「ハローワールド!」と表示されることと、ターミナルに次のようなメッセージが表示されることだ。

ターミナルの画面

```
127.0.0.1 - - [17/Dec/2018 11:22:55] "GET / HTTP/1.1" 200 -
127.0.0.1 - - [17/Dec/2018 11:22:57] "GET /favicon.ico HTTP/1.1" 404 -
```

これは Flask が出力するログメッセージだ。このメッセージから、サーバーが動作していることとブラウザが裏でやっていることが確認できる。ログメッセージは問題が発生したときにデバッグしたり問題を把握したりするのに役立つ。たとえばこのログからブラウザが `/favicon.ico` を取得しようとしたが、そのファイルが存在しないため `404 Not Found` というステータスコードをサーバーが返したことがわかる。

ここで使った Web に関する専門用語を説明するのは後回しだ。まず君一人で Web アプリケーションをセットアップして準備できるようになってほしい。そうすれば次の二つのエクササイズの説明がより理解できるだろう。そのために Flask のアプリケーションをいろいろな方法で壊してみて、それを直してみよう。どのようにセットアップすればよいかわかるようになるはずだ。

何が行われているのか？

ブラウザが Web アプリケーションにアクセスしたときには次のことが行われる。

1. ブラウザはローカルホスト (localhost) とよばれる君のコンピュータとネットワーク接続する。ローカルホストとは「ネットワーク上でこのコンピュータ自身を示す」一般的な言い方だ。そして 5000 番ポートを使っている。

2. ネットワーク接続すると app.py アプリケーションに対して HTTP リクエストを送信する。これは / という URL（一般的に Web サイトの最初の URL でもある）へのリクエストだ。
3. app.py のコードには URL の一覧があり、URL と起動する関数とを結び付けている。このコードにある唯一のものは / と index のマッピングだ。つまりブラウザを使って / にアクセスすると Flask はリクエストを処理するために index 関数を見つけて、その関数を呼び出そうとする。
4. Flask が index 関数を見つけると、その関数を呼び出して実際にリクエストを処理する。この関数が実行されると文字列を返す。その文字列は Flask がブラウザに送信すべきものだ。
5. 最終的に Flask がリクエストを処理し、レスポンスをブラウザに送信する。君が見たものがこれだ。

このことをしっかりと理解しよう。ブラウザから Flask を経由してどのように情報が流れるのか、そして index 関数からブラウザに何が戻るのかを図に描いてみよう。

エラーを修正する

greeting 変数に値を割り当てている 7 行目を削除して、ブラウザで再読み込みボタンを押す（何も変わらないはずだ）。次に CTRL-C を使って Flask を強制終了してから、Flask を起動する。起動したら、もう一度ブラウザで再読み込みする。今度は Internal Server Error（内部エラー）とブラウザに表示されるはずだ。ターミナルの出力を見ると次のように表示されているだろう。（[VENV] は仮想環境 .venvs/lpthw/lib/python3.7 ディレクトリのパス名だ。）

ターミナルの画面

```
(lpthw) $ flask run
 * Environment: production
   WARNING: Do not use the development server in a production environment.
   Use a production WSGI server instead.
 * Debug mode: off
 * Running on http://127.0.0.1:5000/ (Press CTRL+C to quit)
[2018-12-17 12:51:18,366] ERROR in app: Exception on / [GET]
Traceback (most recent call last):
  File "[VENV]/site-packages/flask/app.py", line 2292, in wsgi_app
```

```
          response = self.full_dispatch_request()
        File "[VENV]/site-packages/flask/app.py", line 1815, in full_dispatch_request
          rv = self.handle_user_exception(e)
        File "[VENV]/site-packages/flask/app.py", line 1718, in handle_user_exception
          reraise(exc_type, exc_value, tb)
        File "[VENV]/site-packages/flask/_compat.py", line 35, in reraise
          raise value
        File "[VENV]/site-packages/flask/app.py", line 1813, in full_dispatch_request
          rv = self.dispatch_request()
        File "[VENV]/site-packages/flask/app.py", line 1799, in dispatch_request
          return self.view_functions[rule.endpoint](**req.view_args)
        File "app.py", line 8, in index
          return greeting
      NameError: name 'greeting' is not defined
      127.0.0.1 - - [17/Dec/2018 12:51:18] "GET / HTTP/1.1" 500 -
```

これで十分な情報が得られるが、Flaskを「デバッグモード」で実行すると詳しいエラーページが表示され、さらに有益な情報が得られる。インターネット上でFlaskをデバッグモードで実行するのは危険なことを理解しよう。（訳注：ただし、デフォルトではFlaskを実行しているコンピュータからしかアクセスできない）。デバッグモードを有効にするには、環境変数 `FLASK_ENV` に `development` を指定して Flask を開発環境で実行する。

ターミナルの画面

```
(lpthw) $ export FLASK_ENV=development
(lpthw) $ flask run
 * Environment: development
 * Debug mode: on
 * Running on http://127.0.0.1:5000/ (Press CTRL+C to quit)
 * Restarting with stat
 * Debugger is active!
 * Debugger PIN: 105-023-381
```

Windows PowerShell の場合は次のとおりだ。

ターミナル (PowerShell) の画面

```
(lpthw) > $env:FLASK_ENV = "development"
(lpthw) > flask run
```

ブラウザで再読み込みすると、アプリケーションをデバッグするための情報と詳細を調べるために使うライブコンソールを備えた詳細なページが表示されるは

ずだ。

> **警告！** このブラウザに表示されたものは、Flask のライブデバッグコンソールと詳細な出力だ。デバッグモードを有効にしてインターネット上に公開すると危険なことがわかるだろう。このページを使って、攻撃者は遠隔から君のコンピュータを完全に制御できる。Web アプリケーションをインターネット上で公開した場合、デバッグモードを有効にしてはいけない。実際、私はデバッグモードを安易に有効にはしない。デバッグモードを使うことで開発中の作業を効率化できることは魅力的だが、デバッグモードによって Web サーバーにアクセスできることは、不正侵入ルートにもなり得る。怠慢ではなく疲れていてそうなってしまうこともある。

基本的なテンプレートを作成する

この「ハローワールド!」は面白い HTML ページだとは思えないだろう。これは Web アプリケーションなので、適切な HTML を応答として返す必要がある。そのためにシンプルなテンプレート (template) を使って、大きな緑色のフォントで「ハローワールド!」と表示してみよう。まず `templates/index.html` ファイルを作る。

index.html

```
1   <!DOCTYPE html>
2   <html lang="ja">
3   <head>
4       <title>第25惑星パーカルのゴーソン</title>
5   </head>
6   <body>
7
8   {% if greeting %}
9       これがいいたかった
10      「<em style="color: green; font-size: 2em;">{{ greeting }}</em>」
11  {% else %}
12      <em>ハロー</em>ワールド!
13  {% endif %}
14
15  </body>
16  </html>
```

HTML を知っていれば、これは見覚えがあるものに似ているだろう。そうでなければ HTML を調べて、実際に Web ページをいくつか作ってみよう。そうすれば HTML がどういうものかわかるはずだ。この `index.html` ファイルは実際にはテンプレートとよばれるものだ。テンプレートに渡す変数に応じて、Flask

がテキストの「穴」を埋める。`{{ greeting }}`のように書かれた箇所はすべてテンプレートに渡した変数の値で置き換えられる。

テンプレートを使うにはapp.pyに少しばかりのコードを追加して、レンダリングするためのテンプレートをFlaskに伝える必要がある。app.pyを開いて次のように変更する。

app.py
```
1   from flask import Flask
2   from flask import render_template
3
4   app = Flask(__name__)
5
6   @app.route("/")
7   def index():
8       greeting = "ハローワールド！"
9       return render_template("index.html", greeting=greeting)
```

注目してほしいのは`index`関数の最後の行を変更して`render_template`関数を使っているところだ。この関数に`greeting`変数を渡し、`render_template()`の結果を返している。

この変更を行ったら、ブラウザでWebページを再読み込みする。（訳注：開発環境で実行していれば、Flaskは変更を検出して自動的に再起動する。）緑色の別のメッセージが表示されるはずだ。ブラウザで右クリックし、メニューから「ページのソースを表示」を実行して、正しいHTMLであることを確認しよう。（訳注：Microsoft Edgeの場合で「ソースの表示」がなければ、F12キーを押すとメニューに追加されるはずだ。）

ここまで駆け足で進んできた。ではテンプレートの仕組みを詳しく説明しよう。

1. app.pyの先頭で`render_template`という名前の新しい関数をインポートした。
2. この`render_template`は`templates`ディレクトリから.htmlファイルをロードする方法を知っている。これはFlaskアプリケーションの便利で魔法のようなデフォルト設定だ。
3. コードの後半にはブラウザがアクセスしたときに起動される`index`関数が

あり、単に文字列 greeting を返すのではなく、引数に greeting 変数を指定して render_template を呼び出している。
4. render_template 関数は（明示的に templates とはいっていないが）templates/index.html ファイルを開き、それを処理する。
5. templates/index.html ファイルは通常の HTML のように見えるが、二種類のマーカーに囲まれたコードがある。一つは {% %} で、if 文や for ループなどの「実行可能コード」を含むもので、もう一つは {{ }} で、変数をテキストに変換して HTML の出力として「置き換える」ものだ。実行可能コードである {% %} は HTML として表示されない。このテンプレート言語の詳細については Jinja2 のドキュメントを参照してほしい。

このことを理解するために、greeting 変数や HTML を変更すると何が起こるのか確認してみよう。templates/foo.html といった別のテンプレートを作成して、それを同じようにレンダリングするのもよい。

演習問題

1. http://flask.pocoo.org/docs/1.0/ にある Flask プロジェクトのドキュメントを読んでみよう。
2. そこで見つけたサンプルコードを含むすべてのものを実際に試してみよう。
3. HTML5 と CSS3 について調べてみよう。.html と .css ファイルをいくつか作って練習してみよう。
4. Django を知っている友人がいて、その友人が喜んで君を助けてくれるなら、エクササイズ 50 から 52 までを Django を使ってやってみよう。

よくある質問

Q: http://localhost:5000/ に接続できません。
A: http://127.0.0.1:5000/ を試してみよう。

Q: index.html が見つからないようです。ほかのものも見つかりません。
A: おそらく最初に cd bin を実行し、そこでコマンドを実行したのではないだろうか。それは正しくない。すべてのコマンドは bin より一つ上のディレ

クトリで実行することを想定している。`flask run`と入力してエラーになる場合は、間違ったディレクトリにいる。

Q: テンプレートを呼び出すときに `greeting=greeting` と代入しているのはなぜですか？

A: これは `greeting` に代入しているのではなく、テンプレートに渡すためのキーワード引数 (keyword argument) の設定だ。これは一種の代入のようなものだが、テンプレート関数を呼び出すときにだけ影響する。(訳注：左側の `greeting` が関数のパラメータで、右側の `greeting` が関数に引数として渡す変数だ。)

Q: コンピュータで 5000 番ポートが使用できません。

A: アンチウイルスプログラムか何かがインストールされていて、そのポートを使っている可能性がある。別のポートを試してみよう。(訳注：別のポートを使うには `flask run -p 5100` のように`-p` を使って Flask を起動する。)

エクササイズ 51

ブラウザから入力を取得する

「ハローワールド!」とブラウザに表示させるだけでも面白いが、入力用のHTMLフォームを使ってユーザーがアプリケーションに文字列を送ることができればもっと面白いだろう。このエクササイズでは、前のエクササイズのWebアプリケーションを改造して、HTMLフォームを使って取得したユーザーに関する情報を「セッション」とよばれるものに保存する。

Webの仕組み

この説明はちょっと退屈な時間になるかもしれない。しかし、HTMLフォームを作成する前にWebの仕組みについてもう少し理解しておくべきだ。ここでの説明は完全なものではないが、正確なものであり、アプリケーションで何かうまくいかなかったときにその理由を調査するのに役立つ。フォームがどう動作するのかを理解すれば、フォームを作成することはより簡単だ。

まずWebリクエストのいろいろな部分とその情報の流れを簡単な図を使って説明しよう。

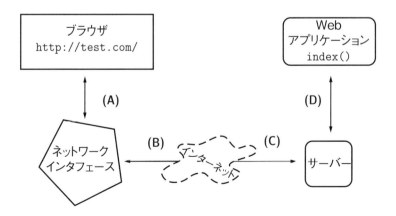

この図では経路に対してアルファベットでラベル付けしている。それらを使って一般的なリクエストの処理を順を追って説明しよう。

1. ブラウザに http://test.com/ という URL を入力すると、(A) を経由してリクエストがコンピュータのネットワークインタフェースに送信される。
2. このリクエストは (B) を経由してインターネットに送られ、(C) を経由してリモートコンピュータに到着する。そのリクエストを受け付けるのが、リモートコンピュータ上のサーバーだ。
3. そのリクエストは (D) を経由して Web アプリケーションに届けられ、Python のコードである `index` 関数が実行される。
4. Python のコードからリターンすると、サーバーが送信すべきレスポンスが得られる。再び (D) を経由してそのレスポンスをブラウザに送信することになる。
5. このサイトを実行しているサーバーは (D) を経由してレスポンスを受け取り、(C) を経由してそのレスポンスをインターネットに送信する。
6. サーバーからのレスポンスがインターネット上の (B) を経由してコンピュータのネットワークインタフェースに届き、(A) を経由して、ブラウザに到着する。
7. 最後にブラウザにレスポンスが表示される。

知っておくべきいくつかの専門用語をこれから説明する。これらは Web アプリケーションについて話すときに必要になる共通の語彙であり、先ほどの説明でも使っている。

ブラウザ (Browser)

君が毎日使っているソフトウェアだ。しかしブラウザが実際に何をしているのかはとんどの人は理解していない。そのような人はブラウザのことを「インターネット」とよぶ。ブラウザの仕事は、アドレスバーに入力した URL (http://test.com/ など) を取得し、その情報を使ってそのアドレスのサーバーにリクエストを送信することだ。

アドレス (Address)

通常、http://test.com/ のような URL (Uniform Resource Locator) であ

り、ブラウザがアクセスする場所を示す。最初の部分である http は使用するプロトコル (protocol) を意味する。この場合は「ハイパーテキスト転送プロトコル (Hyper-Text Transfer Protocol)」だ。ftp://ibiblio.org/ といったものもある。「ファイル転送プロトコル (File Transfer Protocol)」を調べてほしい。test.com の部分は「ホスト名 (hostname)」とよばれるものだ。人間にとって覚えやすいアドレスであり、IP アドレス (IP address) とよばれる数値に対応づけられる。この IP アドレスはインターネット上のコンピュータを示す電話番号のようなものだ。最後に URL は http://test.com/book/ の末尾である /book/ といったパスをもつことができる。これはリクエストによって取得するサーバー上のファイルやリソースを示す。ほかにも多くの構成部分があるが、主要なものはここで説明したものだ。

コネクション (Connection)
使用したいプロトコル（この場合は http）と接続したいサーバー (test.com) がわかれば、ブラウザはそのサーバーとのコネクションを確立する。ブラウザはオペレーティングシステム (OS) にサーバーへの「ポート (port)」をオープンするよう要求する（http の場合、そのポートはデフォルトで 80 番だ）。オープンが成功すると、OS はブラウザにファイルのようなものを返す。これは、ブラウザが動作しているコンピュータとサーバー (http://test.com/) とを結ぶネットワークを経由してバイトデータを送受信するためのものだ。http://localhost:8080/ の場合も同じだが、この場合はブラウザに対して、このコンピュータ自身 (localhost) に接続し、デフォルトの 80 番ポートではなく 8080 番ポートを使用するよう指示している。http://test.com:80/ の場合は、明示的に 80 番ポートを指定している点を除いて、ポート番号を指定していない場合と同じだ。

リクエスト (Request)
与えられたアドレスを使ってブラウザはサーバーとのコネクションを確立する。そしてサーバー上にあるリソースを要求する。たとえば URL の最後に /book/ をつけると /book/ にあるファイル（リソース）を要求する。この場合、サーバーは /book/index.html という実在するファイルを返すことが一般的だが、別のものを返したり、ファイルが存在しないというエラー

を返したりもできる。リソースを取得するためにブラウザができることは、サーバーにリクエストを送信することだけだ。これ以上詳細には踏み込まないが、サーバーに問い合わせるために何かを送信する必要があることは理解しておこう。興味深い点は、これらの「リソース」は実際のファイルである必要はないことだ。たとえば、ブラウザの要求に対して、サーバーはPythonコードが作成したものを送信できる。

サーバー (Server)

サーバーとはブラウザの接続先にあるコンピュータのことだ。サーバーは`files`や`resources`といったリクエストに対するレスポンスを送信する方法を知っている。一般的なWebサーバーはファイルを送信するだけであり、ネットワークの転送量であるトラフィックの大部分をこのファイルのやりとりが占める。しかし、ここではPythonを使ってサーバーを構築している。リソースに対するリクエストに応答する方法を知っていて、Pythonで生成した文字列を返している。ブラウザに対してファイルを返しているように見えるが、実際に返しているものは、コードの実行結果だ。エクササイズ50で見たように、レスポンスを作成するのに多くのコードはいらない。

レスポンス (Response)

レスポンスとはブラウザからのリクエストに対してサーバーが送信するHTML、CSS、JavaScript、画像などのことだ。ファイルの場合はディスクからファイルを読み込んでブラウザに送信するだけだが、読み込んだファイルの内容の前に特別な「ヘッダ」を付与する。このヘッダによってブラウザはレスポンスが何であるかを知ることができる。今回のアプリケーションの場合もヘッダを付与してデータを返している。このヘッダはPythonのコードの実行時に生成される。

これが、Webブラウザがインターネット上のサーバーにある情報にアクセスする方法についての最速の速習コースだ。このエクササイズを理解するには、この説明で十分役立つはずだ。この説明が理解できるまで何度も読み返してほしい。お薦めの方法は先ほどの図を見ながらエクササイズ50で作ったWebアプリケーションの異なる箇所を壊してみることだ。この図を見てWebアプリケーションを壊した結果が予想できるなら、どのように機能するかが理解できるだ

ろう。

フォームの仕組み

フォームを理解する最善の方法は、フォームデータを受け取るコードを書いて何が起こるのか確認することだ。app.py ファイルを開いて次のコードを入力してみよう。

form_test.py
```
1  from flask import Flask
2  from flask import render_template
3  from flask import request
4
5  app = Flask(__name__)
6
7  @app.route("/hello")
8  def index():
9      name = request.args.get('name', '名もない人')
10     greeting = f"ハロー、{name}"
11     return render_template("index.html", greeting=greeting)
```

Web アプリケーションを再起動して（CTRL-C を押してからもう一度実行する）、アプリケーションが再読み込みされたことを確認する。（訳注：開発環境で実行していれば、ファイルの変更を検出すると Web アプリケーションが自動で再起動する。）ブラウザから http://localhost:5000/hello にアクセスすると、次のように表示されるはずだ。

  これがいいたかった　「ハロー、名もない人」

次にブラウザの URL を http://localhost:5000/hello?name=Frank に変更する。そうすると「ハロー、Frank」に変わるはずだ。name=Frank の部分を自分の名前に変更してみよう。君に挨拶するはずだ。

スクリプトに加えた変更を一つずつ説明しよう。

1. `greeting` 変数に設定した文字列の代わりに、ブラウザから送られたデータを `request.args` を使って取得する。これは `key=value` のペアとしてフォームデータをもつ単純な辞書だ。
2. `name` の値を使って新しく `greeting` を作っている。これはすでに知っているだろう。

3. それ以外の部分は前と同じだ。

URL のパラメータは一つに限定されているわけではない。次のように二つのパラメータを使うように変更してみよう。たとえば http://localhost:5000/hello?name=Frank&greet=Hola という URL だ。そして、`name` と `greet` を取得するように `app.py` を変更する。

```
greet = request.args.get('greet', 'ハロー')
greeting = f"{greet}、{name}"
```

URL に `name` と `greet` のパラメータを含まない場合も確認しよう。ブラウザから http://localhost:5000/hello にアクセスする。この場合 `name` のデフォルト値は「名もない人」であり、`greet` のデフォルト値は「ハロー」だ。

HTML フォームを作成する

URL にパラメータを追加することで確かにこれは動作するが、不恰好で、普通の人にとっても使いにくい。より望ましいのは「POST を使った HTML フォーム」だ。これには `<form>` タグをもつ HTML ファイルを使う。フォームはユーザーから情報を収集し、先ほどと同じように Web アプリケーションにその情報を送信する。

実際に HTML フォームを作ってみて、どのように動作するのか確認しよう。これから作る HTML ファイルである `templates/hello_form.html` は次のとおりだ。

hello_form.html

```
1  <!DOCTYPE html>
2  <html lang="ja">
3  <head>
4      <title>サンプルWebフォーム</title>
5  </head>
6  <body>
7
8  <h1>フォームに記入する</h1>
9
10 <form action="/hello" method="POST">
11     挨拶: <input type="text" name="greet">
12     <br/>
13     名前: <input type="text" name="name">
```

```
14        <br/>
15        <input type="submit">
16      </form>
17
18    </body>
19  </html>
```

app.pyも次のように変更する。

app.py
```
1   from flask import Flask
2   from flask import render_template
3   from flask import request
4
5   app = Flask(__name__)
6
7   @app.route("/hello", methods=['POST', 'GET'])
8   def index():
9       if request.method == "POST":
10          name = request.form['name']
11          greet = request.form['greet']
12          greeting = f"{greet}、{name}"
13          return render_template("index.html", greeting=greeting)
14      else:
15          return render_template("hello_form.html")
```

このコードを書き終えたら、Web アプリケーションを再起動して、前と同じようにブラウザからアクセスする。「挨拶」と「名前」の入力を求めるフォームが表示されるはずだ。フォームの「送信」ボタンを押すと、挨拶のメッセージが表示されるが、ブラウザの URL はデータを送信したにもかかわらず http://localhost:5000/hello のままだ。これを行っているのは、hello_form.html ファイルの `<form action="/hello" method="POST">` の行だ。この行はブラウザに次のことを伝えている。

1. フォーム内の入力フィールドを使ってユーザーからデータを取得する。
2. 取得したデータを POST リクエストでサーバーに送信する。これは GET とは異なるリクエストで、フォームデータを URL に含めない。
3. このデータを /hello という URL に送信する。これは `action="/hello"` が示しているとおりだ。

コード内の変数名と二つの `<input>` タグが対応していることを確認しよう。index 関数の上の `methods` に GET だけでなく POST も書かれていることにも注目しよう。この新しいアプリケーションが動作する仕組みは次のとおりだ。

1. リクエストは前と同じように `index()` が処理する。しかし今回は `request.method` が POST メソッドと GET メソッドのどちらであるかを判定する if 文がある。これはブラウザが送信したリクエストが、フォームの送信によるものかどうかを `app.py` で判定するために必要だ。
2. `request.method` が POST の場合、フォームが入力されて送信されたものとして処理する。その結果、適切な挨拶文が返される。
3. `request.method` が POST 以外のもの（GET など）であれば、ユーザーがフォームに入力するための `hello_form.html` を送信する。

エクササイズとして `templates/index.html` ファイルをテキストエディタで開き、`/hello` に戻るためのリンクを追加してみよう。いろいろな値をフォームに入力して、その結果を確認してみよう。これらのリンクがどのように働くかを理解し、`templates/index.html` と `templates/hello_form.html` を行き来する仕組みと、Python コード内で実行されていることを説明できるようになろう。

レイアウトテンプレートを作成する

次のエクササイズで君が作ったゲームの Web アプリケーション版に取り組むが、そこでは、いくつかの HTML ページを作る必要がある。毎回、正しい HTML ページを書くことは退屈で面倒だ。そのために「レイアウト」とよばれるテンプレートを作る。これはすべての HTML ページを、共通のヘッダとフッタで囲むためのテンプレートだ。よいプログラマは繰り返しを避けようとする。つまり、レイアウトはよいプログラマになるための必需品だ。`templates/index.html` を次のように変更する。

index.html

```
1  {% extends "layout.html" %}
2
3  {% block content %}
```

```
 4
 5   {% if greeting %}
 6       これがいいたかった
 7       「<em style="color: green; font-size: 2em;">{{ greeting }}</em>」
 8   {% else %}
 9       <em>ハロー</em>ワールド!
10   {% endif %}
11
12   {% endblock %}
```

次に templates/hello_form.html を次のように変更する。

hello_form.html

```
 1   {% extends "layout.html" %}
 2
 3   {% block content %}
 4
 5   <h1>フォームに記入する</h1>
 6
 7   <form action="/hello" method="POST">
 8       挨拶: <input type="text" name="greet">
 9       <br/>
10       名前: <input type="text" name="name">
11       <br/>
12       <input type="submit">
13   </form>
14
15   {% endblock %}
```

ここでは、すべてのページの上部と下部に表示される共通部分を取り除いている。そのために、共通部分を一つの templates/layout.html ファイルに移す必要がある。すべての HTML ページの変更を終えたら、templates/layout.html ファイルを作成する。

layout.html

```
 1   <!DOCTYPE html>
 2   <html lang="ja">
 3   <head>
 4       <title>第25惑星パーカルのゴーソン</title>
 5   </head>
 6   <body>
 7
 8   {% block content %}
```

```
9
10      {% endblock %}
11
12      </body>
13      </html>
```

このファイルは普通のテンプレートのように見えるが、ほかのテンプレートの内容が渡されてそれをラップするために使われる。ここに書いたものは、ほかのテンプレートに書く必要はない。ほかの HTML テンプレートは `{% block content %}` セクションに挿入される。layout.html をレイアウトとして使うことを Flask は把握している。テンプレートの上部に `{% extends "layout.html" %}` が書かれているからだ。

フォームを自動テストする

ブラウザを使って Web アプリケーションをテストすることは難しくはないが、毎回、再読み込みが必要だ。プログラマであれば、この繰り返し作業の代わりにアプリケーションをテストするコードを書くべきだ。エクササイズ 47 で学んだことに基づいて、Web アプリケーションのフォームをテストするコードを書いてみよう。エクササイズ 47 でやったことを忘れてしまったなら、もう一度読み返そう。

`tests/test_app.py` という名前のファイルを作成し、次の内容を入力する。

test_app.py
```python
1   from app import app
2
3   app.testing = True
4   web = app.test_client()
5
6   def test_index():
7       rv = web.get('/', follow_redirects=True)
8       assert rv.status_code == 404
9
10      rv = web.get('/hello', follow_redirects=True)
11      assert rv.status_code == 200
12      assert "フォームに記入する" in rv.get_data(as_text=True)
13
14      data = {'name': 'Zed', 'greet': 'こんにちは'}
15      rv = web.post('/hello', follow_redirects=True, data=data)
```

```
16        assert "Zed" in rv.get_data(as_text=True)
17        assert "こんにちは" in rv.get_data(as_text=True)
```

pytestを使ってこのWebアプリケーションをテストする。

ターミナルの画面

```
(lpthw) $ pytest
========================= test session starts =========================
platform darwin -- Python 3.7.1, pytest-4.0.2, py-1.7.0, pluggy-0.8.0
rootdir: /Users/zedshaw/lpthw/projects/ex51, inifile:
collected 1 item

tests/test_app.py .                                             [100%]

========================= 1 passed in 0.23 seconds =========================
```

（訳注：pytestを実行するとDeprecationWarning（廃止された機能に対する警告）が表示されるかもしれないが、Flaskが内部で使っているモジュールの警告なので無視しても問題ない。この警告を表示しないようにするには-W ignore::DeprecationWarningを指定してpytestを実行する。）

このテストではapp.pyモジュールからアプリケーション全体をインポートし、コードを書いて直接実行している。Flaskフレームワークのリクエストを処理するAPIは次のようにとてもシンプルだ。

```
data = {'name': 'Zed', 'greet': 'こんにちは'}
rv = web.post('/hello', follow_redirects=True, data=data)
```

つまりpost()を使ってPOSTリクエストを送信できる。フォームデータは辞書の形でこの関数に引数として渡す。それ以外はweb.get()を使ったリクエストのテストと同じだ。

tests/test_app.pyによる自動テストでは、まず/というURLに対して404 Not Foundレスポンスを送信することを確認し、次に/helloがGETリクエストとPOSTリクエストの両方で動作することを確認している。実際に起こっていることを理解するのは難しいが、それに続くテストコードはかなり単純だ。

少し時間をとって、このアプリケーションについて、とくに自動化されたテストの仕組みについて学んでほしい。自動テストのためにapp.pyからアプリケー

ションをインポートし、直接実行していることをしっかり理解するように。これは、より多くを学ぶことにつながる重要なテクニックだ。

演習問題

1. HTML についてさらに詳しく調べて、このシンプルなフォームをもっとよいレイアウトのものにしてみよう。作りたいものを紙に描いて、それをHTML で実装することが役に立つだろう。
2. これは難しい演習だ。ファイルをアップロードするフォームの作り方を調べて、画像をアップロードしてディスクに保存できるようにしてみよう。
3. これは退屈でつまらないかもしれない。HTTP の仕組みを記述した文書である HTTP の RFC を探して、それをなんとか読み通してみよう。これは本当に退屈な作業だが、いつか役に立つはずだ。
4. これもかなり難しい問題だ。Apache、Nginx、thttpd のような Web サーバーをセットアップすることを助けてくれる人が君の周りにいないか探してみよう。サーバーに対して `.html` ファイルと `.css` ファイルをいくつか配置してみよう。できなくても心配はいらない。Web サーバーとはイライラさせられるものだ。
5. ここでちょっと休憩しよう。休憩を取ったら、いろいろな Web アプリケーションを作ってみよう。

壊してみる

Web アプリケーションをどうすれば壊せるのかやってみるのにちょうどよいタイミングだ。次のことを試してみよう。

1. `FLASK_ENV=development` を指定して Flask を開発環境で起動し、Web アプリケーションにどれくらいのダメージを与えることができるかやってみよう。Web アプリケーション自体を消し去ってしまわないように注意すること。
2. フォームのパラメータにデフォルト値がない場合を考えよう。何がうまくいかなくなるだろうか？
3. POST のことを調べてみよう。「POST 以外のもの」も調べてみよう。`curl` コ

マンドラインツールを使えば、いろいろな種類のリクエストを作ることができる。リクエストを変えると何が起こるだろうか？（訳注：curl は HTTP をテストするのに便利なコマンドラインツールだ。もしインストールされていなければ、https://curl.haxx.se/ にアクセスしてインストールしよう。Windows の場合は `Invoke-WebRequest` というコマンドが curl の別名として設定されているかもしれない。インストールした curl を実行したい場合は `curl.exe` と入力しよう。）

エクササイズ 52

Web 版ゲームアプリケーションを始めよう

　ついにこの本の最後に到着した。このエクササイズは君にとって本当の挑戦だ。これを終えたら、かなり優秀な Python 初心者だといってよいだろう。まだ何冊かの本を読む必要があるし、いくつかのプロジェクトに取り組む必要もあるが、それらを完了するスキルが身についているはずだ。行く手を阻むものは時間と動機、それに使えるリソースがあるかどうかだけだ。

　このエクササイズの目的はゲームを完成させることではなく、エクササイズ 47 で作ったゲームをブラウザで動かすための「ゲームエンジン」を作ることだ。そして、エクササイズ 43 で作ったゲームをリファクタリングしてエクササイズ 47 のプログラム構造に直し、自動テストも実施する。その結果、完成するものが Web 版ゲームエンジンだ。

　このエクササイズはとても長大だ。これを終えるのに一週間から数か月はかかるだろう。小さな部分に分割して一晩に少しずつ攻略しよう。時間をかけて、すべてがうまくいくことを確認してから次に進もう。

エクササイズ 43 で作ったゲームをリファクタリングする

　前の二つのエクササイズで gothonweb プロジェクトを改造してきたが、このエクササイズでさらに改造を加える。ここで学ぶスキルは「リファクタリング (refactoring)」とよばれるものだ。しかし「段階的な修正」といった方がよいだろう。古いコードに少しずつ機能を追加したり、コードを整理してきれいにしたりするプロセスをプログラマはリファクタリングという。これまで知らずしらずのうちにやっていることだ。リファクタリングはソフトウェアの構築に必要なスキルの一つだ。(訳注：厳密にはリファクタリングはコードの機能を変えずにコードを整理することであり、コードに機能を追加することは含まない。)

　これからやることは、エクササイズ 47 で学んだ自動テスト可能な「部屋 (Room) から構成される地図」の仕組みをエクササイズ 43 で作ったゲームに適用させて、

Web版ゲームの仕組みを新たに作ることだ。ゲームの内容は以前と同じだが、リファクタリングしてコードの構造をより望ましいものにする。

最初にやることは `ex47/game.py` にあるコードを `gothonweb/planisphere.py` にコピーし、`tests/test_ex47.py` ファイルを `tests/test_planisphere.py` にコピーして、`pytest` が問題なく動作するのを確認することだ。「planisphere」とは「平面天体図」のことであり、「map」と同じ意味で使っている。Python には `map` という組み込み関数があるので、それを避けるためにこの言葉を使った。シソーラス（類義語辞典）が手許にあると便利だ。

> **警告！** これから先は「テスト結果」を示さない。エラーがなければテスト結果はどれも同じようなものだからだ。

エクササイズ47のコードをコピーしたら、それをリファクタリングしてエクササイズ43の地図 (Map) の機能を置き換える。基本的な構造を決めることから始めるが、`planisphere.py` ファイルと `test_planisphere.py` ファイルを完成させるのは君への宿題だ。

`Room` クラスを使った地図の基本構造を次に示そう。

planisphere.py
```
class Room(object):

    def __init__(self, name, description):
        self.name = name
        self.description = description
        self.paths = {}

    def go(self, direction):
        return self.paths.get(direction, None)

    def add_paths(self, paths):
        self.paths.update(paths)


central_corridor = Room("中央通路",
"""
第25惑星パーカルのゴーソンが君たちの宇宙船に侵入し、乗組員全員がやられてしまった。最後の生き残りが君だ。君の最後の任務は武器庫にある中性子爆弾をブリッジに設置し、宇宙船を爆破する前に脱出用ポッドで脱出することだ。
```

```
君が武器庫に向かって中央通路を駆け下りたそのとき、一匹の
ゴーソンが目の前に現れた。そいつは赤い鱗状の肌と汚れた黒
い歯をもち、邪悪な道化師のようなコスチュームをその憎悪に
満ちた身にまとっていた。そして、武器庫のドアの前に居座り、
君に銃を向けていまにも引き金を引こうとしている。
""")

laser_weapon_armory = Room("レーザー武器庫",
    """
幸運なことに、君は訓練学校でゴーソンの下品なジョークを学
んでいた。そこで覚えたジョークをゴーソンに向かっていった。
「Lbhe zbgure vf fb sng, jura fur fvgf nebhaq gur ubhfr,
    fur fvgf nebhaq gur ubhfr」
ゴーソンは一瞬動きを止め、笑いをこらえていたが、ついに笑
い転げて身動きできなくなってしまった。その隙をついて、君
はゴーソンに駆け寄り、そいつの頭を打ち砕いた。そして、武
器庫のドアを開けた。

君は武器庫に転がり込み、身をかがめて、ほかにもゴーソンが
隠れていないか部屋の中を探った。何の気配もなく、ひっそり
と静まり返っていた。君は立ち上がり、部屋の奥まで駆け寄っ
て、中性子爆弾の容器を見つけた。その容器はロックがかかっ
ており、爆弾を入手するには暗証番号が必要だ。十回間違える
と永遠にロックされ、爆弾を手に入れることはできない。暗証
番号は三桁の数字だ。
""")

the_bridge = Room("ブリッジ",
    """
音を立てて容器が開き、封印がとかれた。君は中性子爆弾をつ
かみ、その爆弾を正しい場所に置くために全速力でブリッジに
向かった。

君は中性子爆弾を手にブリッジに姿を現した。そこには、先ほ
どよりももっと醜い道化師のようなコスチュームを身にまとっ
た五匹のゴーソンが宇宙船をコントロールしようとしていた。
ゴーソンたちは驚いたが、君の手の中にある爆弾に気づき、手
にしている武器を使えないでいた。
""")

escape_pod = Room("脱出用ポッド",
    """
君は手にもった爆弾にブラスターを向けた。ゴーソンは額に汗
をにじませて手を上げている。君はドアに向かって少しずつ後
ろに下がり、ドアを開けて慎重に爆弾を床の上に置いた。爆弾
```

```
に向かってブラスターを構えながらドアの外に向かってジャン
プし、スイッチを押してドアを閉じた。そして、ゴーソンが外
に出られないようにブラスターでそのスイッチを撃った。爆弾
はブリッジに設置した。この宇宙船から脱出するために君は脱
出用ポッドに向かって走った。

宇宙船が爆発する前に脱出用ポッドへ行くため、君は大急ぎで
船の中を駆け抜けた。ほかのゴーソンは船にはいないようだ。
誰にも邪魔されずに脱出用ポッドのある部屋に到着した。いく
つかのポッドは破損しているかもしれないが調べる時間はない。
脱出用ポッドは全部で五台ある。どれかを選ばなければならな
い。
""")

the_end_winner = Room("ゲームクリア",
"""
君は2番ポッドに飛び乗り、脱出ボタンを押した。ポッドは眼
下の惑星に向かって宇宙空間に滑り出た。振り返ると、宇宙船
が崩壊した次の瞬間、明るい星のように爆発した。ちょうどそ
の時、爆発した宇宙船からゴーソンの宇宙船が逃れるのが見え
た。君の任務は完了した！
""")

the_end_loser = Room("ゲームオーバー",
"""
君は間違ったポッドに飛び乗り、脱出ボタンを押した。ポッド
は宇宙空間に向かって滑り出した。その後ポッドは崩壊し、君
の体もジャムのように押しつぶされた。
""")

generic_death = Room("ゲームオーバー", "君は死んだ。")


central_corridor.add_paths({
    '撃つ': generic_death,
    '身をかわす': generic_death,
    'ジョークをいう': laser_weapon_armory
})

laser_weapon_armory.add_paths({
    '132': the_bridge,
    '*': generic_death
})

the_bridge.add_paths({
    '爆弾を投げる': generic_death,
```

```
113        '爆弾を置く': escape_pod
114    })
115
116    escape_pod.add_paths({
117        '2': the_end_winner,
118        '*': the_end_loser
119    })
120
121    START = 'central_corridor'
122
123    def load_room(name):
124        # ここには潜在的なセキュリティリスクが存在する。
125        # nameを設定できるのは誰だろうか? その変数を開示してもよいだろうか?
126        return globals().get(name)
127
128    def name_room(room):
129        # ここにも潜在的なセキュリティリスクがある。
130        # room変数は信頼できるだろうか?
131        # globals()を使った方法よりもよい方法はあるだろうか?
132        for key, value in globals().items():
133            if value == room:
134                return key
```

ここで示した Room クラスによる地図の実装にはいくつかの問題があることに気づいただろうか。

1. エクササイズ 43 のコードにあった action などを判定している if-else 節のテキストを、各部屋の説明の前に移動させて、部屋に入る前に出力している。もとのゲームでは部屋と部屋のつながりを自由に変更できたが、ここではそれが制限されている。このエクササイズの最終試験でその問題を修正しよう。
2. もとのゲームには爆弾の暗証番号や正しい脱出用ポッドを決めるのに乱数を使ったコードがあったが、ここではそれらの値をハードコードしている。最終試験でもとのゲームと同じように動作するように取り組もう。
3. すべてのゲームオーバーに対応する generic_death を作ったが、これはまだ完成していない。もとのゲームのコードを確認し、すべての部屋でのゲームオーバーの場面が表示され、正しく動作するように修正しよう。
4. すべてのアクションに適合する「*」という新しいラベルがエンジンに追加されている。

ここで示している基本的な部分を書き終えたら、次に取り組むことは新しい自動テストである tests/test_planisphere.py だ。これも君自身で進めなければいけない。

test_planisphere.py

```
from gothonweb.planisphere import *


def test_room():
    gold = Room("黄金の部屋",
                "この部屋は黄金がいっぱいだ。北側に扉がある。")
    assert gold.name == "黄金の部屋"
    assert gold.paths == {}

def test_room_paths():
    center = Room("中央の部屋", "中央の部屋(テスト用)")
    north = Room("北側の部屋", "北側の部屋(テスト用)")
    south = Room("南側の部屋", "南側の部屋(テスト用)")

    center.add_paths({'北': north, '南': south})
    assert center.go('北') == north
    assert center.go('南') == south

def test_map():
    start = Room("スタート地点",
                "西に行くことも、穴の中を下ることもできる。")
    west = Room("森",
                "ここには木がたくさんある。君は東に行くことができる。")
    down = Room("迷宮",
                "ここは真っ暗だ。君は上に行くことができる。")

    start.add_paths({'西': west, '下': down})
    west.add_paths({'東': start})
    down.add_paths({'上': start})

    assert start.go('西') == west
    assert start.go('西').go('東') == start
    assert start.go('下').go('上') == start

def test_gothon_game_map():
    start_room = load_room(START)
    assert start_room.go('撃つ') == generic_death
    assert start_room.go('身をかわす') == generic_death

```

```
40      room = start_room.go('ジョークをいう')
41      assert room == laser_weapon_armory
```

君がやるべきことは地図を完成させ、自動テストで地図全体を検証できるようにすることだ。これには、すべてのゲームオーバーに対応している`generic_death`オブジェクトを実際のエンディングに対応させることも含まれる。これらが正しく動作し、テストも可能な限り完璧であることを確認しよう。後でこの地図を変更したときに、正しく動作することを確認するために、このテストを使うからだ。

ゲームエンジンを作成する

ここまでくればゲームの地図は正しく動作し、単体テストもうまく機能しているはずだ。次に取り組むのはシンプルで小さなWeb版ゲームエンジンだ。このエンジンを使えば、場面や部屋を移動して、プレイヤーからの入力を受け取ったり、プレイヤーがゲーム内のどこにいるのかを追跡したりできる。これから学ぶセッション (Session) というものを使って、次の機能をもつWeb版ゲームエンジンを作る。

1. 新しいユーザーのために新しいゲームを始める。
2. ユーザーに部屋を提示する。
3. ユーザーからの入力を受け取る。
4. ユーザーからの入力に従ってゲームを進める。
5. 結果を表示し、ゲームが終了するまでそれを続ける。

これまで取り組んできた`app.py`を使って、完全に機能するセッションベースのWeb版ゲームエンジンを作る。ここでは単純なHTMLファイルを使った非常にシンプルなものを示すが、それを完成させるのは君の仕事だ。ベースとなるゲームエンジンは次のとおりだ。

app.py

```
1   from flask import Flask, session, redirect, url_for, request
2   from flask import render_template
3   from gothonweb import planisphere
4
```

```
5
6    app = Flask(__name__)
7
8    @app.route("/")
9    def index():
10       # 初期値でセッションをセットアップする。
11       session['room_name'] = planisphere.START
12       return redirect(url_for("game"))
13
14   @app.route("/game", methods=['GET', 'POST'])
15   def game():
16       room_name = session.get('room_name')
17
18       if request.method == "GET":
19           if room_name:
20               room = planisphere.load_room(room_name)
21               return render_template("show_room.html", room=room)
22           else:
23               # このコードがあるのはなぜだろうか？ これは必要だろうか？
24               return render_template("you_died.html")
25       else:
26           action = request.form.get('action')
27
28           if room_name and action:
29               room = planisphere.load_room(room_name)
30               next_room = room.go(action)
31
32               if not next_room:
33                   session['room_name'] = planisphere.name_room(room)
34               else:
35                   session['room_name'] = planisphere.name_room(next_room)
36
37           return redirect(url_for("game"))
38
39
40   # 注意: インターネット上に公開する場合は、この値を必ず変更すること!!
41   app.secret_key = 'AOZr98j/3yX R~XHH!jmN]LWX/,?RT'
```

　新しいものも含まれているが、驚くべきことにこの小さなファイルは完璧な Web 版ゲームエンジンだ。app.py を実行する前に、PYTHONPATH 環境変数を設定する必要がある。何をいっているかわからない？　おそらくそうだろう。しかし Python プログラムを実行するためにこれを学ぶ必要がある。それが Python プログラマのやり方だ。

ターミナルで次のように入力する。

ターミナルの画面
```
(lpthw) $ export PYTHONPATH=$PYTHONPATH:.
```

Windows の PowerShell では次のように入力する。

ターミナル (PowerShell) の画面
```
(lpthw) > $env:PYTHONPATH = "$env:PYTHONPATH;."
```

ターミナルを起動するたびに毎回これを行う必要がある。インポートエラーが発生した場合には、この環境変数の設定を忘れたか、何かを間違えている。

次にすることは templates/hello_form.html と templates/index.html を削除し、app.py のコードで使っている二つのテンプレートを作成することだ。かなりシンプルな templates/show_room.html は次のとおりだ。

show_room.html
```
 1  {% extends "layout.html" %}
 2
 3  {% block content %}
 4
 5  <h1> {{ room.name }}  </h1>
 6
 7  <pre>
 8  {{ room.description }}
 9  </pre>
10
11  {% if room.name in ["ゲームオーバー", "ゲームクリア"] %}
12      <p><a href="/">もう一度プレイする</a></p>
13  {% else %}
14      <p>
15      <form action="/game" method="POST">
16          - <input type="text" name="action"> <input type="SUBMIT">
17      </form>
18      </p>
19  {% endif %}
20
21
22  {% endblock %}
```

このテンプレートはゲームの進行中に部屋の説明を表示するためのものだ。次に必要なテンプレートはゲームが終了したことをプレイヤーに伝えるための`templates/you_died.html`だ。

you_died.html
```
{% extends "layout.html" %}

{% block content %}

<h1>ゲームオーバー!</h1>

<p>任務は失敗した。</p>
<p><a href="/">もう一度プレイする</a></p>

{% endblock %}
```

これらを用意すれば次のことができる。

1. `tests/test_app.py` を使って再度自動テストを実行できるようにする。そうすればゲームをテストできる。セッションがあるため、ゲームではクリックをすることしかできないが、基本的なことは確認できるはずだ。
2. `flask run` を実行して、実際にゲームをプレイしてみる。

通常のプログラムのようにゲームを新しくしたり修正したりできるはずだ。ゲーム用の HTML とゲームエンジンを改造し、自分のやりたいことをすべてやり終えるまでそれを続けることができる。

最終試験

このエクササイズでは一度に大量の情報が投げかけられたと感じただろうか？そう感じたはずだ。君が自分自身のスキルを構築する必要があるときには、いろいろなものをあれこれいじくりまわしてほしい。では、このエクササイズを完了するために最終試験を提示しよう。この試験は君が自分の力で完了させる必要がある。このエクササイズで書いたコードはあまりよいものではないことに気づいているはずだ。このコードは最初のバージョンでしかない。ゲームをより完璧にするために君が取り組むべきことは次のとおりだ。

1. コードで言及したすべてのバグと言及しなかったすべてのバグを修正する。もし新しいバグを見つけたら私に知らせてほしい。
2. 自動テストを修正してアプリケーションをより詳細にテストする。ブラウザではなく自動テストを使ってアプリケーションを確認できるように。
3. HTML を見栄えのよいものにする。
4. ログインの仕組みを調べて、アプリケーションのユーザー登録システムを作成し、ユーザーがログインしてハイスコアを保存できるようにする。
5. ゲームの地図を完成させる。できる限り大きく、完璧に機能するものにする。
6. ユーザーに「ヘルプ」システムを提供して、ゲームの各部屋で何ができるのかを把握できるようにする。
7. 君が考えついた機能をゲームに追加する。
8. 「ゲームの地図」をいくつか作成し、実行したいゲームをユーザーが選択できるようにする。`app.py` のゲームエンジンは、どのようなゲームの地図でも走らせることができるので、複数のゲームをサポートできるはずだ。
9. エクササイズ 48 と 49 で学んだことを使って、より柔軟にユーザーの入力を扱えるようにする。必要なコードの大部分はすでに手許にある。ゲーム用の語彙を用意し、入力フォームと `GameEngine` の間にコードを接続するだけだ。(訳注：その前に日本語に対応させる必要があるが。)

幸運を祈る！

よくある質問

Q: ゲームの中でセッションを使っていると `pytest` でテストできません。
A: テスト用の擬似セッションを作る方法については Flask テストのドキュメントの「Other Testing Tricks（そのほかのテストのテクニック）」(http://flask.pocoo.org/docs/1.0/testing/#other-testing-tricks) を参照してほしい。

Q: `ImportError` になります。
A: 考えられる原因は次のとおりだ。一つだけでなく、複数の場合も考えられる。
- ディレクトリを間違っている。

- Pythonのバージョンが違う。
- PYTHONPATHが設定されていない。
- `__init__.py`ファイルがない。
- `import`したモジュールにスペルミスがある。

次のステップ

　君はまだ真のプログラマではない。この本は「プログラミングの黒帯」を与えるものだと考えてほしい。つまり、プログラミングに関する別の本を読むのに十分な知識があり、それをうまく使いこなすことができるようになったということだ。ほとんどの Python に関する本を読むときや実際に何かを学ぶときに必要な態度と心構えをこの本は君に与えたはずだ。いろいろなことが簡単にできるようになっただろう。

　次に示すプロジェクトのいくつかを調べて、それを使って何か作ってみることをお薦めする。

- Learn Ruby The Hard Way (https://learnrubythehardway.org/)
  より多くのプログラミング言語を学ぶことでプログラミングについてより多くを学ぶことができる。Ruby も学んでみよう。
- The Django Tutorial (https://docs.djangoproject.com/en/2.1/intro/)
  Django（ジャンゴ）Web フレームワークを使って Web アプリケーションを作ってみよう。(訳注：日本語訳は https://docs.djangoproject.com/ja/2.1/intro/)
- SciPy (https://www.scipy.org/)
  科学、数学、工学に興味があれば調べてみよう。
- PyGame (https://www.pygame.org/)
  グラフィックスとサウンドを使ってゲームを作ってみよう。
- Pandas (https://pandas.pydata.org/)
  データを操作し分析してみよう。
- Natural Language Toolkit (https://www.nltk.org/)
  文章を分析し、スパムフィルタやチャットボットなどを作ってみよう。
- TensorFlow (https://www.tensorflow.org/)
  機械学習とその可視化をやってみよう。

- Requests (http://docs.python-requests.org/)
  HTTPとWebに関するクライアントの動作や使い方を学ぼう。
- ScraPy (https://scrapy.org/)
  いくつかのWebサイトをスクレイピングしてWebサイトから情報を抽出してみよう。
- Kivy (https://kivy.org/)
  デスクトップとモバイル向けのユーザーインタフェースを作ってみよう。
- Learn C The Hard Way (https://learncodethehardway.org/)
  Pythonに詳しくなったら、C言語とアルゴリズムをほかの本で学習してみよう。C言語はPythonと異なる点がいくつかあるが、学ぶ価値がある。時間をかけて取り組もう。

どれか一つを選んで、そのチュートリアルやドキュメントを読んでみよう。ドキュメントにコードが記述されていたら、すべてのコードを入力して実行しよう。これが私のやり方だし、すべてのプログラマがやっていることだ。ドキュメントを読むだけではプログラミングを学ぶことはできない。実際にコードを入力して実行する必要がある。チュートリアルやほかのドキュメントを理解したら、何か作ってみよう。何でもかまわない。すでに誰かが作ったものであってもだ。とにかく何か作ってみよう。

君が書いたものは最初は出来が悪いかもしれないが、それでかまわない。私だって最初はひどいものだった。最初から完璧なプログラムを書ける人は誰もいない。それができるという人がいたら、そいつは大嘘つきだ。

ほかのプログラミング言語の学び方

いずれほかのプログラミング言語も学びたいと思うだろうから、ほとんどのプログラミング言語で使える言語の学習方法を君に教えよう。この本の構成は私を含む多くのプログラマが新しいプログラミング言語を学ぶプロセスに基づいている。そのプロセスは次のとおりだ。

1. そのプログラミング言語に関する書籍や入門用テキストを見つける。
2. 一通りその本に目を通し、すべてのコードを入力して実行する。
3. コードを実行しながら本を読み、メモを取る。

4. ほかの言語で書いたことがある小さなプログラムをその言語で実装する。
5. 他人が書いたその言語のコードを読んで、そのパターンを自分のものにする。

この本を通して、ここで示したプロセスを非常にゆっくりと小さい単位で行ってきた。ほかの本はこれとは異なる構成かもしれない。このプロセスを適用するには、その本の内容を整理する必要があるだろう。その本を流し読みして、すべての主要なコードのリストを作成する。このリストを章に基づいた一連の演習と考え、一つずつ順番に実行する。それが最善の方法だ。

読むことができる本があれば、どんな技術にでも使えるプロセスだ。本が手に入らなくても、導入部分としてオンラインドキュメントやソースコードに同じプロセスが使える。

プログラミング言語を学べば学ぶほどよいプログラマになる。多くの言語を学ぶことで、言語を学ぶのがより簡単になる。三つか四つの言語を学んだ後であれば、似た言語なら一週間もあれば習得できるだろう。もちろん見知らぬ言語であればもう少しかかるだろうが。君はすでに Python を知っているので、Ruby や JavaScript を比較的速く学ぶことができるだろう。多くの言語が類似の概念をもっているため、ある言語で学んだ概念をほかの言語でも使うことができる。

言語を学ぶ上で覚えておくべき最後のことは「愚かな観光客になってはいけない」ということだ。愚かな観光客とは、外国に行ってその国の食べ物が自国の食べ物と違うことに不平をいうやつだ。(「この馬鹿げた国でおいしいハンバーガーが食べられないのはなぜだ？」) 言語を学んでいるときは、馬鹿げているのではなく単に違っていると考え、それを受け入れよう。そうすればよりうまく学ぶことができる。

しかし、その言語を学び終えたら、その言語のやり方を無条件に受け入れてはいけない。「いつものやり方」という理由だけで非常に馬鹿げたことをしている人がいるが、そうなってはいけない。何かを改善するために、自分のスタイルの方が好ましく、他人も同じように思うことがわかったら、そのルールに従う必要はない。

私はいろいろなプログラミング言語を学ぶことが本当に好きだ。自分のことを「プログラマ人類学者」と考えているし、その言語を使っているプログラマのグループについての洞察を得る手段として言語を捉えている。私が学んでいる言語

はその人びとがコンピュータを介して話し合うために使っているものだ。私はそのことに魅力を感じる。そう、私はちょっと変わった人間だ。君は学びたい言語をただ学べばよい。

　楽しんでほしい！　プログラミングは本当に楽しいことだ。

熟練プログラマからのアドバイス

　この本を終えて君はプログラミングを続ける決心をした。職業としてかもしれないし、趣味としてかもしれない。いずれにしても、正しい道を歩み、そこから最大限の楽しみを得るためには少しアドバイスが必要だろう。

　私はかなり長い間プログラミングをしてきた。本当に信じられないくらい長い期間だ。この本を書いた時点で 20 ほどのプログラミング言語を知っていたし、言語にもよるが一日から一週間もあれば新しい言語を学ぶことができた。しかし、そんなことは徐々につまらなくなって最後には興味を失ってしまう。プログラミングが退屈だとか、君もそう思うだろうとか、そういうことではない。学習を続けるうちに言語自体は重要ではなくなるということだ。

　大事なのはプログラミング言語で何をするかであって言語ではない。そんなことはわかっていたはずなのに、言語に気を取られてしまい、つい忘れてしまっていた。しかし、もう忘れることはない。君もそうあってほしい。

　どのプログラミング言語を学ぶかは重要ではない。プログラミング言語は単なるツールであり、それを使って何か面白いことをするのが本来の目的だ。プログラミング言語を取り巻く無意味な宗教戦争に巻き込まれてはいけない。本来の目的を見失ってしまうからだ。

　知的活動としてのプログラミングはインタラクティブなアートを創造できる唯一のものだ。君の作るプロジェクトはだれかと一緒に楽しめるだけでなく、間接的にその人たちと対話することもできる。これほどインタラクティブなアートはほかにはない。映画は観客に向かって一方向に流れるだけだし、絵画にいたってはまったく動かない。だが、コードは双方向に働きかける。

　職業としてのプログラミングは大して面白いものではない。よい仕事に就けるかもしれないが、同じくらいお金を稼いでより幸せになりたいなら、ファストフード店でも経営した方がましだ。それよりもお薦めなのはほかの職業に就いてコードを秘密兵器として使うことだ。

テクノロジー企業ではコードを書く人はありふれていてまったく尊敬されない。しかし、ほかの分野、たとえば生物学、医学、政治、社会学、物理学、歴史、数学といった分野では、コードが書ける人は尊敬されるし、その分野を発展させるすごいことができる可能性を秘めている。

もしかするとこんなアドバイスは無意味かもしれない。しかし、この本でソフトウェアを書くことを学ぶのが気に入ったなら、自分の人生をよくするために、できる限りこの知識を使うべきだ。外に出て、この奇妙で素晴らしい知的空間を探究してほしい。この世界ができてまだ50年しかたっていない。楽しむ余地がまだまだ残っている。大いに楽しもうじゃないか。

最後にこれだけはいっておきたい。ソフトウェアを作るのを学ぶことで、君は他人とは違う人間になる。よくなるとか悪くなるとかではなく、ただ違う人間になるということだ。もしかすると、ソフトウェアを作ることができるからといって「オタク」という言葉を使って君に意地悪く当たるやつがいるかもしれない。論理的に分析できるからといって議論することを嫌がられるかもしれない。コンピュータの仕組みを知っているからといって煙たがられたり変人扱いされたりするかもしれない。

そんなときにいえるのはこれだけだ。「そんなやつらはくたばってしまえ。」物事の仕組みを理解し、その仕組みを解き明かすことが大好きな変わり者を世界は必要としている。そんな風に扱われたとしても、これは君自身の探究であって、やつらの探究ではないことを忘れないでほしい。違うことは罪でも何でもない。やつらがどうあがいても得ることができないスキルを君が身につけたことに嫉妬しているんだ。

君はコードが書ける。やつらには書けない。これって最高にクールなことじゃないか！

付　録

コマンドライン速習コース

　この付録はコマンドラインを学ぶ超高速コースだ。一日か二日で終えることを想定しており、シェル（Bash や PowerShell）の高度な使い方を学ぶものではない。

イントロダクション：とにかくシェルを始めよう

　この付録は、コマンドラインを使ってコンピュータにタスクを実行させるための速習コースだ。速習コースなので詳細でも広範囲でもない。実際のプログラマのようにコンピュータを使い始めるのに十分なスキルを身につけることが目的だ。この付録を読み終えれば、プログラマが日々使う基本的なコマンドのほとんどを使うことができ、ディレクトリの基礎を含むいくつかの概念も理解できるだろう。

　君へのアドバイスは一つだけだ。

　「とにかく、すべてのコマンドを入力すること。」

　当たり前すぎるかもしれないが、これは君がやらなければいけないことだ。コマンドラインに対してなんとなく恐怖心があるなら、その恐怖心を克服する唯一の方法はとにかくそれに立ち向かうことだ。

　コマンドラインを使ったからといってコンピュータを壊すことはないし、マイクロソフト社のレドモンド本社の奥深くにある牢獄に送られることもない。オタクになったと友人から笑われるなんて心配も無用だ。そんな馬鹿げた理由はすべて気にしなくてよい。

　コードを学びたいなら、コマンドラインを学ぶ必要がある。プログラミング言語を使うことはコンピュータを制御する高度な方法だ。コマンドラインはそのプログラミング言語の弟分だ。コマンドラインを学ぶことで、プログラミング言語でコンピュータを制御する方法が理解できるようになる。ひとたびコマンドラインを習得すれば、コードを書くことができるレベルに達する。そうなれば、君が

買ったコンピュータを金属の塊ではなく、自分が支配していると感じられるだろう。

付録の使い方

この付録を最大限に活用するには次の手順に従うこと。

- ペンと小さなノートを用意する。
- この付録のエクササイズを最初から順番に指示どおりに行う。
- 意味がわからないことや理解できないことがあれば、そのことをノートに書き留める。答えを後で書くためのスペースを少し残しておく。
- エクササイズを終えたら、ノートを読み返して疑問点をおさらいする。それらの疑問点に答えるためにオンラインで検索したり、答えを知っていそうな友人に質問したりする。help@learncodethehardway.org 宛に電子メール（英語）を送ってくれたら、私も手助けしよう。

エクササイズをこのやり方で読み進めよう。疑問点を書き留め、それを見直し、できる限り疑問点に答えよう。この付録を終えれば、コマンドラインを使うにあたって自分が思っている以上に多くのことを理解しているだろう。

暗記も必要

すぐに暗記が必要になることを前もって忠告しておく。暗記することは何かできるようになるための最速の方法だ。人によっては暗記することを苦痛に感じるかもしれないが、そのことに立ち向かって暗記する努力をしよう。ものごとを学ぶ上で暗記は重要なスキルであり、暗記に対する不安を乗り越えるべきだ。

効果的に暗記する方法は次のとおりだ。

- 「暗記できる」と自分に言い聞かせる。トリックや簡単な方法を見つけようとしてはいけない。ただ座って、暗記に取り組む。
- インデックスカードに覚えたいものを書く。覚える必要があることをカードの表面に書き、その意味などを裏面に書く。
- 毎日15分から30分、そのインデックスカードを使って覚えているか確認する。覚えていないカードがあれば別にして、それらのカードを飽きるまで復習する。復習を終えたら、カード全体を使って覚えているものが増えたか確

認する。

- 寝る前の5分間で間違ったカードを見直す。

ほかにも使えるテクニックがある。学ばなければいけないことを一枚の紙に書き、それをラミネート加工して浴室の壁に貼り付ける。入浴中にその紙を見ずに覚えているか確認する。もし詰まったら、ちらっと見て記憶を呼び覚ます。

このことを毎日繰り返せば、一週間から一か月くらいで、覚えなければいけないことをほとんど覚えることができる。一度覚えてしまえば、似たようなことはすべて簡単で直観的に感じるだろう。暗記の目的がこれだ。抽象的な概念をただ覚えるのではなく、基本をしっかりと身につけることができる。そうすれば、それらについて考えなくても直観的に理解できるようになる。これらの基本を押さえれば、より高度で抽象的な概念を学ぶ妨げとなる障害物がなくなる。

エクササイズ A1：準備

この付録では次の三つの手順に従ってエクササイズを行う。

1. シェル（コマンドライン、ターミナル、PowerShell）を使って何か行う。
2. いま行ったことについて学ぶ。
3. さらに演習問題を行う。

最初のエクササイズは、付録の残りの部分を行うことができるようにターミナルを起動して作業することだ。

やってみよう

ターミナル、シェル、または PowerShell を準備して、それをすばやく開けるようにする。

macOS

macOS の場合は次のことを行う。

1. control キーを押しながらスペースキーを押す。
2. 検索バーがポップアップ表示される。
3. 「ターミナル」と入力する（「terminal」でもよい）。

4. 黒い箱のようなターミナルアプリケーションをクリックする。
5. ターミナルが開く。
6. Dock 上のターミナルを CTRL-クリック（control キーを押しながらクリック）してメニューを表示し、「オプション」から「Dock に追加」を選択する。

この時点でターミナルが開いているはずだ。ターミナルは Dock にあるので、いつでもすぐに開くことができる。

Linux

Linux を使っているなら、すでにターミナルを開く方法は知っているはずだ。ウィンドウマネージャのメニューから「シェル」または「ターミナル」という名前のものを探そう。

Windows

Windows では PowerShell を使う。コマンドプロンプト (`cmd.exe`) とよばれるプログラムを使っていたかもしれないが、これは PowerShell ほど使いやすくはない。Windows であれば次のことを行う。

1. 左下隅に表示されている検索ボックスに「powershell」と入力する。検索ボックスが見つからなければ、Windows + R キー（Windows ロゴキーと R キーの同時押し）で表示される「ファイル名を指定して実行」ダイアログを使うとよい。
2. Enter キーを押す。

ここで学んだこと

この付録の残りの部分を行うためにターミナルを開く方法を学んだ。

> **警告！** Linux を知っている賢い友人がいて、Bash 以外のものを使うように勧められたとしても無視するように。ここでは Bash を学ぶ。ただそれだけだ。Zsh を使えば 30 以上の IQ ポイントが獲得できて、株式市場で何百万という利益が得られるといわれるかもしれないが、そんなことは無視すればよい。ここでの目的はコンピュータを操作するのに十分な能力を得ることだ。このレベルではどのシェルを使ってもかまわない。もう一つの警告は「ハッカー」が立ち寄る IRC といった場所から距離を置くことだ。コンピュータを破壊するコマンドを君に教えることに楽しみを感じている者がいるかもしれない。たとえば `rm -rf /` というコマンドは決して入力し

ていけない古典的なものだ。そのような場所を避けるように。助けが必要なら、インターネット上の知らない人からではなく、信頼できる人の助けを求めよう。

演習問題

この演習問題は長大だ。付録のほかのエクササイズにこれほど大きなものはない。いくつかのコマンドを暗記して、付録の残りの部分の準備をする。私を信じてほしい。暗記してしまえば、以降のエクササイズをスムーズに進めることができる。

macOS/Linux

このコマンド一覧のインデックスカードを作成する。コマンド一覧の左側のコマンド名をカードの表面に、右側のコマンドの機能をカードの裏面に書く。付録の学習を続けながら、このインデックスカードを使って毎日復習しよう。

コマンド	機能
`pwd`	現在のディレクトリを表示する (Print Working Directory)
`mkdir`	ディレクトリを作成する (MaKe DIRectory)
`cd`	ディレクトリに移動する (Change Directory)
`ls`	ディレクトリの中身を一覧表示する (LiSt directory)
`rmdir`	ディレクトリを削除する (ReMove DIRectory)
`pushd`	ディレクトリをプッシュする (PUSH Directory)
`popd`	ディレクトリをポップする (POP Directory)
`touch`	空のファイルを作成する (TOUCH)
`cp`	ファイルやディレクトリをコピーする (CoPy)
`mv`	ファイルやディレクトリを移動する (MoVe)
`less`	ファイルを1ページずつ表示する (LESS)
`cat`	ファイル全体を表示する (conCATenate)
`rm`	ファイルを削除する (ReMove)
`exit`	シェルを終了する (EXIT)
`man`	マニュアルを読む (MANual)
`apropos`	適切なマニュアルを探す (APROPOS)
`xargs`	引数を使ってコマンドを実行する (eXecute ARGumentS)
`echo`	引数を表示する (ECHO)
`find`	ファイルを探す (FIND files)

コマンド	機能
grep	ファイルの中身を検索する (Global Regular Expression Print)
hostname	コンピュータのネットワーク上の名前を表示する (HOSTNAME)
env	環境変数を表示する (ENVironment)
export	新しい環境変数をエクスポート／セットする (EXPORT)
sudo	危険！ スーパーユーザーである root で実行する (SuperUser DO)

Windows

Windows のコマンド一覧は次のとおりだ。

コマンド	機能
pwd	現在のディレクトリを表示する (Print Working Directory)
mkdir	ディレクトリを作成する (MaKe DIRectory)
cd	ディレクトリに移動する (Change Directory)
ls	ディレクトリの中身を一覧表示する (LiSt directory)
rmdir	ディレクトリを削除する (ReMove DIRectory)
pushd	ディレクトリをプッシュする (PUSH Directory)
popd	ディレクトリをポップする (POP Directory)
New-Item	空のファイルを作成する (NEW ITEM)
cp	ファイルやディレクトリをコピーする (CoPy)
ROBOCOPY	強力なコピー (ROBust COPY)
mv	ファイルやディレクトリを移動する (MoVe)
more	ファイルを 1 ページずつ表示する (MORE)
cat	ファイル全体を表示する (conCATenate)
rm	ファイルを削除する (ReMove)
exit	シェルを終了する (EXIT)
help	マニュアルを読む (HELP)
ForEach-Object	ファイル群に対してコマンドを実行する (FOREACH OBJECT)
echo	引数を表示する (ECHO)
ls -r	ファイルを探す (LiSt Recursive)
Select-String	ファイルの中身を検索する (SELECT STRING)
hostname	コンピュータのネットワーク上の名前を表示する (HOSTNAME)
ls env:	環境変数を表示する (LiSt ENVironment)
set	新しい環境変数をエクスポート／セットする (SET)

コマンド	機能
RUNAS	危険！ スーパーユーザーである Administrator で実行する (RUN AS)

学習あるのみ！ コマンドを見たときに、そのコマンドの機能をすぐに答えられるようになるまで学習しよう。次にカードを裏返しにして、機能からコマンドを答えてみよう。これにより君の記憶力を強化できる。しかし、時間をかけすぎて疲れたり飽きたりしない程度に。

エクササイズ A2：パス、フォルダ、ディレクトリ (pwd)

このエクササイズでは pwd コマンドを使って作業ディレクトリを表示する方法を学ぶ。

やってみよう

この「やってみよう」をどう読み進めるのか説明する。ここにあるすべてを入力するのではなく、コマンドの部分だけを入力する。

- $ (macOS/Linux) や > (Windows) といったプロンプトを入力する必要はない。ここで示しているのは私が実行した結果そのものだ。
- プロンプト（$ や >）の後にあるものを入力し、Enter キーを押す。つまり $ pwd とあれば、pwd と入力して Enter キーを押せばよい。
- コマンドの出力と次のプロンプト（$ や >）が表示される。プロンプトまでの内容がコマンドの出力結果で、ここで示したものと（ユーザー名や日時を除いて）同じ結果が表示されるはずだ。

シンプルな次のコマンドを実行してみよう。すぐにコツがわかるはずだ。

macOS/Linux

ターミナルの画面

```
$ pwd
/Users/zedshaw
$
```

Linuxでは /Users/ が /home/ であることを除いて macOS と同じだ。

Windows

ターミナル（`PowerShell`）の画面

```
PS C:¥Users¥zedshaw> pwd

Path
----
C:¥Users¥zedshaw


PS C:¥Users¥zedshaw>
```

> **警告！** この付録では、コマンドの重要な部分に集中できるように、プロンプトの最初の部分 (`PS C:¥Users¥zedshaw`) を削除して `>` だけを残すことにする。プロンプトは君の出力結果と同じではないが、その部分は気にしなくてよい。今後プロンプトを示すために単に `>` を使っていることを忘れないように。macOS や Linux のプロンプトに対しても同じことが当てはまるが、これらのプロンプトは非常に多様で、「単なるプロンプト」の意味で `$` を使うことにほとんどの人は慣れている。

ここで学んだこと

君のプロンプトはこの本のものと違っているだろう。`$` の前にコンピュータ名やユーザー名が表示されているかもしれない。おそらく Windows でも違っているはずだ。重要なのは次の点だ。

- プロンプトが表示されている。
- コマンドを入力する。今回の場合コマンドは `pwd` だ。
- コマンドは何か出力する。
- その繰り返し。

ここでは `pwd` が何をするのかを学んだ。「現在のディレクトリを表示する」コマンドが `pwd` だ。「ディレクトリ」とは何だろう？ それは「フォルダ」のことだ。フォルダとディレクトリは同じもので、どちらを使っても問題ない。コンピュータ上でファイルブラウザを使って、ファイルを探しているときは、フォルダを移動しているだろう。これらのフォルダはディレクトリとまったく同じもの

だ。(訳注：macOS の標準のファイルブラウザは Finder で、Windows ではエクスプローラーだ。Linux は Gnome Nautilus が使われることが多い。)

演習問題

- 「現在のディレクトリを表示する」または「print working directory」と声に出しながら pwd を 20 回入力してみよう。
- このコマンドが出力するパスを書き留めて、グラフィカルなファイルブラウザでそのパスを探してみよう。
- 真面目に声を出しながら 20 回入力してみよう。シーッ。今度は黙ってやってみよう。

エクササイズ A3：もし迷子になったら

この付録をやっている途中で迷子になるかもしれない。いまどこにいるのかわからなくなったり、ファイルがどこにあるのかわからなくなったりして、どうやって続けたらよいかわからなくなることもあるだろう。この問題を解決するためのコマンドを教えよう。

コマンドを入力してどこに行ったのかわからなくなることはよくある。迷子になったときは、まず pwd と入力して現在のディレクトリを出力する。そうすれば、いまどこにいるのかがわかる。

次に必要なことは、安全な場所、つまり君のホームディレクトリに戻ることだ。そのためには cd ~ と入力する。そうすればホームディレクトリに戻ることができる。

迷子になったときは次のコマンドを入力すればよい。

```
pwd
cd ~
```

最初のコマンド pwd でどこにいるのかを表示し、次のコマンド cd ~ でホームディレクトリに戻る。これで最初からやり直すことができる。

やってみよう

pwd と cd ~ を使って、現在の場所を調べてホームディレクトリに戻ってみる。これで正しい場所に戻ることができる。

ここで学んだこと

迷子になったときにホームディレクトリに戻る方法を学んだ。

エクササイズ A4：ディレクトリを作成する (mkdir)

このエクササイズでは mkdir コマンドを使って新しいディレクトリ（フォルダ）を作成する方法を学ぶ。

やってみよう

忘れないように！　まずホームディレクトリに戻る必要がある！　エクササイズの前に pwd と cd ~ を使う。この付録のすべてのエクササイズで最初にホームディレクトリに戻る必要がある！

macOS/Linux

ターミナルの画面

```
$ pwd
/Users/zedshaw
$ cd ~
$ mkdir clcc
$ mkdir clcc/stuff
$ mkdir clcc/stuff/things
$ mkdir -p clcc/stuff/things/orange/apple/pear/grape
$
```

Windows

ターミナル (PowerShell) の画面

```
> pwd

Path
----
C:¥Users¥zedshaw
```

```
> cd ~
> mkdir clcc


    ディレクトリ: C:¥Users¥zedshaw


Mode            LastWriteTime     Length Name
----            -------------     ------ ----
d-----     2018/11/02   17:21            clcc


> mkdir clcc/stuff


    ディレクトリ: C:¥Users¥zedshaw¥clcc


Mode            LastWriteTime     Length Name
----            -------------     ------ ----
d-----     2018/11/02   17:21            stuff


> mkdir clcc/stuff/things


    ディレクトリ: C:¥Users¥zedshaw¥clcc¥stuff


Mode            LastWriteTime     Length Name
----            -------------     ------ ----
d-----     2018/11/02   17:21            things


> mkdir clcc/stuff/things/orange/apple/pear/grape


    ディレクトリ: C:¥Users¥zedshaw¥clcc¥stuff¥things¥orange¥apple¥pear


Mode            LastWriteTime     Length Name
----            -------------     ------ ----
d-----     2018/11/02   17:21            grape


>
```

pwdコマンドとcd ~コマンドを表示するのはこれが最後だ。すべてのエクササイズでこれらのコマンドが必要だ。エクササイズの前にこれらのコマンドを実行するように。

ここで学んだこと

そろそろ複数のコマンドを入力することに抵抗がなくなってきただろう。これらはすべてmkdirを実行する方法だ。mkdirは何をするコマンドだろうか？ それは「ディレクトリを作るコマンド」だ。この質問の意図は、インデックスカードを使ってコマンドを記憶したかどうかの確認だ。「mkdirはディレクトリを作成する」と覚えていなければ、インデックスカードを使った作業を続けよう。

ディレクトリを作るとはどういうことだろうか？ ディレクトリのことを「フォルダ」といってもよい。それらは同じものだ。ここでやったことはディレクトリを作ることで、ディレクトリ内にも、ディレクトリ内のディレクトリ内にもディレクトリを作った。これは「パス」とよばれるもので、「最初がclcc、次がstuff、その次がthings、そしていくつでも好きなだけ続く」といっているようなものだ。これはコンピュータ上の道順であり、ハードディスクを構成するディレクトリ（フォルダ）のツリー（階層）に配置したファイルやディレクトリなどの場所を示すものだ。

> **警告！** この付録ではパスの区切りに / （スラッシュ）を使う。/ はすべてのコンピュータで同じように機能するからだ。Windowsユーザーは \ （バックスラッシュ）も使えることを知っておくとよい。（訳注：Windows日本語版では ¥ （円サイン）だ。）なぜなら、Windowsユーザーは一般的にこちらを使うからだ。

演習問題

- この時点で「パス」の概念に混乱していても心配はいらない。これからパスを何度も使うので、すぐに理解できるようになるだろう。
- clccディレクトリ内にさまざまなレベルのディレクトリを20個作成してみよう。作成したら、それらをグラフィカルなファイルブラウザで見てみよう。
- スペースを含む名前のディレクトリを作成しよう。その場合は名前を引用符で囲む必要がある。

```
      mkdir "I Have Fun"
```

- clcc ディレクトリがすでに存在する場合はエラーが発生する。cd コマンド を使って、自由に作業できる場所に作業ディレクトリを変更してから試して みよう。Windows ではデスクトップ (Desktop) を使ってもよいだろう。

エクササイズ A5：ディレクトリに移動する (cd)

このエクササイズでは cd コマンドを使ってあるディレクトリから別のディレ クトリに移動する方法を学ぶ。

やってみよう

もう一度だけ「やってみよう」の手順を説明しておこう。

- $ (macOS/Linux) や > (Windows) は入力しない。
- これ以降のものを入力して Enter キーを押す。`$ cd clcc` であれば、 `cd clcc` と入力して Enter キーを押す。
- Enter キーを押した後にコマンドの出力が表示される。その後に新しいプロ ンプト ($ や >) が続く。
- 最初にホームディレクトリに戻ること！ `pwd` と `cd ~` を使えば、出発点で あるホームディレクトリに戻ることができる。

macOS/Linux

ターミナルの画面

```
$ cd clcc
$ pwd
/Users/zedshaw/clcc
$ cd stuff
$ pwd
/Users/zedshaw/clcc/stuff
$ cd things
$ pwd
/Users/zedshaw/clcc/stuff/things
$ cd orange/
$ pwd
/Users/zedshaw/clcc/stuff/things/orange
```

```
$ cd apple/
$ pwd
/Users/zedshaw/clcc/stuff/things/orange/apple
$ cd pear/
$ pwd
/Users/zedshaw/clcc/stuff/things/orange/apple/pear
$ cd grape/
$ pwd
/Users/zedshaw/clcc/stuff/things/orange/apple/pear/grape
$ cd ..
$ cd ..
$ pwd
/Users/zedshaw/clcc/stuff/things/orange/apple
$ cd ..
$ cd ..
$ pwd
/Users/zedshaw/clcc/stuff/things
$ cd ../../..
$ pwd
/Users/zedshaw
$ cd clcc/stuff/things/orange/apple/pear/grape
$ pwd
/Users/zedshaw/clcc/stuff/things/orange/apple/pear/grape
$ cd ../../../../../../../
$ pwd
/Users/zedshaw
$
```

Windows

ターミナル (PowerShell) の画面

```
> cd clcc
> pwd

Path
----
C:¥Users¥zedshaw¥clcc


> cd stuff
> pwd

Path
----
```

```
C:¥Users¥zedshaw¥clcc¥stuff


> cd things
> pwd

Path
----
C:¥Users¥zedshaw¥clcc¥stuff¥things


> cd orange
> pwd

Path
----
C:¥Users¥zedshaw¥clcc¥stuff¥things¥orange


> cd apple
> pwd

Path
----
C:¥Users¥zedshaw¥clcc¥stuff¥things¥orange¥apple


> cd pear
> pwd

Path
----
C:¥Users¥zedshaw¥clcc¥stuff¥things¥orange¥apple¥pear


> cd grape
> pwd

Path
----
C:¥Users¥zedshaw¥clcc¥stuff¥things¥orange¥apple¥pear¥grape


> cd ..
> cd ..
> pwd
```

```
Path
----
C:¥Users¥zedshaw¥clcc¥stuff¥things¥orange¥apple


> cd ..
> cd ..
> pwd

Path
----
C:¥Users¥zedshaw¥clcc¥stuff¥things


> cd ../../..
> pwd

Path
----
C:¥Users¥zedshaw


> cd clcc/stuff/things/orange/apple/pear/grape
> pwd

Path
----
C:¥Users¥zedshaw¥clcc¥stuff¥things¥orange¥apple¥pear¥grape


> cd ../../../../../../../
> pwd

Path
----
C:¥Users¥zedshaw


>
```

ここで学んだこと

前回のエクササイズでこれらのディレクトリをすべて作成している。今回は cd コマンドを使って、これらのディレクトリの内部をあちこち移動した。また pwd コマンドを使って現在どこにいるのかも確認した。次のことを忘れないように。pwd コマンドの出力は入力しないこと。たとえば macOS/Linux の出力の 3 行目で /Users/zedshaw/clcc と表示されているが、これは一つ上のプロンプトで入力した pwd コマンドの出力だ。これを入力してはいけない。

.. を使って、ディレクトリツリーのパスを「上に」移動する方法も確認しよう。

演習問題

グラフィカルユーザーインタフェース (GUI) をもつコンピュータ上でコマンドラインインタフェース (CLI) の使い方を学ぶことの重要な点は、それらがどのように連携しているかを把握することだ。私がコンピュータを使い始めたころ、GUI はなく何をするにも CLI である DOS プロンプトを使っていた。その後、コンピュータが強力になり、誰もがグラフィックスを使うことができるようになったが、CLI 上のディレクトリと GUI のウィンドウ上のフォルダを一致させることは私にとって難しくはなかった。

しかし、現在、ほとんどの人は CLI、パス、ディレクトリの概念をあまり理解していない。実際、これらを教えることは簡単ではない。これらについて学ぶ唯一の方法は、GUI で行っている作業を、CLI でも行えるようになるまで CLI を使ってみることだ。ある日突然それがわかるようになる。

そのためには GUI のファイルブラウザを使ってディレクトリを探索し、CLI でも同じことを行うとよい。そのためにやるべきことは次のとおりだ。

- 1 回の cd コマンドで apple ディレクトリに移動する。
- 1 回の cd コマンドで clcc ディレクトリに戻る。
- 1 回の cd コマンドでホームディレクトリに移動する。
- Documents ディレクトリに移動する。次に同じディレクトリを GUI のファイルブラウザ (Finder や Windows エクスプローラーなど) で探す。(訳注：日本語版のファイルブラウザでは「書類」や「ドキュメント」と表示されて

- 同じように Downloads ディレクトリに CLI で移動し、ファイルブラウザでも探す。(訳注：同じく「ダウンロード」と表示されているフォルダがそれだ。)
- ファイルブラウザでほかのディレクトリを表示し、そのディレクトリに cd を使って移動する。
- スペースを含むディレクトリは引用符で囲む必要があることを覚えているだろうか？ どのコマンドにもそれは当てはまる。たとえば I Have Fun というディレクトリがあれば、次のようにする必要がある。

```
cd "I Have Fun"
```

エクササイズ A6：ディレクトリの中身を一覧表示する (ls)

このエクササイズでは ls コマンドを使ってディレクトリの内容を一覧表示する方法を学ぶ。

やってみよう

エクササイズを始める前に cd コマンドを使って clcc ディレクトリの一つ上のディレクトリに戻る。どこにいるのかわからなければ pwd コマンドを使って現在の場所を確認してから移動しよう。

macOS/Linux

ターミナルの画面

```
$ cd clcc
$ ls
stuff
$ cd stuff
$ ls
things
$ cd things
$ ls
orange
$ cd orange
$ ls
```

```
apple
$ cd apple
$ ls
pear
$ cd pear
$ ls
grape
$ cd grape
$ ls
$ cd ..
$ ls
grape
$ cd ../../../
$ ls
orange
$ cd ../../
$ ls
stuff
$
```

Windows

ターミナル (`PowerShell`) の画面

```
> cd clcc
> ls
```

ディレクトリ: C:¥Users¥zedshaw¥clcc

```
Mode            LastWriteTime       Length Name
----            -------------       ------ ----
d-----      2018/11/02    17:21            stuff
```

```
> cd stuff
> ls
```

ディレクトリ: C:¥Users¥zedshaw¥clcc¥stuff

```
Mode            LastWriteTime       Length Name
----            -------------       ------ ----
```

```
d-----        2018/11/02    17:21              things


> cd things
> ls


    ディレクトリ: C:¥Users¥zedshaw¥clcc¥stuff¥things


Mode            LastWriteTime        Length Name
----            -------------        ------ ----
d-----        2018/11/02    17:21           orange


> cd orange
> ls


    ディレクトリ: C:¥Users¥zedshaw¥clcc¥stuff¥things¥orange


Mode            LastWriteTime        Length Name
----            -------------        ------ ----
d-----        2018/11/02    17:21           apple


> cd apple
> ls


    ディレクトリ: C:¥Users¥zedshaw¥clcc¥stuff¥things¥orange¥apple


Mode            LastWriteTime        Length Name
----            -------------        ------ ----
d-----        2018/11/02    17:21           pear


> cd pear
> ls


    ディレクトリ: C:¥Users¥zedshaw¥clcc¥stuff¥things¥orange¥apple¥pear
```

```
Mode                LastWriteTime     Length Name
----                -------------     ------ ----
d-----        2018/11/02     17:21           grape


> cd grape
> ls
> cd ..
> ls
```

ディレクトリ: C:¥Users¥zedshaw¥clcc¥stuff¥things¥orange¥apple¥pear

```
Mode                LastWriteTime     Length Name
----                -------------     ------ ----
d-----        2018/11/02     17:21           grape


> cd ../../..
> ls
```

ディレクトリ: C:¥Users¥zedshaw¥clcc¥stuff¥things

```
Mode                LastWriteTime     Length Name
----                -------------     ------ ----
d-----        2018/11/02     17:21           orange


> cd ../..
> ls
```

ディレクトリ: C:¥Users¥zedshaw¥clcc

```
Mode                LastWriteTime     Length Name
----                -------------     ------ ----
d-----        2018/11/02     17:21           stuff


>
```

ここで学んだこと

lsコマンドは現在いるディレクトリの内容を一覧表示する。ここではcdコマンドを使ってディレクトリを移動し、その中にあるものを一覧表示して次に行くべきディレクトリを確認している。lsコマンドにはたくさんのオプションがある。後でヘルプシステムを使ってコマンドの使い方を知る方法を学ぶ。

演習問題

- これらコマンドをすべて入力すること！ 実際にコマンドを入力しなければ学ぶことはできない。ただ読むだけでは十分でない。これ以上いうのは控えよう。
- macOS/Linuxの場合、clccディレクトリでls -lRコマンドを試してみよう。
- Windowsの場合、同じことをls -Rコマンドで試してみよう。
- cdコマンドを使ってコンピュータ上の別のディレクトリに移動し、lsコマンドを使ってそれらの中身を確認しよう。
- 疑問があったらそのことをノートに書き留めよう。たぶん、いくつか疑問があるはずだ。この速習コースでは、このコマンドのすべてをカバーしていないからだ。
- 迷子になったら、lsコマンドとpwdコマンドを使ってどこにいるのかを把握し、cdコマンドを使って、いるべき場所に移動しよう。

エクササイズA7：ディレクトリを削除する (rmdir)

このエクササイズでは空のディレクトリを削除する方法を学ぶ。

やってみよう

macOS/Linux

ターミナルの画面

```
$ cd clcc
$ ls
stuff
$ cd stuff/things/orange/apple/pear/grape/
```

```
$ cd ..
$ rmdir grape
$ cd ..
$ rmdir pear
$ cd ..
$ ls
apple
$ rmdir apple
$ cd ..
$ ls
orange
$ rmdir orange
$ cd ..
$ ls
things
$ rmdir things
$ cd ..
$ ls
stuff
$ rmdir stuff
$ pwd
/Users/zedshaw/clcc
$ cd ..
$
```

警告！ macOS 上で rmdir コマンドを使ってディレクトリを削除しようとしたときに、そのディレクトリが空に見えるのに削除できない場合がある。その場合は .DS_Store という隠しファイルがそのディレクトリに存在する可能性が高い。そうであれば、代わりに rm -rf <dir> と入力して、そのファイルごとディレクトリを削除する（<dir> はディレクトリ名で置き換えること）。

Windows

ターミナル（PowerShell）の画面

```
> cd clcc
> ls


    ディレクトリ: C:¥Users¥zedshaw¥clcc


Mode                LastWriteTime         Length Name
----                -------------         ------ ----
```

```
d-----        2018/11/02     17:21                    stuff


> cd stuff/things/orange/apple/pear/grape/
> cd ..
> rmdir grape
> cd ..
> rmdir pear
> cd ..
> ls


    ディレクトリ: C:¥Users¥zedshaw¥clcc¥stuff¥things¥orange


Mode              LastWriteTime       Length Name
----              -------------       ------ ----
d-----        2018/11/02     17:21           apple


> rmdir apple
> cd ..
> ls


    ディレクトリ: C:¥Users¥zedshaw¥clcc¥stuff¥things


Mode              LastWriteTime       Length Name
----              -------------       ------ ----
d-----        2018/11/02     17:21           orange


> rmdir orange
> cd ..
> ls


    ディレクトリ: C:¥Users¥zedshaw¥clcc¥stuff


Mode              LastWriteTime       Length Name
----              -------------       ------ ----
d-----        2018/11/02     17:21           things
```

```
> rmdir things
> cd ..
> ls


    ディレクトリ: C:¥Users¥zedshaw¥clcc


Mode            LastWriteTime      Length Name
----            -------------      ------ ----
d-----       2018/11/02   17:21           stuff


> rmdir stuff
> pwd

Path
----
C:¥Users¥zedshaw¥clcc


> cd ..
>
```

ここで学んだこと

　ここでは、いくつかのコマンドを組み合わせている。注意して正確にコマンドを入力しよう。間違ったらそれは注意を怠っていたからだ。あまりにも間違いが多いなら、休憩を取るかその日は休みにして、明日もう一度やってみよう。

　このエクササイズではディレクトリを削除する方法を学んだ。それはとても簡単だ。削除するディレクトリの一つ上に移動し、rmdir `<dir>` と入力すればよい。削除するディレクトリの名前で `<dir>` を置き換えること。

演習問題

- ディレクトリをさらに20個作成して、それらすべて削除しよう。
- 深さが10あるディレクトリを作成し、一つずつディレクトリを削除しよう。
- 中身のあるディレクトリを削除しようとするとエラーが発生する。後のエクササイズでそれらを削除する方法を説明する。

エクササイズ A8：ディレクトリをあちこち移動する (pushd, popd)

このエクササイズでは pushd コマンドを使って現在の場所（ディレクトリ）を保存してから新しい場所に行く方法と、popd コマンドを使って保存した場所に戻る方法を学ぶ。

やってみよう

macOS/Linux

ターミナルの画面

```
$ cd clcc
$ mkdir -p i/like/icecream
$ pushd i/like/icecream
~/clcc/i/like/icecream ~/clcc
$ popd
~/clcc
$ pwd
/Users/zedshaw/clcc
$ pushd i/like
~/clcc/i/like ~/clcc
$ pwd
/Users/zedshaw/clcc/i/like
$ pushd icecream
~/clcc/i/like/icecream ~/clcc/i/like ~/clcc
$ pwd
/Users/zedshaw/clcc/i/like/icecream
$ popd
~/clcc/i/like ~/clcc
$ pwd
/Users/zedshaw/clcc/i/like
$ popd
~/clcc
$ pushd i/like/icecream
~/clcc/i/like/icecream ~/clcc
$ pushd
~/clcc ~/clcc/i/like/icecream
$ pwd
/Users/zedshaw/clcc
$ pushd
~/clcc/i/like/icecream ~/clcc
$ pwd
/Users/zedshaw/clcc/i/like/icecream
$
```

Windows

ターミナル (PowerShell) の画面

```
> cd clcc
> mkdir i/like/icecream


    ディレクトリ: C:¥Users¥zedshaw¥clcc¥i¥like


Mode                LastWriteTime     Length Name
----                -------------     ------ ----
d-----        2018/11/02     17:21           icecream


> pushd i/like/icecream
> popd
> pwd

Path
----
C:¥Users¥zedshaw¥clcc


> pushd i/like
> pwd

Path
----
C:¥Users¥zedshaw¥clcc¥i¥like


> pushd icecream
> pwd

Path
----
C:¥Users¥zedshaw¥clcc¥i¥like¥icecream


> popd
> pwd

Path
```

```
----
C:\Users\zedshaw\clcc\i\like


> popd
>
```

> **警告！** Windows では Linux のような -p オプションは `mkdir` には必要ない。-p は省略可能で、指定してもしなくても同じだ。

ここで学んだこと

　ここで学んだコマンドはプログラマの領域だ。とても便利なコマンドなのでしっかり覚えよう。これらのコマンドを使うことで、一時的に別のディレクトリに移動してから戻ることができる。二つのディレクトリ間を簡単に行き来する方法だ。

　`pushd` コマンドは後で使うために現在のディレクトリを「プッシュ」する。そして別のディレクトリに移動する。「いまいる場所を保存して、そちらに行く」といっているようなものだ。

　`popd` コマンドは、プッシュした最後のディレクトリを取得し、それを「ポップ」して、取得したそのディレクトリに戻る。

　macOS/Linux の `pushd` コマンドを引数なしで実行すると、現在のディレクトリと最後にプッシュしたディレクトリの間を行き来する。二つのディレクトリ間を移動する簡単で便利な方法だ。これは PowerShell では機能しない。

演習問題

- これらのコマンドを使って、コンピュータのいろいろなディレクトリに移動してみよう。
- `i/like/icecream` ディレクトリを削除してから、もう一度作成し、その中をあちこち移動してみよう。
- `pushd` コマンドと `popd` コマンドが出力したものを説明してみよう。これらはスタックのように動作することに気づいただろうか。
- すでに気づいたかもしれないが、`mkdir -p`（macOS や Linux の場合）コマ

ンドは、パス上のすべてのディレクトリが存在しなくてもパス全体を作成できる。このエクササイズの最初にやっている。
- Windows では mkdir コマンドは -p がなくてもパス全体を作成する。

(訳注：次のエクササイズに進む前に i/like/icecream ディレクトリは削除しておこう。)

エクササイズ A9：空のファイルを作成する (touch/New-Item)

このエクササイズでは touch コマンド（Windows では New-Item コマンド）を使って空のファイルを作成する方法を学ぶ。

やってみよう

macOS/Linux

ターミナルの画面

```
$ cd clcc
$ touch iamcool.txt
$ ls
iamcool.txt
$
```

Windows

ターミナル (PowerShell) の画面

```
> cd clcc
> new-item iamcool.txt -type file


    ディレクトリ: C:\Users\zedshaw\clcc


Mode          LastWriteTime       Length Name
----          -------------       ------ ----
-a----      2018/11/02   17:21         0 iamcool.txt



> ls
```

```
                ディレクトリ: C:¥Users¥zedshaw¥clcc


Mode                LastWriteTime         Length Name
----                -------------         ------ ----
-a----          2018/11/02    17:21            0 iamcool.txt


>
```

ここで学んだこと

　ここでは空のファイルを作る方法を学んだ。すでに存在するファイルを指定して `touch` コマンドを実行するとそのファイルの更新日時を変更する。しかし空のファイルを作る以外にはほとんど使うことはない。Windows にはこのコマンドはないため、代わりに `New-Item` コマンドを使う。このコマンドは空のファイルを作るだけでなく、ディレクトリを新たに作ることもできる。

演習問題

- macOS/Linux の場合、ディレクトリを作成してそのディレクトリに移動し、そこにファイルを作成する。次に一つ上に移動し、このディレクトリを指定して `rmdir` コマンドを実行する。エラーが発生するはずだ。なぜこのエラーが発生したのか考えてみよう。
- Windows の場合も同じことをやってみよう。しかし、この場合はエラーにならず、本当にディレクトリを削除するのかを確認するプロンプトが表示される。

エクササイズ A10：ファイルをコピーする (cp)

　このエクササイズでは `cp` コマンドを使って、ある場所から別の場所にファイルやディレクトリをコピーする方法を学ぶ。

やってみよう

macOS/Linux

ターミナルの画面

```
$ cd clcc
$ cp iamcool.txt neat.txt
$ ls
iamcool.txt   neat.txt
$ cp neat.txt awesome.txt
$ ls
awesome.txt   iamcool.txt   neat.txt
$ cp awesome.txt thefourthfile.txt
$ ls
awesome.txt   iamcool.txt   neat.txt   thefourthfile.txt
$ mkdir something
$ cp awesome.txt something/
$ ls
awesome.txt   iamcool.txt   neat.txt   something   thefourthfile.txt
$ ls something/
awesome.txt
$ cp -r something newplace
$ ls newplace/
awesome.txt
$
```

Windows

ターミナル (PowerShell) の画面

```
> cd clcc
> cp iamcool.txt neat.txt
> ls


    ディレクトリ: C:¥Users¥zedshaw¥clcc


Mode            LastWriteTime      Length Name
----            -------------      ------ ----
-a----      2018/11/02     17:21        0 iamcool.txt
-a----      2018/11/02     17:21        0 neat.txt
```

```
> cp neat.txt awesome.txt
> ls


    ディレクトリ: C:¥Users¥zedshaw¥clcc


Mode              LastWriteTime         Length Name
----              -------------         ------ ----
-a----         2018/11/02     17:21          0 awesome.txt
-a----         2018/11/02     17:21          0 iamcool.txt
-a----         2018/11/02     17:21          0 neat.txt


> cp awesome.txt thefourthfile.txt
> ls


    ディレクトリ: C:¥Users¥zedshaw¥clcc


Mode              LastWriteTime         Length Name
----              -------------         ------ ----
-a----         2018/11/02     17:21          0 awesome.txt
-a----         2018/11/02     17:21          0 iamcool.txt
-a----         2018/11/02     17:21          0 neat.txt
-a----         2018/11/02     17:21          0 thefourthfile.txt


> mkdir something


    ディレクトリ: C:¥Users¥zedshaw¥clcc


Mode              LastWriteTime         Length Name
----              -------------         ------ ----
d-----         2018/11/02     17:21            something


> cp awesome.txt something/
> ls


    ディレクトリ: C:¥Users¥zedshaw¥clcc
```

```
Mode                LastWriteTime         Length Name
----                -------------         ------ ----
d-----    2018/11/02     17:21                   something
-a----    2018/11/02     17:21                0  awesome.txt
-a----    2018/11/02     17:21                0  iamcool.txt
-a----    2018/11/02     17:21                0  neat.txt
-a----    2018/11/02     17:21                0  thefourthfile.txt


> ls something


    ディレクトリ: C:¥Users¥zedshaw¥clcc¥something


Mode                LastWriteTime         Length Name
----                -------------         ------ ----
-a----    2018/11/02     17:21                0  awesome.txt


> cp -r something newplace
> ls newplace

    ディレクトリ: C:¥Users¥zedshaw¥clcc¥newplace


Mode                LastWriteTime         Length Name
----                -------------         ------ ----
-a----    2018/11/02     17:21                0  awesome.txt


>
```

ここで学んだこと

これでファイルをコピーできるようになった。ファイルを新しいファイルにコピーすることは簡単だ。このエクササイズでは新しくディレクトリを作成し、そのディレクトリにファイルをコピーすることも行った。

ここでプログラマやシステム管理者の秘密を教えよう。彼あるいは彼女らは怠け者だ。私もそうだし、私の友人たちもそうだ。それがコンピュータを使う理由

だ。自分たちの代わりに退屈なことをコンピュータにやらせることが好きだということだ。これまでのエクササイズでは学習のために退屈なコマンドを繰り返し入力してきたが、通常はそうではない。退屈で同じことを繰り返していることに気づいたら、簡単にする方法を考え出すのがプログラマだ。いずれ君にもわかるときがくるだろう。

　プログラマに関するもう一つの秘密は、彼あるいは彼女らは君が思うほど利口ではではないということだ。よく考えないとコマンドを入力できないなら、たぶん間違えるだろう。そうではなく、君にとって自然に感じるコマンド名を考えて、それを試してみよう。君が考えていた名前そのものか、その略語の可能性が高いだろう。直観的に理解できないのであれば、周りに尋ねるか、オンラインで検索しよう。それが ROBOCOPY のようなひどい名前でないとよいのだが。

演習問題

- `cp -r` コマンドを使って、ファイルが入っているディレクトリごとコピーしてみよう。
- ファイルをホームディレクトリかデスクトップにコピーしてみよう。
- コピーしたファイルを GUI で探し、そのファイルをテキストエディタで開いてみよう。
- ときどきディレクトリの最後に / (スラッシュ) がついていることに気づいただろうか？ / をつけると、指定したものがディレクトリであるかどうかを確認し、ディレクトリでないとエラーになる。

エクササイズ A11：ファイルを移動する (`mv`)

　このエクササイズでは `mv` コマンドを使って、ある場所から別の場所にファイルやディレクトリを移動する方法を学ぶ。

やってみよう

macOS/Linux

ターミナルの画面

```
$ cd clcc
$ mv awesome.txt uncool.txt
```

```
$ ls
iamcool.txt  neat.txt  newplace  something  thefourthfile.txt  uncool.txt
$ mv newplace oldplace
$ ls
iamcool.txt  neat.txt  oldplace  something  thefourthfile.txt  uncool.txt
$ mv oldplace newplace
$ ls newplace
awesome.txt
$ ls
iamcool.txt  neat.txt  newplace  something  thefourthfile.txt  uncool.txt
$
```

Windows

ターミナル (PowerShell) の画面

```
> cd clcc
> mv awesome.txt uncool.txt
> ls


    ディレクトリ: C:\Users\zedshaw\clcc


Mode          LastWriteTime       Length Name
----          -------------       ------ ----
d-----    2018/11/02    17:21            newplace
d-----    2018/11/02    17:21            something
-a----    2018/11/02    17:21          0 iamcool.txt
-a----    2018/11/02    17:21          0 neat.txt
-a----    2018/11/02    17:21          0 thefourthfile.txt
-a----    2018/11/02    17:21          0 uncool.txt


> mv newplace oldplace
> ls


    ディレクトリ: C:\Users\zedshaw\clcc


Mode          LastWriteTime       Length Name
----          -------------       ------ ----
d-----    2018/11/02    17:21            oldplace
```

```
d-----        2018/11/02     17:21              something
-a----        2018/11/02     17:21            0 iamcool.txt
-a----        2018/11/02     17:21            0 neat.txt
-a----        2018/11/02     17:21            0 thefourthfile.txt
-a----        2018/11/02     17:21            0 uncool.txt


> mv oldplace newplace
> ls newplace


    ディレクトリ: C:¥Users¥zedshaw¥clcc¥newplace


Mode                LastWriteTime      Length Name
----                -------------      ------ ----
-a----        2018/11/02     17:21            0 awesome.txt


> ls


    ディレクトリ: C:¥Users¥zedshaw¥clcc


Mode                LastWriteTime      Length Name
----                -------------      ------ ----
d-----        2018/11/02     17:21              newplace
d-----        2018/11/02     17:21              something
-a----        2018/11/02     17:21            0 iamcool.txt
-a----        2018/11/02     17:21            0 neat.txt
-a----        2018/11/02     17:21            0 thefourthfile.txt
-a----        2018/11/02     17:21            0 uncool.txt


>
```

ここで学んだこと

　ファイルを移動する方法を学んだ。正確にはファイルの名前を変更する方法だ。変更することは簡単だ。古い名前と新しい名前をコマンドの引数に指定すればよい。

演習問題

newplace ディレクトリ内のファイルを別のディレクトリに移し、それをもとに戻してみよう。

エクササイズ A12：ファイルの中身を見る (less/more)

このエクササイズは少し準備が必要だ。これまでに学んだコマンドを使って作業を進める。また、テキストファイル (.txt) を作るためにテキストエディタも使う。その手順は次のとおりだ。

- テキストエディタを起動して、新しいファイルに何か入力する。どのテキストエディタを使ってもかまわない。Atom テキストエディタを使っていればそれを使えばよい。
- そのファイルを test.txt という名前でデスクトップに保存する。
- シェル上でこのファイルをこれまで作業していた clcc ディレクトリにコピーする。すでにそのコマンドは知っているはずだ。

準備が終われば、エクササイズを進めることができる。

やってみよう

macOS/Linux

ターミナルの画面

```
... テキストエディタを使ってデスクトップにtest.txtを作成する ...
$ cp ~/Desktop/test.txt clcc/
$ cd clcc
$ less test.txt
... ファイルの内容がここに表示される ...
$
```

less コマンドを終了するには q と入力する（q は quit（中止する）の意味だ）。

Windows

ターミナル (PowerShell) の画面

```
... テキストエディタを使ってデスクトップにtest.txtを作成する ...
```

```
> cp ~/Desktop/test.txt clcc/
> cd clcc
> more test.txt
... ファイルの内容がここに表示される ...

>
```

(訳注：ファイルの中身に日本語を使っていると more でうまく表示されないかもしれない。その場合は次のように実行してほしい。

```
> cat test.txt -encoding utf8 | more
```

次のエクササイズで学ぶ cat に -encoding utf8 という引数を渡すことで UTF-8 でエンコーディングされた test.txt をうまく表示できる。| はパイプといって、cat コマンドの出力を more に入力として渡すためのものだ。)

> **警告！** この出力例では実際にコマンドが表示したものの代わりに次のように表示している。
>
> ... ファイルの内容がここに表示される ...
>
> コマンドの出力があまりにも複雑な場合このように書くことがある。コンピュータが表示したものがこの部分に表示されると考えてほしい。実際に ... **ファイルの内容がここに表示される** ... と画面に表示されるわけではない。

ここで学んだこと

これはファイルの内容を表示する一つの方法だ。ファイルの行数が多い場合、「ページング」して一度に一画面分ずつ表示するのでとても便利だ。演習問題ではもう少しいろいろなことをやってみよう。

演習問題

- テキストファイルをもう一度開いて、50〜100 行の長さになるようにテキストをコピー & ペーストする。
- そのファイルを clcc ディレクトリにコピーする。
- このエクササイズをもう一度やってみよう。今回はページングが有効なはずだ。macOS/Linux ではスペースキーと b キーを使って上下に移動する。矢印キーも使える。Windows ではスペースキーを使って次のページに移動する。
- これまでに作成した空のファイルも見てみよう。

- cp コマンドはコピー先ファイルが存在するとそのファイルを上書きする。ファイルをコピーする場合は注意すること。

エクササイズ A13：ファイルの内容を表示する (cat)

このエクササイズは少し準備が必要だ。プログラムでファイルを作成したり、コマンドラインでそのファイルにアクセスしたりすることにはもう慣れただろうか。前のエクササイズと同様、テキストエディタで test2.txt という別のファイルを作成し、今度は直接 clcc ディレクトリに保存する。

やってみよう

macOS/Linux

ターミナルの画面

```
... テキストエディタを使ってclccに直接test2.txtを作成する ...
$ cd clcc
$ less test2.txt
... ファイルの内容がここに表示される ...
$ cat test2.txt
I am a fun guy.
Don't you know why?
Because I make poems,
that make babies cry.
$ cat test.txt
... ファイルの内容がここに表示される ...
$
```

Windows

ターミナル (PowerShell) の画面

```
... テキストエディタを使ってclccに直接test2.txtを作成する ...
> cd clcc
> more test2.txt
... ファイルの内容がここに表示される ...

> cat test2.txt
I am a fun guy.
Don't you know why?
Because I make poems,
```

```
that make babies cry.
> cat test.txt
... ファイルの内容がここに表示される ...
>
```

覚えているだろうか。... ファイルの内容がここに表示される ... という部分は、コマンド出力の代わりだ。ここは君の出力結果と違うものが表示されているだろう。

ここで学んだこと

私の詩が気に入ったかな？ 本気でノーベル賞を取るつもりだ。それはともかく、最初のコマンドはすでに知っているはずだ。まずファイルの内容を確認した。次に cat コマンドを使ってファイルの中身を画面に表示した。このコマンドはページングすることも停止することもなく、ファイルのすべての内容を画面に表示する。そのことを確認するために、前のエクササイズで作った test.txt を使った。君の画面にはたくさんの行からなる内容が出力されたはずだ。

演習問題

- テキストファイルをいくつか作って、cat でファイルの中身を表示してみよう。
- macOS/Linux では次のコマンドを試して、何が起こるのかを確認してみよう。

    ```
    cat test.txt test2.txt
    ```

- Windows では次のコマンドを試して、何が起こるのかを確認してみよう。

    ```
    cat test.txt,test2.txt
    ```

（訳注：次のエクササイズに進む前に test.txt と test2.txt ファイルは削除しておこう。）

エクササイズ A14：ファイルを削除する (rm)

このエクササイズでは rm コマンドを使ってファイルやディレクトリを削除する方法を学ぶ。

やってみよう

macOS/Linux

ターミナルの画面

```
$ cd clcc
$ ls
iamcool.txt  neat.txt  newplace  something  thefourthfile.txt  uncool.txt
$ rm uncool.txt
$ ls
iamcool.txt  neat.txt  newplace  something  thefourthfile.txt
$ rm iamcool.txt neat.txt thefourthfile.txt
$ ls
newplace  something
$ cp -r something newplace
$ rm something/awesome.txt
$ rmdir something
$ rm -rf newplace
$ ls
$
```

Windows

ターミナル (PowerShell) の画面

```
> cd clcc
> ls


    ディレクトリ: C:¥Users¥zedshaw¥clcc


Mode                LastWriteTime     Length Name
----                -------------     ------ ----
d-----        2018/11/02     17:21            newplace
d-----        2018/11/02     17:21            something
-a----        2018/11/02     17:21          0 iamcool.txt
-a----        2018/11/02     17:21          0 neat.txt
-a----        2018/11/02     17:21          0 thefourthfile.txt
-a----        2018/11/02     17:21          0 uncool.txt


> rm uncool.txt
> ls
```

```
ディレクトリ: C:¥Users¥zedshaw¥clcc


Mode                LastWriteTime         Length Name
----                -------------         ------ ----
d-----         2018/11/02     17:21              newplace
d-----         2018/11/02     17:21              something
-a----         2018/11/02     17:21            0 iamcool.txt
-a----         2018/11/02     17:21            0 neat.txt
-a----         2018/11/02     17:21            0 thefourthfile.txt


> rm iamcool.txt
> rm neat.txt
> rm thefourthfile.txt
> ls

    ディレクトリ: C:¥Users¥zedshaw¥clcc


Mode                LastWriteTime         Length Name
----                -------------         ------ ----
d-----         2018/11/02     17:21              newplace
d-----         2018/11/02     17:21              something


> cp -r something newplace
> rm something/awesome.txt
> rmdir something
> rm -r newplace
> ls
>
```

ここで学んだこと

これまでのエクササイズで作ったファイルをここでクリーンアップした。`rmdir` を使って空でないディレクトリを削除しようとしたことを覚えているだろうか？ あのときはディレクトリにファイルがあったため、ディレクトリを削除できずコマンドが失敗した。このようなディレクトリを削除するには、まずファイルを削除するか、ディレクトリを再帰的に削除する必要がある。このエクササ

イズの最後でやったのが再帰的な削除だ。

演習問題

- エクササイズで clcc 配下に作ったものをすべてクリーンアップしよう。
- ファイルを再帰的に削除するときには注意が必要とノートに書き留めよう。

エクササイズ A15：ターミナルを終了する (exit)

やってみよう

macOS/Linux

ターミナルの画面
```
$ exit
```

Windows

ターミナル (PowerShell) の画面
```
> exit
```

ここで学んだこと

最後のエクササイズはターミナルを終了する方法だ。これもとても簡単だったが、演習問題ではいろいろとやってもらう。

演習問題

これが最後の演習問題だ。ここではヘルプシステムの使い方を学ぶ。ヘルプシステムを使ってコマンドを調査し、自分自身でそのコマンドの使い方を学んでほしい。(訳注：ヘルプシステムとは macOS/Linux では man コマンド、Windows では help コマンドだ。オンラインで検索するのもよい。)

macOS/Linux で調べるべきコマンドは次のとおりだ。

- xargs
- sudo
- chmod

- chown

Windows では次のとおりだ。

- ForEach-Object
- RUNAS
- ATTRIB
- ICACLS

これらのコマンドを調べ、いろいろと試してみよう。そのコマンドがインデックスカードになければ追加しよう。

次のステップ

おめでとう。コマンドライン速習コースは修了だ。しかし、君はまだなんとかシェルを使うことができるレベルでしかない。君がまだ知らないテクニックや重要な項目からなる長いリストが存在する。それらを調べるための場所をいくつか示そう。

Bash リファレンス

macOS/Linux の場合、君がこれまで使ってきたシェルは Bash とよばれるものだ。それは最高のシェルではないかもしれないが、どこでも使うことができるし、多くの機能をもっている。始めるにはよい選択肢だ。君が読むべき Bash に関する URL は次のとおりだ。

- Bash チートシート（早見表）

  https://learncodethehardway.org/unix/bash_cheat_sheet.pdf（Raphael 作 CC ライセンス）

- Bash リファレンスマニュアル

  https://www.gnu.org/software/bash/manual/bashref.html

PowerShell リファレンス

Windows であれば PowerShell が唯一の選択肢だ。PowerShell に関連する便利な URL は次のとおりだ。

- Windows PowerShell
  https://docs.microsoft.com/en-us/powershell/
- PowerShell 4.0 チートシート（早見表）
  https://www.powershellmagazine.com/2014/04/24/windows-powershell-4-0-and-other-quick-reference-guides/

訳者あとがき

　私がはじめて読んだ Python のまとまった情報は、2010 年の秋に読んだこの本の旧版のドラフト版 (Release 0.9) でした。きっかけはよく覚えていませんが、「面白いスタイルの入門書」と紹介された記事を見つけて、手に取った（ダウンロードした）のだと思います。コードをコピー & ペーストせずに入力する「写経」をベースに進めるスタイルに共感が持てましたし（私も写経を通してプログラミング言語を学ぶことが多いので）、最後の一言にちょっと感動しました。かっこいいですよね。そのようなこともあり、丸善出版の立澤正博氏から翻訳の依頼を受けたときには、運命的なものを感じ、「やらせてください！」と翻訳をお引き受けしました。

　確かに、この本だけでは Python を自在に使いこなすレベルには達しないかもしれません。しかし、Python の文法を教えるだけの本では学べない、プログラマに必要な態度や心構えが身につきます。現在、大量の Python の入門書が出版されている中でも、ユニークで存在意義のある本だと思います。この本を読んだ後に、Python の文法を扱った本や中級レベルの本を読めば、たくさんの知識を吸収できるでしょう。

　最後までエクササイズに取り組んでください。後半に行くほど難しくなったり、自分で調べることが多くなったりします。難しいと感じたなら飛ばしてもかまいません。でも、飛ばしたところには必ず戻ってきましょう。次の本を読んだ後でもかまいません。きっと、以前わからなかったことが簡単に思えるようになっているでしょう。そして、Python を使っていろいろなことにチャレンジしてください。コードを書けない人が何日もかかるようなことを簡単に片付けることができるはずです。そう、君はコードが書けるのだから。

謝辞

　素晴らしい本を世に送り出してくれた原著者のZed A. Shaw氏に感謝します。初心者がPython 3を通してプログラミングを学べる素晴らしい本だと思います。翻訳にあたっては「日本語版への注意」に書いたとおり、最新の状況および日本語環境に合わせた加筆修正を行っています。原著者の意図を汲み、内容をわかりやすくすることが主旨ですので、ご理解いただければと思います。

　本書の翻訳にあたり、多くの方々に支えていただきました。この場をお借りして感謝の意を表します。

　翻訳原稿をレビューし、誤植の指摘や改善の提案をくださった高城正平、兒玉松男、林田貴宏、河浪年彦、小野貴史、土井賢治の各氏に感謝します。この翻訳が読みやすくなったのは、これらの方々のおかげです。これらの方々の協力にもかかわらず、翻訳の誤りや不足点があれば、それは私が責任を負うものです。また、レビューだけでなく、制作の面でも多大なご支援をいただいた丸善出版の立澤正博氏にも感謝します。

　最後に、翻訳作業を支えてくれた私の妻みちると子供たち瞭介と百萌花に感謝します。

2018年12月

堂　阪　真　司

索 引

●記号

!= (等しくない) 演算子, 118–119, 121–124
" (二重引用符)
    True や False では囲まない, 40
    一重引用符で作る文字列との違い, 37
    プロンプトとパス, 57
    文字列の中でのエスケープ, 43–46
    文字列を作る, 31–33
""" (三つの二重引用符)
    dedent(), 210–212
    スペースを入れるエラー, 42
    文字列の中でのエスケープ, 43, 46
(ハッシュ), 15, 18, 20
% (パーセント) 演算子, 19, 21
' (一重引用符)
    二重引用符で作る文字列との違い, 37
    文字列の指定, 71
    文字列の中でのエスケープ, 43–46
    文字列を作る, 31–33
''' (三つの一重引用符), 45
* (アスタリスク) 演算子, 19–20
+ (プラス) 演算子, 19–20
+ (プラス) 修飾子, ファイルの読み書き, 68
+= (累算代入) 演算子, 82–83, 126
- (マイナス) 演算子, 19–20
. (ドット), Bash コマンド, 238
. (ピリオド) 演算子, 179–181
/ (スラッシュ), 19–21, 324
: (コロン), 関数定義, 74–75
< (小なり) 演算子, 19–20
<= (小なりイコール) 演算子, 19–20, 118
<> と != の違い, 124
= (等号) 演算子, 25
== (二重等号) 演算子
    ——の機能, 25
    ブール式の特訓, 121–123
    論理式の用語としての, 118
    論理表, 119
> (大なり) 演算子, 19–20
>= (大なりイコール) 演算子, 19–20, 118
[ ] (リスト開始と終了の角括弧), 135–137
\ (バックスラッシュ), 43–45, 324

¥ (円サイン), 41, 324
\\ (二重のバックスラッシュ), 46
^ (キャレット), エラーの箇所の表示, 15
_ (アンダースコア), 24–25, 75, 233
__init__()
    is-a/has-a 関係, 196–200
    self を使う, 185
    super() を使う, 226
    多くのことをやらない, 233
    空のオブジェクトの初期化, 182
    正しく呼び出す, 200
{ } (文字列への変数の埋め込み), 27–28

●A

activate (macOS/Linux), 238
Activate (PowerShell), 241
altered(), 継承, 223–225
and
    ブール式, 121–124
    論理式の用語としての, 118–119
app.py
    HTML フォームの作成, 287–288
    ゲームエンジンの作成, 301–304
    初期バージョンの作成, 272–278
    フォームの仕組み, 285
    フォームの自動テスト, 290–292
apropos, マニュアルを探す
    (macOS/Linux), 317
*args, 74–76
argv
    input() との違い, 54
    アンパック, 51–53
    引数を表す変数, 51
    ファイルの読み書き, 67
    ファイルの読み込み, 59–63
    プロンプトに変数を使う, 55–56
ASCII, 95–96
assert, 自動テスト, 250–252
Atom 以外のテキストエディタ, 8–9
Atom テキストエディタ
    Linux でのインストール, 5
    macOS でのインストール, 1
    Windows でのインストール, 3

それ以外のテキストエディタ, 8
はじめてのプログラム, 12

● B・C
Bash リファレンス, 356
Big5 エンコーディング, 101
bin ディレクトリ, 雛形ディレクトリ, 247

C3 アルゴリズム, super(), 225
cat, ファイルの内容を表示する, 70
    macOS/Linux, 317, 351–352
    Windows, 318
    概要, 351–352
cd, ディレクトリに移動する
    macOS/Linux, 317
    Windows, 318
    概要, 325–329
cd ~, ホームディレクトリに戻る, 321
CLI（コマンドラインインタフェース）, GUI 上での, 329
close(), ファイルを閉じる, 65–66
cp, ファイルやディレクトリをコピーする
    macOS/Linux, 317
    Windows, 318
    概要, 342–346
curl, リクエストの生成, 293

● D
DBES,「デコードするのはバイト列、エンコードするのは文字列」の頭字語, 98–100
dead(), if 文のルール, 151
dedent(), """ スタイル文字列, 210–215
def（関数定義）
    is-a/has-a 関係, 197–198
    値を返す関数, 85–88
    概要, 73–76
    関数とファイル操作, 81–84
    ゲームエンジンの作成, 301–304
    定義, 187
    分岐と関数, 147–150
    変数を扱う関数, 109–113
del, 辞書からの削除, 172
dict
    辞書を理解する, 171–177
    フォームの仕組み, 285
Django フレームワーク, 278, 307

● E
echo, 引数を表示する, 317, 318
elif
    else と, 128
    判定を行う, 131–133
    分岐と関数, 147–149

else
    if 文と, 128
    if 文のルール, 151
    判定を行う, 131–133
    分岐と関数, 147–149
env, 環境変数を表示する (macOS/Linux), 318
except, 例外, 258
exists(), ファイルの存在を確認する, 69–72
exit, シェルを終了する, 317, 318, 355
exit(), スクリプトを終了する, 150
export, 新しい環境変数をエクスポート／セットする (macOS/Linux), 318

● F
False
    引用符で囲まない, 40
    論理式の用語, 118
    論理表, 118–120
find, ファイルを探す (macOS/Linux), 317
Flask フレームワーク
    ImportError, 305
    インストール, 271
    エラー修正, 274–276
    開発環境, 275, 277, 285, 292
    基本的なテンプレートの作成, 276–278
    ゲームエンジンの作成, 301–304
    テスト用の擬似セッション, 305
    デバッグモード, 275
    デバッグモードの危険性, 276
    何が行われているのか?, 273
    「ハローワールド」Web アプリケーションの作成, 272–278
ForEach-Object, ファイル群に対してコマンドを実行する (Windows), 318, 356
format(), 31–32, 39–40
for ループ
    while ループとの違い, 141
    いつリストを使うか, 167
    リストの生成, 135–138
    ルール, 151
FTP（ファイル転送プロトコル）, 283

● G
gothonweb プロジェクト
    Web アプリケーション化, 272–278
    コード, 209–216
    仕組みの作成, 296–301
    単純なゲームエンジンのための分析, 202–208
    リファクタリング／エンジン作成, 295–304

grep, ファイルの中身を検索する
    (macOS/Linux), 318
GUI（グラフィカルユーザーインタフェー
    ス）, 329

● H
has-a 関係, 188, 195–200
help, マニュアルを読む (Windows), 318
hostname, コンピュータのネットワーク上の
    名前を表示する, 318
HTML
    基本的なテンプレートの作成, 276–278
    詳しく調べる, 292
    ゲームエンジンの作成, 301–304
    フォームの作成, 286–288
    見栄えをよくする, 305
    レスポンスを理解する, 284
HTTP（ハイパーテキスト転送プロトコル）
    Requests, 308
    RFC を調べる, 292
    URL を理解する, 283
    リクエスト, 274

● I
IDLE の使用を避ける, 16, 40
if-else と try-except, 262
if 文
    else と, 127–129
    概要, 125–126
    コードを読む, 161
    判定を行う, 99–100, 131–133
    分岐と関数, 147–150
    ループとリスト, 135–138
    ルール, 151
implicit(), 継承, 220–221
import
    自身のゲームの, 231
    スクリプトへの機能の追加, 51
    ファイルのコピー, 69–72
    モジュールのファイル, 179
    類似としてのオブジェクト, 182–183
ImportError
    Flask のインストール, 305
    原因, 247, 262, 305
index(), 281
    HTML フォームの作成, 288
    HTML フォームの仕組み, 285
    ゲームエンジンの作成, 301–304
input()
    数値の入力, 87
    引数に'>'を渡す, 150
    引数、アンパック、変数, 51–54
    ファイルを読む, 59–63

プロンプトに変数を使う, 55–57
ユーザーに質問する, 47–48
ユーザーにプロンプトを表示する, 49–50
<input> タグ, 288–289
int(), コマンドラインへの変換
    引数の文字列, 54
IP アドレスと URL, 283
is-a 関係, 188, 195–200

● J・K・L
Jinja2, テンプレートエンジン, 278

Kivy, 308

Learn C The Hard Way, 308
Learn Ruby The Hard Way, 307
len(), 長さを返す, 69, 72
less, ファイルを1ページずつ表示する
    (macOS/Linux), 317, 349–351
Linux, → macOS/Linux
localhost
    Web コネクション, 283
    はじめての Web アプリケーション, 273,
    278
ls, ディレクトリの中身を一覧表示する
    macOS/Linux, 317
    Windows, 318
    概要, 330–334
ls -r, ファイルを探す (Windows), 318

● M
macOS/Linux
    Atom 以外のテキストエディタ, 9
    準備, 5–6
    ターミナルを起動して作業する, 315–316
    雛形の準備, 237–239
macOS/Linux コマンドライン
    cat, ファイルの内容を表示する, 351–352
    cd, ディレクトリに移動する, 325–330
    cp, ファイルやディレクトリをコピーす
        る, 342–346
    exit, シェルを終了する, 355
    less, ファイルを1ページずつ表示する,
        349–351
    ls, ディレクトリの中身を一覧表示する,
        330–334
    mkdir, ディレクトリを作成する,
        322–325
    mv, ファイルを移動する, 346–349
    pushd, popd, ディレクトリをあちこち移
        動する, 338–341
    pwd, 現在のディレクトリを表示する,
        319–321
    rm, ファイルを削除する, 352–355

rmdir, ディレクトリを削除する, 334–337
コマンドのリスト, 317–318
main(), コードの分析, 99
man, マニュアルを読む (macOS/Linux), 317
Map クラス
　gothonweb プロジェクトコード, 211
　場面を辞書の中の名前に関連づけて格納, 216
match(), パーサのコード, 266
mkdir, ディレクトリを作成する
　macOS/Linux, 317
　Windows, 318
　概要, 322–325
more, ファイルを1ページずつ表示する (Windows), 318, 349
MRO（メソッド解決順序）, super(), 225
mv, ファイルやディレクトリを移動する
　macOS/Linux, 317
　Windows, 318
　概要, 346–349

●N・O
NameError, 57
Natural Language Toolkit, 307
New-Item, 空のファイルを作成する (Windows), 341–342
None, 値がない, 112, 157, 199
not
　ブール式の, 121–124
　論理式の用語, 118
　論理表, 118–120

open(), ファイルの読み書き, 65–68
or
　ブール式の, 121–124
　論理式の用語, 118
　論理表, 118–120
override(), 継承, 221–222

●P
Pandas, 307
ParserError, パーサのコード, 265–268
PEMDAS, 演算の優先順位の頭字語, 21
pip3（または pip）
　Web サイト作成のための Flask のインストール, 271
　プロジェクトの雛形ディレクトリを作る, 237–239, 245–246
planisphere.py, 296–301
pop(), 113
popd, ディレクトリをポップする
　macOS/Linux, 317

Windows, 318
概要, 338–341
POST
　HTML フォームの作成, 286–288
　フォームの自動テスト, 291
PowerShell
　Windows の準備, 3–4, 241, 316
　ゲームエンジンの作成, 303
　コードの入力, 62
　はじめてのプログラム, 14–15
　リファレンス, 356
print()
　関数での return の使用と, 113
　コードを読む, 161
　デバッグ, 152
print_a_Line(), 現在の行番号を渡す, 81–82
print_line(), コードの分析, 99–100
print_two(), 定義, 74
pushd, ディレクトリをプッシュする
　macOS/Linux, 317
　Windows, 318
　概要, 338–341
pwd, 現在のディレクトリを表示する
　macOS/Linux, 317
　Windows, 318
　概要, 319–321
.py ファイル, 51–54
pydoc, 50
PyGame, 307
pytest
　raises(), 例外のテスト, 269
　構文エラー, 253
　自動テスト, 250–253
　フォームの自動テスト, 291
　プロジェクトの雛形ディレクトリの作成, 244–247
PYTHONPATH 環境変数, 302

●Q・R
quit(), Python の対話モードを終了する, 2, 4, 6, 112

raise, 例外, 265, 267–268
range(), ループ, 138
read(), ファイルの内容を読み込む, 65–68
readline(), 65–66, 81, 83, 99
render_template(), 277–278
request.args, フォーム, 285
Requests, HTTP のクライアントの動作や使い方を学ぶ, 308
return
　関数, 85–88

関数が `print` を使うときとの違い, 113
`rm`, ファイルを削除する, 352–355
`rmdir`, ディレクトリを削除する
　　macOS/Linux, 317
　　Windows, 318
　　概要, 334–337
Room クラス
　　gothonweb ゲームのリファクタリング, 295–301
　　ゲームエンジンの作成, 301–304
　　自動テスト, 250–253
`round()`, 小数を整数に丸める, 28
`RUNAS`, Windows では危険, 319

● S
SciPy, 307
ScraPy, 308
`seek()`
　　`current_line` を 0 に設定しない, 83
　　`file` について調べる, 82
　　定義, 65–66
`Select-String`, ファイルの中身を検索する (Windows), 318
`self`
　　`__init__()`, 181, 185
　　is-a/has-a 関係, 196–198
　　オブジェクト指向言語, 187–192
`set`, 新しい環境変数をエクスポート／セットする (Windows), 318
`setup.py`, プロジェクトの雛形ディレクトリ, 243, 246
`skip()`, パーサのコード, 267
`sudo`, スーパーユーザーで実行する (macOS/Linux), 318
`super()`, 継承, 222–226
`SyntaxError`
　　`EOL`, 72
　　`invalid syntax`, 16, 113
　　pydoc, 50
　　Python の対話モード, 56
　　はじめてのプログラムの出力, 15
`system-site-packages`, プロジェクトの雛形の準備, 238

● T
`templates/index.html`, 276–278, 288–290
`templates/layout.html`, 289
TensorFlow, 307
`test.txt`, ファイルのコピー, 70–72
`test_app.py`, 290, 304
`test_directions` のテストケース, 259–261
`test_planisphere.py`, 300–301
`tests/test_app.py`, 290

`touch`, 空のファイルを作成する (macOS/Linux), 341–342
`True`
　　引用符で囲まない, 40
　　論理式の用語, 118
　　論理表, 118–120
`truncate()`, 65–68
`try`, 例外, 258
`try-except` と `if-else`, 262

● U
Unicode, 96
URL
　　HTML フォームの作成, 287
　　概要, 282
　　はじめての Web アプリケーション, 274
　　フォームの仕組み, 285
UTF-16, 101
UTF-8
　　Python のテキストエンコード, 96
　　Python の文字列, 96–102
　　UTF-16/UTF-32 との比較, 101
　　出力の分析, 96
　　表示できない問題を解決する, 93

● V
`ValueError`
　　数値, 257
　　引数／アンパック／変数, 54
　　プロンプトに変数を使う, 57
`.venvs` ディレクトリ, プロジェクトの雛形の準備, 238–242
`venv` モジュール, 238–241

● W・X
Web
　　クライアントの動作や使い方を学ぶ, 308
　　コードを壊す, 292
　　仕組み, 281–285
　　自分のゲームを作る, → ゲーム, 自分のゲームを作る
Web 版ゲームアプリケーション
　　概要, 295
　　ゲームエンジンの作成, 301–304
　　最終試験, 304–305
　　リファクタリング, 295–301
`while True`, 無限ループを作る, 150
`while` ループ
　　概要, 139–142
　　コードを読む, 161
　　使わないルールを破るとき, 168
　　ルール, 152
Windows

366　索　引

　　Atom 以外のテキストエディタ, 9
　　準備, 3–5
　　雛形プロジェクトのディレクトリの準備,
　　　239–242
Windows コマンドライン
　　cat. ファイルの内容を表示する, 351–352
　　cd. ディレクトリに移動する, 326–330
　　cp. ファイルやディレクトリをコピーす
　　　る, 343–346
　　exit. シェルを終了する, 355
　　ls. ディレクトリの中身を一覧表示する,
　　　331–334
　　mkdir. ディレクトリを作成する, 322
　　more. ファイルの中身を見る, 349
　　mv. ファイルを移動する, 347–349
　　New-Item. 空のファイルを作成する,
　　　341–342
　　PowerShell を開いて使う, 316
　　pushd, popd. ディレクトリをあちこち移
　　　動する, 339–341
　　pwd. 現在のディレクトリを表示する,
　　　320–321
　　rm. ファイルを削除する, 353–355
　　rmdir. ディレクトリを削除する,
　　　335–337
　　コマンドのリスト, 318–319

xargs. 引数を使ってコマンドを実行する
　　(macOS/Linux), 317

● あ行

アスタリスク (*) 演算子, 19–20
アドレス（Web), 282
暗記
　　インデックスカードを使ったコマンドの暗
　　　記, 317–319
　　コツ, 117
　　コマンドラインの習得, 314
　　論理式, 117–120
アンダースコア (_), 24–25, 75, 233
アンパック, 51–53
暗黙的な継承
　　概要, 219–221
　　異なる種類の継承の組み合わせ, 224
　　コンポジションと, 226–228

一重引用符, → '（一重引用符）
入れ子構造
　　if 文のルール, 151
　　リスト, 135
インスタンス, 187–189
インスタンス化, 182–183

インターネット. Flask デバッグモードの危険
　　性, 276
インデント, 74–75, 127
インポート, → import

エスケープシーケンス
　　Python のサポート, 44
　　ファイルの読み書き, 67
　　復習, 158
　　文字列中の異なる文字の, 43–45
　　練習, 105
エラーメッセージ
　　""" (三つの二重引用符), 42
　　EOFError, 191
　　ImportError, → ImportError
　　NameError, 57
　　ParserError, 265–268
　　ValueError, → ValueError
　　スクリプトを短くしたとき, 72
　　スペルミス, 42
　　はじめての Web アプリケーション,
　　　274–275
　　はじめてのプログラム, 14
　　変数名, 24
エンコーディング
　　バイト／文字, 94–102
演算子
　　演算子のリスト, 160–161
　　数学演算子, 19–20
　　比較演算子, 123

オブジェクト
　　インポートとの類似, 182–183
　　オブジェクト指向の慣用句ドリル,
　　　188–189
　　オブジェクト指向の用語ドリル, 187–188
　　テンプレートとしてのクラスが鋳造する,
　　　229
　　パーサのコード, 265–270
　　文を組み立てる, 263–265
オブジェクト指向プログラミング
　　Python での, 179
　　オンライン検索, 168, 185
　　継承とコンポジション, → 継承とコンポジ
　　　ション
　　用語, 187–193
オブジェクト指向分析設計, → ゲーム. 自分の
　　ゲームを作る
　　概要, 201–202
　　クラス階層とオブジェクトマップの作成,
　　　205–206
　　クラスのコードを書いてテストする,
　　　206–208

繰り返し改善する, 208
実行結果, 216
主要なコンセプトの抽出と調査, 204
「第25惑星パーカルのゴーソン」のためのコード, 209
単純なゲームエンジンのための分析, 202
トップダウン対ボトムアップ, 208
問題について書いたり描いたりする, 202
親クラス, → 継承とコンポジション
オンライン検索
　import, 71
　pydoc, 50
　いくつかを調べて何か作ってみる, 307
　オブジェクト指向プログラミング, 168, 185
　関数とファイル, 82
　情報を見つける, 7
　ファイルを読む, 62

●か行
階層（クラスの）, 205–208
書く
　数式を使った関数, 87
　ファイルの読み書き, 65–68
角括弧（[ ]）, リスト, 135–137
仮想環境, 238, 242
慣習
　エンコーディングの, 94–96
関数
　.（ピリオド）演算子でのアクセス, 179–180
　print() の使用と return, 113
　値を返す, 85–88
　暗黙的な継承, 226–228
　概要, 73–76
　コードを読む, 161
　スタイル, 232
　定義のチェックリスト, 75
　ファイルと, 81–84
　分岐と, 147–150
　変数と, 77–80, 107
　メソッド／コマンド, 62
　呼び出しの見方, 168
　練習, 105–107, 109–113
慣用句ドリル（オブジェクト指向の）, 188–189

記号
　エンコーディング, → 文字列, バイトとエンコーディング
　名前を学ぶ重要性, 89
　論理式の用語, 118
擬似コード, テストファーストの適用, 259

基数, リスト, 144–145, 167
基底クラス, → 継承とコンポジション
機能
　スクリプトへの追加, 52
　モジュール, 52
キャレット（^）, エラーの箇所の表示, 15
キーワードのリスト, 155–157
クラス
　OOP でのクラス階層設計, 205–206
　OOP でのコードとテスト, 206–208
　Python のクラスを調べる, 168
　新しいオブジェクトの鋳型, 229
　新しいミニモジュールの設計図, 183
　オブジェクト指向の慣用句ドリル, 188–189
　オブジェクト指向のコード解説, 189–191
　オブジェクト指向の用語ドリル, 187–188
　継承とコンポジション, → 継承とコンポジション
　スタイル, 233
　プログラムに一貫性をもたせる, 179
　モジュールとの類似, 181–182
警告
　準備, 1
計算, 19–21, 48
継承
　__init__() の中で super() を使う, 226
　super() の使い方, 225
　暗黙的な継承, 220
　オブジェクト指向の慣用句ドリル, 188
　オブジェクト指向のコード解説, 189–191
　オブジェクト指向の用語ドリル, 187
　概要, 219–221
　コンポジションとの使い分け, 228
　三種類の継承の組み合わせ, 224–225
　前後に処理を付け加える, 222–224
　多重継承を避ける, 220, 225, 228
　明示的なオーバーライド, 221
継承とコンポジション
　概要, 219
　使い分け, 228
ゲーム
　自分のゲームを作る, 231–235
　分析設計, → オブジェクト指向分析設計
検索エンジン
　# を入力する方法, 18
　インターネットで調べる, 7
語彙（ゲームの）
　概要, 256–258
　テスト結果, 259–261

はじめてのテストファースト, 258–259
文を組み立てる, → 文を組み立てる
語彙のタブル, 256
子クラス, → 継承とコンポジション
コード
　gothonweb ゲームのリファクタリング, 295–301
　一行を書く, 71
　エラーを見つける, 162
　オブジェクト指向分析設計, 210–216
　慣用句を読む, 192
　逆向きに読む, → コードを逆向きに読む
　クラス／テスト, 206–208
　再利用のための継承とコンポジション, 228
　スタイル, 233
　説明をコードに言い換える, 192
　他人のコードのテスト, 115
　ターミナルや PowerShell 上でのコード入力, 62
　断片の調査, 92
　パーサ, 265–268
　ファイル名のハードコードを避ける, 59
　ブロック, 127–128
　読む, 161
コードブロック, 127–129
コードを逆向きに読む
　コメントとハッシュ文字, 17
　出力プログラム, 36
　定義, 107
　やり方を理解する, 25
　理由, 18
コードを壊す, 102, 112, 292
コネクション，Web, 283–285
コマンド
　関数やメソッドとして, 62
　どのように使うか, 54
　引数の文字列, 54
コマンドラインインタフェース (CLI), GUI 上での, 329
コマンドライン速習コース
　Bash リファレンス, 356
　PowerShell リファレンス, 356
　暗記する, 314
　イントロダクション, 313–314
　空のファイルを作成する (touch/New-Item), 341–342
　準備, 315–319
　ターミナルを終了する (exit), 355–356
　ディレクトリに移動する (cd), 325–330
　ディレクトリの中身を一覧表示する (ls), 330–334

ディレクトリをあちこち移動する (pushd, popd), 338–341
ディレクトリを削除する (rmdir), 334–337
ディレクトリを作成する (mkdir), 322–325
パス、フォルダ、ディレクトリ (pwd), 319–321
ファイルの内容を表示する (cat), 351–352
ファイルの中身を見る (less/more), 349–351
ファイルを移動する (mv), 346–349
ファイルをコピーする (cp), 342–346
ファイルを削除する (rm), 352–355
付録の使い方, 314–315
コメント
　is-a/has-a 関係に用いる, 196–198
　Python での, 17–19
　関数と一緒に書く, 78–79
　関数とファイルに対する, 82
　コードを読みながら追加, 162
　コードを理解していないときに書く, 36, 149
　設計とデバッグに伴う, 153
　ドキュメンテーションと合わせてヘルプを得る, 112
　ファイルの読み書きに用いる, 67
　変数名, 23
　よいコメントを書く, 234
コロン (:), 関数定義, 74–75
コンポジション
　概要, 226–228
　継承との使い分け, 228
　定義, 187

●さ行
サーバー，ブラウザが情報にアクセスする方法, 284
辞書
　機能, 175–176
　場面を名前に関連づけて格納, 216
　モジュールとの類似, 179–182
　リストと, 171–172
　例, 172–175
自動テスト
　gothonweb ゲームのリファクタリング, 300–301
　概要, 249–253
　テストファースト, 258–259
　フォームの, 291
　より詳細な, 305

修飾子
　ファイルの読み書き, 68
主語
　パーサのコード, 265–269
　文の, 263–265
出力
　はじめてのプログラム, 13–15
　「ハローワールド」Web アプリケーション, 273
順序の維持，リスト, 167
準備
　Atom 以外のテキストエディタ, 8–9
　Linux, 5–7
　macOS, 1–2
　Windows, 3–5
　インターネットで調べる, 7
　概要, 1
　初心者への忠告, 8
小なりイコール (<=) 演算子, 19–20, 118
小なり (<) 演算子, 19–20
初心者への忠告, 8
序数．リスト, 143–145

スイッチ, 94–96
数
　――と計算, 19–21
　計算する, 48
　小数の丸め, 28
　範囲, 133
　リストのインデックス, 171–172
　リストの要素へのアクセス, 143–145
　例外と, 257
スクリプト
　関数と関連づける, 74
　判定を行う, 129
　引数を受け付ける, 51–54
スタイル
　関数とクラスの, 233
　コードの, 233
ストップワード，パーサのコード, 267
スペース
　コードを読みやすくする, 233
　読みやすさのために演算子の前後に入れる, 25
スペルミス，エラーメッセージ, 42
スライス，リスト, 169
スラッシュ (/) 文字, 19–20, 324

設計とデバッグ, 151–153
セッション, 281
専門用語
　Web アプリケーション, 282–284
　論理式, 118

●た行
大なりイコール (>=) 演算子, 19–20, 118
大なり (>) 演算子, 19–20
多重継承を避ける, 220, 225, 228
ターミナル
　Linux, 6
　macOS, 1–2
　Windows, 3–4
　起動して作業する, 315–317
　コードの入力, 62
　はじめてのプログラムの実行結果, 13–15

チェックリスト．関数定義, 75
地図
　ゲームの完成, 305
　単純なゲームエンジンのための分析, 202

ディレクトリ
　`ImportError` の原因, 262
　macOS/Linux のコマンド, 317
　Windows のコマンド, 318
　「ハローワールド」Web アプリケーション, 272
　雛形プロジェクト，→ 雛形プロジェクトのディレクトリ
テキスト
　ファイルを読む, 59–63
　文字列と, 31–33
テキストエディタ
　Atom 以外の, 8–9
　Linux の準備, 5–6
　macOS の準備, 1–2
　色をつける, 16
テスト，→ 自動テスト
　OOP でのクラスのコード, 206–208
　オブジェクト指向のコード解説, 189–191
　疑似セッションを作るテクニック, 305
　セッションベースのゲームエンジン, 304
　他人のコード, 115
　雛形プロジェクトのディレクトリの準備, 245
　ブール式, 121–122
テストケースを書く, 249–251
テストファーストの戦術, 258–259
データ型．一覧, 157
データ構造
　辞書, 171–177
　リスト, 166–167
デバッグ
　書き直されたコード, 304
　初期の Web サイトのエラー修正, 274
　設計と, 151–153
テーブル

ルックアップとしての辞書, 176
論理表, 118–120
テンプレート
　HTML フォームの作成, 286
　基本的なテンプレートを作成する, 276–278
　ゲームエンジンのテンプレートの作成, 301–304
　レイアウトの作成, 288–290

等号 (=) 演算子, 24
動詞
　OOP でのクラス階層分析, 201
　OOP での主要なコンセプトの抽出, 201
　パーサのコード, 267
　文を組み立てる, 263–265
ドキュメント
　いくつかを調べて何か作ってみる, 307
　コメントでヘルプを得る, 112
　よいコメントを書く, 234
ドット (.) コマンド, 238
トップダウン対ボトムアップ, 208
トップダウンプロセス
　オブジェクト指向設計, 201
　ボトムアップと, 208

●な行
内部にあるものの取得, 183–184
名前
　関数定義, 75, 233
　記号の名前を学ぶ重要性, 89
　ファイル名, 59–63
　変数の, 23–25, 73–76
　モジュールの定義, 51–52
生のバイト列, 92, 97–100

二重引用符, → "（二重引用符）
二重等号演算子, → ==（二重等号）演算子
二重のバックスラッシュ (\\), 46
入力（高度な）
　概要, 255
　ゲームの語彙, 256–258
　テスト結果, 259–261
　はじめてのテストファースト, 258–259
入力の走査
　語彙のタプル, 256, 261
入力（ブラウザからの）
　HTML フォームの作成, 286–288
　Web の仕組み, 281–285
　コードを壊す, 292
　フォームの仕組み, 285–286
　フォームの自動テスト, 291
　レイアウトテンプレートの作成, 288–290

●は行
バイト
　エンコーディングの慣習, 94–96
　コードの分析, 97–100
　出力の分析, 96
　定義された, 94
　ファイルを壊す, 102
ハイパーテキスト転送プロトコル (HTTP), → HTTP（ハイパーテキスト転送プロトコル）
配列, リストとの違い, 137
パーサ
　コード, 265–268
　試してみる, 268–269
はじめての Web アプリケーション
　Flask フレームワークのインストール, 271
　エラーの修正, 274–276
　基本的なテンプレートを作成する, 276–278
　何が行われているのか?, 273
　「ハローワールド」Web アプリケーションの作成, 272–273
はじめてのプログラム作成, 11–16
派生クラス, → 継承とコンポジション
パーセント (%) 演算子, 19, 21
バックスラッシュ (\), 43–45, 324
パッケージ, 237
ハッシュ (#) 文字, 15, 17–20
ハードコードを避ける, ファイル名, 59
場面（部屋）
　gothonweb プロジェクトのコード, 209–217
　ゲームのためのクラスのコード, 206–208
　実行結果, 216
　自分のゲームを作る, 231–235
　単純なゲームエンジンのための分析, 203–206
パラメータ（関数定義）, 75, 80
「ハローワールド」Web アプリケーション
　エラー修正, 274–276
　基本的なテンプレートの作成, 276–278
判定を行う, 131–133

引数, ファイルの読み書き, 67
ビット, 94, 96
等しくない (!=) 演算子, 118–126
雛形プロジェクトのディレクトリ
　macOS/Linux での準備, 237–239
　Windows での準備, 239–242
　概要, 237
　クイズ, 246
　自動テスト, 249–253

準備の確認, 245
使う, 245
ディレクトリの構築, 242–245
ピリオド (.) 演算子, 179–181

ファイル
macOS/Linux のコマンド, 317–318
Windows のコマンド, 318
関数と, 81–84
コピー, 69–72
作成, 62
読み書き, 65–68
読む, 59–63
ファイル転送プロトコル (FTP), 283
ファイル名, 59–63
ファイルをコピーするスクリプトを書く, 69–70
フォーマット済み文字列
`readline()`, 83
関数で使う, 83
プロンプトに変数を使う, 55–56
変数を埋め込む, 27–28, 31
フォーマット文字列
`formatter.format()`, 39
概要, 27–29
ファイルの読み書き, 67
文字列のフォーマット, 158–159
文字列のフォーマット（古いスタイル）, 159–160
フォーム
HTML の作成, 286–288
仕組み, 285–286
自動テスト, 291
フォルダー, → ディレクトリ
ブラウザ
ゲームを動かすエンジンを作る, 295–304
情報にアクセスする方法, 282–284
ブラウザからの入力, → 入力（ブラウザからの）
プラス (+) 演算子, 19–20
プラス (+) 修飾子, 68
ブール式, → 論理式
ブール代数
if 文のルール, 151
暗記と学習, 120
特訓, 121–124
プログラミング言語
新しい言語の学び方, 308
コマンドラインを学ぶ, → コマンドライン速習コース
熟練プログラマからのアドバイス, 311–312
プロジェクトの雛形, 237–239

フローチャート, 162
プロトタイプ言語, 229
プロンプト
付録のエクササイズでの同一視, 320
変数の使用, 55–56
ユーザーに表示, 49–50
分岐と関数, 147–150
文章, if 文のルール, 151
文法
文を組み立てる, 264, 269
文を組み立てる
一致と先読み, 263–264
概要, 263
テスト結果, 269
パーサのコード, 265–269
分解, 256
文法, 264
例外, 265

ヘルプ
ヘルプシステムの提供, 305
モジュールのヘルプを得る, 112
変数
for ループ，定義されていない変数, 138
関数と, 77–80
関数内では一時的, 107
コードを読む, 161
出力, 27–29
スクリプトに渡す, 51–54
名前, 23–25
名前／コード／関数, 73–76
プロンプトに使う, 55–57
モジュールの変数へのアクセス, 179–181
モジュール変数やグローバル変数を避ける, 233
文字列に含める, 31
練習, 109–113
変数の値の追跡, コードを読む, 162
変数の使用
プロンプト, 55–57

ホスト名，URL を理解する, 283
ポート，Web コネクション, 283
ボトムアッププロセス
オブジェクト指向設計, 209
トップダウンと, 208

●ま行
マイナス (−) 演算子, 19–20
マッピング
辞書による, 176

三つの一重引用符 (' ' '), 46

三つの二重引用符, → """（三つの二重引用符）

名詞，オブジェクト指向プログラミング, 201–204
メソッド
　関数，コマンド, 62
　関数と, 232
メソッド解決順序 (MRO)．super(), 225

モジュール
　ImportError の原因, 262
　暗黙的な継承の複製, 226–227
　概要, 179–181
　クラスの使用と, 181–182
　ヘルプを得る, 112
文字列
　UTF-8 でエンコードされた文字の列, 97
　新しい行から始める, 42
　エスケープシーケンスのリスト, 158
　コマンドライン引数の変換, 54
　出力のエクササイズ, 35–37
　テキストと, 31–33
　デコードとエンコード, 98–100
　ファイルの読み書き, 68
　フォーマットのリスト, 158
　雑な書式指定, 39–40
　複数行, 43–46
　変数を埋め込む, 27–29
　ポンド文字, 18
　理解する, 31
　リストと混ぜて使う, 164–165
文字列の出力
　エスケープシーケンスの使用, 43–46
　さらなるエクササイズ, 35–37, 41–42
　複雑な書式指定, 39–40
　変数, 27–29
文字列，バイトとエンコーディング
　エンコーディングの詳細, 101–102
　概要, 91
　コードの分析, 97–100
　壊してみる, 102
　出力の分析, 96
　スイッチと慣習, 94–96
　調査開始, 92–93

●や行
ユーザ入力, → 入力（高度な）

用語
　演算子, 160–161
　キーワード, 155–157
　コードを読む, 161

データ型, 157
名前を学ぶ, 89
古いスタイルのフォーマット文字列, 159–160
文字列のエスケープシーケンス, 158
用語ドリル（オブジェクト指向の）, 187–192
要素
　リストへのアクセス, 143–145
読む
　声に出して, 234
　コード, 161
　ファイル, 59–63
　ファイルの読み書き, 65–68

●ら行
ライブラリ（定義済みの）, 52

リクエスト，Web
　curl でいろいろな種類のリクエストを作る, 293
　処理, 282
　理解, 283
リスト
　for ループによる生成, 135–138
　いつ使うべきか, 167
　二次元のリスト, 137
　要素の並びを処理する, 91
　要素へのアクセス, 143–145
　リストを使う, 163–169
リファクタリング, 295–301

累算代入 (+=) 演算子, 82–83, 126
ルックアップテーブル（辞書としての）, 176
ループ
　——とリスト, 135–138
　for ループ, → for ループ
　while ループ, → while ループ
　無限ループを作る, 150
　ルール, 152
ルール
　if 文の, 151
　継承との使い分け, 228
　ループの, 152

レイアウト，テンプレートを作る, 292
例外
　数値と, 257
　発生させる方法, 265–268
レスポンス，web, 284

ログイン
　Web アプリケーションでの仕組みを調べる, 305

論理
    表, 118–120
    用語, 118

論理式
    暗記, 117–120
    ブール代数の特訓, 121–124

著作者

Zed A. Shaw
多くの人が学ぶプログラミングのオンラインコース「Learn Code the Hard Way (https://learncodethehardway.org/)」の主催者．著書に『Learn More Python 3 the Hard Way』，『Learn Ruby the Hard Way』，『Learn C the Hard Way』（いずれも Pearson）など多数．

訳　者

堂阪　真司（どうさか　しんじ）
通信系システム開発企業に勤務するプログラマ．IPA 情報処理技術者試験委員．翻訳書に『Objective-C プログラミング』（ピアソン桐原）．

Learn Python 3 the Hard Way
──書いて覚える Python 入門

　　　　　　　　　　　　平成 31 年 1 月 31 日　発　行

訳　者　　堂　阪　真　司

発行者　　池　田　和　博

発行所　　丸善出版株式会社
　　　　　〒101-0051　東京都千代田区神田神保町二丁目17番
　　　　　編集：電話（03）3512-3266／FAX（03）3512-3272
　　　　　営業：電話（03）3512-3256／FAX（03）3512-3270
　　　　　https://www.maruzen-publishing.co.jp

Ⓒ Shinji Dosaka, 2019

印刷・製本／三美印刷株式会社

ISBN 978-4-621-30328-3　C 3055　　　　Printed in Japan

本書の無断複写は著作権法上での例外を除き禁じられています．